U0177640

珍 藏 版

Philosopher's Stone Series

立足当代科学前沿

彰显当代科技名家

绍介当代科学思潮

激扬科技创新精神

珍藏版策划

王世平　姚建国　匡志强

出版统筹

殷晓岚　王怡昀

宇宙秘密

阿西莫夫谈科学

Asimov on Science

A
30–Year
Retrospective

Isaac Asimov

[美] 艾萨克·阿西莫夫 —— 著

吴虹桥　苏聚汉　林自新 —— 译

上海科技教育出版社

出版前言

“哲人石”，架设科学与人文之间的桥梁

“哲人石丛书”对于同时钟情于科学与人文的读者必不陌生。从1998年到2018年，这套丛书已经执着地出版了20年，坚持不懈地履行着“立足当代科学前沿，彰显当代科技名家，绍介当代科学思潮，激扬科技创新精神”的出版宗旨，勉力在科学与人文之间架设着桥梁。《辞海》对“哲人之石”的解释是：“中世纪欧洲炼金术士幻想通过炼制得到的一种奇石。据说能医病延年，提精养神，并用以制作长生不老之药。还可用来触发各种物质变化，点石成金，故又译‘点金石’。”炼金术、炼丹术无论在中国还是西方，都有悠久传统，现代化学正是从这一传统中发展起来的。以“哲人石”冠名，既隐喻了科学是人类的一种终极追求，又赋予了这套丛书更多的人文内涵。

1997年对于“哲人石丛书”而言是关键性的一年。那一年，时任上海科技教育出版社社长兼总编辑的翁经义先生频频往返于京沪之间，同中国科学院北京天文台（今国家天文台）热衷于科普事业的天体物理学家卞毓麟先生和即将获得北京大学科学哲学博士学位的潘涛先生，一起紧锣密鼓地筹划“哲人石丛书”的大局，乃至共商“哲人石”的具体选题，前后不下十余次。1998年年底，《确定性的终结——时间、混沌与新自然法则》等“哲人石丛书”首批5种图书问世。因其选题新颖、译笔谨严、印制精美，迅即受到科普界和广大读者的关注。随后，丛书又推

出诸多时代感强、感染力深的科普精品，逐渐成为国内颇有影响的科普品牌。

“哲人石丛书”包含4个系列，分别为“当代科普名著系列”、“当代科技名家传记系列”、“当代科学思潮系列”和“科学史与科学文化系列”，连续被列为国家“九五”、“十五”、“十一五”、“十二五”、“十三五”重点图书，目前已达128个品种。丛书出版20年来，在业界和社会上产生了巨大影响，受到读者和媒体的广泛关注，并频频获奖，如全国优秀科普作品奖、中国科普作协优秀科普作品奖金奖、全国十大科普好书、科学家推介的20世纪科普佳作、文津图书奖、吴大猷科学普及著作奖佳作奖、《Newton-科学世界》杯优秀科普作品奖、上海图书奖等。

对于不少读者而言，这20年是在“哲人石丛书”的陪伴下度过的。2000年，人类基因组工作草图亮相，人们通过《人之书——人类基因组计划透视》、《生物技术世纪——用基因重塑世界》来了解基因技术的来龙去脉和伟大前景；2002年，诺贝尔奖得主纳什的传记电影《美丽心灵》获奥斯卡最佳影片奖，人们通过《美丽心灵——纳什传》来全面了解这位数学奇才的传奇人生，而2015年纳什夫妇不幸遭遇车祸去世，这本传记再次吸引了公众的目光；2005年是狭义相对论发表100周年和世界物理年，人们通过《爱因斯坦奇迹年——改变物理学面貌的五篇论文》、《恋爱中的爱因斯坦——科学罗曼史》等来重温科学史上的革命性时刻和爱因斯坦的传奇故事；2009年，当甲型H1N1流感在世界各地传播着恐慌之际，《大流感——最致命瘟疫的史诗》成为人们获得流感的科学和历史知识的首选读物；2013年，《希格斯——“上帝粒子”的发明与发现》在8月刚刚揭秘希格斯粒子为何被称为“上帝粒子”，两个月之后这一科学发现就勇夺诺贝尔物理学奖；2017年关于引力波的探测工作获得诺贝尔物理学奖，《传播，以思想的速度——爱因斯坦与引力波》为读者展示了物理学家为揭示相对论所预言的引力波而进行的历时70年的探索……“哲人石丛书”还精选了诸多顶级科学大师的传记，《迷人的科学风采——费恩曼传》、《星云世界的水手——哈勃传》、《美丽心灵——纳什传》、《人生舞台——阿西莫夫自传》、《知无涯者——拉马努金传》、《逻辑人生——哥德尔传》、《展演科学的艺术家——萨根传》、《为世界而生——霍奇金传》、《天才的拓荒者——冯·诺伊曼传》、《量子、猫与罗曼史——薛定谔传》……细细追踪大师们的岁月足迹，科学的力量便会润物细无声地拂过每个读者的心田。

"哲人石丛书"经过20年的磨砺，如今已经成为科学文化图书领域的一个品牌，也成为上海科技教育出版社的一面旗帜。20年来，图书市场和出版社在不断变化，于是经常会有人问："那么，'哲人石丛书'还出下去吗？"而出版社的回答总是："不但要继续出下去，而且要出得更好，使精品变得更精！"

"哲人石丛书"的成长，离不开与之相关的每个人的努力，尤其是各位专家学者的支持与扶助，各位读者的厚爱与鼓励。在"哲人石丛书"出版20周年之际，我们特意推出这套"哲人石丛书珍藏版"，对已出版的品种优中选优，精心打磨，以全新的形式与读者见面。

阿西莫夫曾说过："对宏伟的科学世界有初步的了解会带来巨大的满足感，使年轻人受到鼓舞，实现求知的欲望，并对人类心智的惊人潜力和成就有更深的理解与欣赏。"但愿我们的丛书能助推各位读者朝向这个目标前行。我们衷心希望，喜欢"哲人石丛书"的朋友能一如既往地偏爱它，而原本不了解"哲人石丛书"的朋友能多多了解它从而爱上它。

上海科技教育出版社

2018年5月10日

学者对谈

“哲人石丛书”:20年科学文化的不懈追求

◇ 江晓原(上海交通大学科学史与科学文化研究院教授)
◆ 刘兵(清华大学社会科学学院教授)

◇ 著名的“哲人石丛书”发端于1998年,迄今已经持续整整20年,先后出版的品种已达128种。丛书的策划人是潘涛、卞毓麟、翁经义。虽然他们都已经转任或退休,但“哲人石丛书”在他们的后任手中持续出版至今,这也是一幅相当感人的图景。

说起我和“哲人石丛书”的渊源,应该也算非常之早了。从一开始,我就打算将这套丛书收集全,迄今为止还是做到了的——这必须感谢出版社的慷慨。我还曾向丛书策划人潘涛提出,一次不要推出太多品种,因为想收全这套丛书的,应该大有人在。将心比心,如果出版社一次推出太多品种,读书人万一兴趣减弱或不愿一次掏钱太多,放弃了收全的打算,以后就不会再每种都购买了。这一点其实是所有开放式丛书都应该注意的。

“哲人石丛书”被一些人士称为“高级科普”,但我觉得这个称呼实在是太贬低这套丛书了。基于半个世纪前中国公众受教育程度普遍低下的现实而形成的传统“科普”概念,是这样一幅图景:广大公众对科学技术极其景仰却又懂得很少,他们就像一群嗷嗷待哺的孩子,仰望着高踞云端的科学家们,而科学家则将科学知识“普及”(即“深入浅出地”

单向灌输)给他们。到了今天,中国公众的受教育程度普遍提高,最基础的科学教育都已经在学校课程中完成,上面这幅图景早就时过境迁。传统“科普”概念既已过时,鄙意以为就不宜再将优秀的“哲人石丛书”放进“高级科普”的框架中了。

◆ 其实,这些年来,图书市场上科学文化类,或者说大致可以归为此类的丛书,还有若干套,但在这些丛书中,从规模上讲,“哲人石丛书”应该是做得最大了。这是非常不容易的。因为从经济效益上讲,在这些年的图书市场上,科学文化类的图书一般很少有可观的盈利。出版社出版这类图书,更多地是在尽一种社会责任。

但从另一方面看,这些图书的长久影响力又是非常之大的。你刚刚提到“高级科普”的概念,其实这个概念也还是相对模糊的。后期,“哲人石丛书”又分出了若干子系列。其中一些子系列,如“科学史与科学文化系列”,里面的许多书实际上现在已经成为像科学史、科学哲学、科学传播等领域中经典的学术著作和必读书了。也就是说,不仅在普及的意义上,即使在学术的意义上,这套丛书的价值也是令人刮目相看的。

与你一样,很荣幸地,我也拥有了这套书中已出版的全部。虽然一百多部书所占空间非常之大,在帝都和魔都这样房价冲天之地,存放图书的空间成本早已远高于图书自身的定价成本,但我还是会把这套书放在书房随手可取的位置,因为经常会需要查阅其中一些书。这也恰恰说明了此套书的使用价值。

◇ “哲人石丛书”的特点是:一、多出自科学界名家、大家手笔;二、书中所谈,除了科学技术本身,更多的是与此有关的思想、哲学、历史、艺术,乃至对科学技术的反思。这种内涵更广、层次更高的作品,以“科学文化”称之，无疑是最合适的。在公众受教育程度普遍较高的西方发达社会，这样的作品正好与传统“科普”概念已被超越的现实相适应。所以“哲人石丛书”在中国又是相当超前的。

这让我想起一则八卦：前几年探索频道(Discovery Channel)的负责人访华，被中国媒体记者问道“你们如何制作这样优秀的科普节目”时，立即纠正道：“我们制作的是娱乐节目。”仿此，如果“哲人石丛书”的出版人被问道“你们如何出版这样优秀的科普书籍”时，我想他们也应该立即纠正道：“我们出版的是科学文化书籍。”

这些年来，虽然我经常鼓吹“传统科普已经过时”、“科普需要新理念”等等，这当然是因为我对科普作过一些反思，有自己的一些想法。但考察这些年持续出版的“哲人石丛书”的各个品种，却也和我的理念并无冲突。事实上，在我们两人已经持续了17年的对谈专栏“南腔北调”中，曾多次对谈过“哲人石丛书”中的品种。我想这一方面是因为丛书当初策划时的立意就足够高远、足够先进，另一方面应该也是继任者们在思想上不懈追求与时俱进的结果吧！

◆ 其实，究竟是叫“高级科普”，还是叫“科学文化”，在某种程度上也还是个形式问题。更重要的是，这套丛书在内容上体现出了对科学文化的传播。

随着国内出版业的发展，图书的装帧也越来越精美，“哲人石丛书”在某种程度上虽然也体现出了这种变化，但总体上讲，过去装帧得似乎还是过于朴素了一些，当然这也在同时具有了定价的优势。这次，在原来的丛书品种中再精选出版，我倒是希望能够印制装帧得更加精美一些，让读者除了阅读的收获之外，也增加一些收藏的吸引力。

由于篇幅的关系，我们在这里并没有打算系统地总结“哲人石丛书”更具体的内容上的价值，但读者的口碑是对此最好的评价，以往这套丛书也确实赢得了广泛的赞誉。一套丛书能够连续出到像“哲人石丛书”这样的时间跨度和规模，是一件非常不容易的事，但唯有这种坚持，也才是品牌确立的过程。

最后，我希望的是，“哲人石丛书”能够继续坚持以往的坚持，继续高质量地出下去，在选题上也更加突出对与科学相关的“文化”的注重，真正使它成为科学文化的经典丛书！

2018年6月1日

对本书的评价

◇

我们永远也无法知晓，究竟有多少第一线的科学家由于读了阿西莫夫的某一本书、某一篇文章或某一个小故事而触发了灵感；我们也无法知晓，有多少普通人因为同样的原因而对科学事业寄予同情。

——卡尔·萨根(Carl Sagan)

◇

引导各个年龄段的人们对科学感到好奇，以及为扫除每年都在增加的科学文盲而战斗，没有哪个现代作家比阿西莫夫做过更多，或者可能会做得更多。

——马丁·加德纳(Martin Gardner)

◇

只有伽利略和赫胥黎(在我们这一代人里也许有梅达沃)能够与他的清晰、他的气魄、他的贡献，以及最重要的是，与他的公正的道德感和知识的力量相媲美。

——斯蒂芬·古尔德(Stephen Gould)

内容提要

这是一部风格独特、饶有趣味的科学随笔集。作者艾萨克·阿西莫夫是有着“通才”之誉的世界科普巨匠和科幻小说大师。

对科学的本质洞察入微，对事物的理解准确深刻，同时辅以广阔的背景、缜密的推理、生动的叙述——这，构成了“阿西莫夫文体”独特的逻辑美。在本书中，作者以其非凡的阐释能力，更是将其发挥得淋漓尽致。深奥的科学知识与复杂的社会话题，一经他的生花妙笔点缀，读来便毫无生硬之感，更添余韵无穷之妙。

在本书中您可以看到，阿西莫夫对奴隶制度和妇女地位的回望与评述，对智商崇拜和非理性的嘲讽与抨击，对迷信和反科学思潮的剖析与批驳，还有他对生与死的探索，对《圣经》的“科学解读”，对思维方式的思考……都可谓新意迭出、论辩精辟、哲理深蕴；加上幽默、亲切、常以自身经历或体验逗乐的开场白，以及画龙点睛的后记，更彰显出本书的盎然情趣，及其背后广阔的人文视野。

相信您在感悟美妙的“阿西莫夫文体”的同时，更能得到许多知识、智慧和启迪，还有——理性思考的乐趣。

作者简介

艾萨克·阿西莫夫(Isaac Asimov,1920—1992),享誉全球的美国科普巨匠和科幻大师,一生出版了480多部著作,内容涉及自然科学、社会科学和文学艺术等许多领域,在世界各国拥有广泛的读者。他本人则被誉为"百科全书式的科普作家"、"这个时代的伟大阐释者"和"有史以来最杰出的科学教育家"。

阿西莫夫创造了奇迹,他的一生也是一个传奇。他的职业是写作,他的"业余爱好"也是写作。写作就是他的生命。1985年,在回答法国《解放》杂志的提问"您为什么写作?"时,阿西莫夫答道:"我写作的原因,如同呼吸一样;因为如果还不这样做,我就会死去。"

阿西莫夫"一直梦想着自己能在工作中死去,脸埋在键盘上,鼻子夹在打字键中",可这种情形没有发生在他身上。生前他曾表示,他不相信有来世。但千千万万喜爱他的读者深知,他的伟大事业和他留下的宝贵遗产,已经让他获得了永生。

说　明

本随笔集所选各篇均来自《奇幻和科幻杂志》,篇名与发表年份为:

《年代久远的尘埃》(1958年11月),《最短暂的瞬间》(1959年9月),《π之点滴》(1960年5月),《人间天堂》(1961年5月),《从卵子到最小生命单位》(1962年6月),《你也会说盖尔语》(1963年5月),《缓缓移动的手指》(1964年2月),《感叹号!》(1965年7月),《我正在打量幸运草》(1966年9月),《12.369》(1967年7月),《敲打塑料》(1967年11月),《迟疑,腼腆,难以取悦》(1969年2月),《勒克桑墙》(1969年12月),《庞培与命运》(1971年5月),《丧失于未翻译》(1972年3月),《古老与终极》(1973年1月),《长时间注视猴子》(1974年9月),《关于思维方式的思考》(1975年1月),《全速倒退》(1975年11月),《最微妙的差别》(1977年10月),《漂浮的水晶宫》(1978年4月),《噢,科学家也都是人啊!》(1979年6月),《弥尔顿,此时此刻你应该活着!》(1980年8月),《质子在许许多多个夏天后死去》(1981年9月),《地球的圆圈》(1982年2月),《什么卡车?》(1983年8月),《关于思维方式的再思考》

（1983年11月），《远至人眼可见的未来》（1984年11月），《错误的相对性》（1986年10月），《圣诗人》（1987年9月），《最长的河》（1988年7月），《宇宙秘密》（1989年3月）。

献给罗伯特·帕克·米尔斯(1920—1986),

正是他的邀请才有了这些从1958年开始的科学随笔

CONTENTS 目录

目　录

前　言

1958年，《奇幻和科幻杂志》(*Fantasy and Science Fiction*)当时的编辑米尔斯(Robert P. Mills)问我，愿不愿意为该杂志开辟一个科学专栏，条件是每月必须按期交稿，并得到小额稿酬(这不重要)，而在写作上，我愿意写什么都行，编辑既不提建议，也不提异议(这是最重要的)。

我当即欣然接受了。我无从知道这件事要干到啥时候，也想过似乎用不了多久就会出些问题：杂志可能停刊，新任命的编辑可能不喜欢我的科学专栏，我自己也可能“江郎才尽”，或者没有时间，或者身体不行。这谁能知道呢？

可是，这些情况都没有发生。写着，写着，我迎来了我的科学专栏30周年，一期也没有耽误。无论是米尔斯，还是他的两位继任者戴维森(Avram Davidson)和弗曼(Edward L. Ferman)，都没有向我提建议或异议，也没有表示过哪怕是一丁点儿的要停办这个专栏的意思。

我给《奇幻和科幻杂志》写的第一篇随笔，刊登在该杂志1958年的11月号上。它只有大约1200个单词，那是编辑定的篇幅。仅仅过了几个月，他们就要求我把篇幅扩大到4000个单词。我想，这是对我的鼓励吧。

第一篇随笔的题目是《年代久远的尘埃》(The Dust of Ages),全文如下:

新上任做家务事的家庭主妇,最伤脑筋的是扫不尽的灰尘。一所房子,不管你是多么频繁地清扫,不管室内的活动是多么轻微,也不管把孩子和那些肮脏的动物拒之门外做得多么彻底,你只要一转身,便会发现所有的东西又都蒙上薄薄的一层灰尘了。

地球的大气层中,特别是城市里,尘埃无处不在;然而,它也是一个好东西,没有它,就不会有蓝色的天空,也不会有柔和的影子。

在太空中,特别是太阳系内,同样布满尘埃。它们以单个原子或者原子团的形态存在。许多原子团像针头那样大小;所谓的"微流星"较大,它们的飞行速度大得足以摧毁太空船。(人造卫星的一个功能就是探明这类微流星在环球空间中的数量。)

我们希望,它们的数量不至于多到足以妨碍太空飞行,可是它们的确很多。地球每天都要扫过数十亿颗微流星。在大气层的上部,它们因摩擦生热而燃烧,从来不会进入地表以上97千米之内。(偶尔出现以千克计或以吨计的大流星,那是另一回事了。)不过,"燃烧"到底意味着什么呢?

在燃烧的过程中,构成微流星的原子并没有消失,它们只是因受热而汽化,然后蒸气将凝结成非常细小的尘埃。这些尘埃慢慢地降落到地球上。

据我所知,关于大气层流星尘的最新观测,是彼得森(Hans Petterson)发表于1958年2月1日英国《自然》(*Nature*)

杂志上的报告。他在高出海平面大约3千米的夏威夷岛冒纳罗亚山坡(还有考爱岛的另一座山)上收集空气,分离出细粒尘埃,再加以称重和分析。在太平洋中部3千米高空,基本上没有来自陆地的尘埃。彼得森然后进一步对尘埃中钴的含量给予了特殊关注,因为流星尘埃中的钴含量高于地球尘埃。

他发现,从1000立方米的空气过滤出来的尘埃中,含有14.3微克的钴。由于流星中大约有2.5%的原子是钴,彼得森由此计算出,在高达97千米的大气层中,来自流星的尘埃总量为2860万吨。

这些尘埃不是停留于空中,而是缓慢地向地球降落,同时有更多的微流星不断进入大气层而变成新增的尘埃。如果2860万吨是一个稳定值,每年降落到地球的尘埃数量就等于新增的数量,那到底是多少呢?

彼得森回顾历史:1883年,荷属东印度的喀拉喀托火山爆发,巨量的、非常细小的尘埃喷入高层大气,奇特的落日美景遍布全球。两年之后,这些尘埃几乎全部落回地球。如果流星尘埃降落到地球的时间也是两年,那么,每年降落到地球的尘埃为1430万吨(也就是总量2860万吨的一半),这也就是说,每年必然有1430万吨的新尘埃进入大气层。

彼得森的计算到此为止,而我则开始探索——推测这项研究成果与工业文明的关系以及在月球着陆时会出现的问题。

乍一看来,每年1430万吨的尘埃似乎是个很大的数字,任何家庭主妇想到它都会很伤脑筋。但是,分布到整个地球上,尘埃的问题就没有那么严重了。地球的表面积大约是5.1

亿平方千米，这样，每年落到每平方千米的尘埃只有25千克左右，这跟我们燃烧煤炭和石油所产生的尘埃相比，简直微不足道！

如果考虑到流星尘埃的主要成分是铁，那么，25千克就相当于3165立方厘米（边长为14.7厘米的立方体）的铁块。一年积累的尘埃平均分布到1平方千米，其厚度大约是3.2×10^{-7}厘米。对此，任何人都不会感到困扰。

当然，如此年复一年，已经过去很长很长的时间了。地球作为固体存在了46亿年。在这漫长的年代中，如果流星尘埃降落的速度和今天相同，而且没有受到任何扰动，那么，整个地球目前积累的尘埃将厚达14.7米。

不过，各种扰动毕竟还是存在的。尘埃落入海洋，被风吹雨淋，被动物践踏，被落叶掩盖。

尽管如此，这种尘埃却永远也不会消失，而且可能对我们极端重要。与地球的质量相比，地球在46亿年中积累的7亿亿吨尘埃是一个非常小的数字，只是地球质量的十万分之一。**但是**，尘埃中大部分是铁，这就使得它相当特殊了。

我们知道，地球分为地心和地壳两层。地心的成分主要是铁以及其中熔解的各种物质。地壳则是以硅化物为主加上其中熔解的各种物质。人们推测，当初在地球还是液态时，两种不能混合的物质相互分离，重的在底下，轻的在上面。那么，为什么在地壳的硅化物中会有大量的铁呢？实际上，铁是地壳中第四常见的元素。

地球表面的铁，有没有可能不是地球原生的物质，或者至少有一大部分是长期积累的流星尘呢？根据我的计算，地壳表层2.4千米中所含的铁，有可能全部来自流星尘埃。当然，我们已经开采的铁矿也可能全部源于流星尘埃。假如真是这样，那有没有可能，我们“钢铁时代”的现代化技术，就完全是以日积月累的太空尘埃为根本，如同鲸鱼赖以为生的是浮游生物一样呢？这也是我很想知道的一点。

再来看看，月球的情况又怎样？月球和我们一道在太空中遨游，即便它比较小，只有比较弱的引力，可是它扫过的微流星数量并不少。

月球固然没有大气层，不会把微流星摩擦成尘埃，但是微流星撞击月球表面所产生的热也足以起到同样的作用。

各种证据已经表明，月球表面(至少在它的平坦低地)有一层尘埃。然而，还没有人确切知道尘埃的厚度。

我觉得，如果这些尘埃来自微流星，那么其厚度会很大。在月球上，不管怎样，没有海洋吞没，没有风吹，也没有任何生物折腾它，所有这些尘埃都静止不动。如果月球上的这种尘埃的补给和地球类似，那么它会厚达一二十米。实际上，撞击环形山四壁的尘埃，很可能会滚下山去，在山底形成厚达15米甚至更厚的浮积层。对不对呢？

我仿佛看到了这样一个场景：第一艘太空船，挑选出一个十分平坦的地方，在月球上着陆。它尾部在先，缓慢下降——最终悲壮沉没，不见踪影！

我从未把这篇随笔收入我的任何一本文集，这里把它作为前言的一部分，只是为了尊重历史。你看得出来，在这篇随笔发表后不久我就对它失去了兴趣。

首先，我一直对彼得森研究成果的准确性持有疑问。其次，我对自己把铁设想为所有流星体的主要成分越来越感到惊骇，因为铁陨石实际上只占流星体总量的10%左右。

最后，在我写出那篇随笔11年之后，人类登上了月球，彻底粉碎了月球表面积着厚厚一层尘埃的概念。那个概念先前是由戈尔德(Thomas Gold)提出来的，似乎很有道理(否则我也不会信以为真)。然而它毕竟是错误的。事实上，月球上的尘埃是在真空中积累的。在空气中，尘埃的表面附着了一层氧气，这使得它们彼此保持间隔；而在真空中，尘埃颗粒彼此紧密相邻，所以其表面有点儿像软塌塌的积雪。当然，人总会犯错。

正如你将要看到的，我并没有"江郎才尽"，也不认为将来会有那么一天。我的意愿是，继续写作这类随笔，直到杂志停刊，或者我自己的生命终止。

但是，在30年之后，我觉得该是回顾的时候了。因此，我从每年的12期专栏文章中选出一篇，汇编成这本书，作为长寿的贺礼。这里，我要向《奇幻和科幻杂志》、道布尔戴出版公司(它迄今已经出版了许多部我的文集)，以及所有编辑和读者表示感谢。

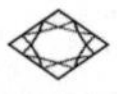

最短暂的瞬间

我偶尔在科学上有一些新的想法，当然不一定重要，但至少是新的。这一篇谈的就是这样的一个想法。

产生这想法有些日子了，也就是从新闻透露第一次发现“Ξ^0”（xi-zero）亚原子粒子那时开始。Ξ在希腊语中读为“ksee”，英语读为“zigh”。在一般性质上，它如同其他粒子一样，但十分稳定，半衰期大约为百亿分之一（10^{-10}）秒。

最后一句话似乎印错了，你可以认为我的意思是写“不稳定”。但是，不！百亿分之一秒可以是很长的时间，一切要根据基准标度而定。百亿分之一（10^{-10}）秒同十万亿亿分之一（10^{-21}）秒相比，是极其漫长的时间。这两个时间的差异如同一天与三百亿年的差异。

你可能同意这个说法，但也开始感到困惑了。瞬间和瞬间的瞬间的瞬间，这领域的确很难想象啊。“十万亿亿分之一秒”说起来跟“百亿分之一秒”一样容易，可不管玩弄这些代表时间长短的符号有多么轻巧，你都不可能（或者似乎不可能）做具体的想象。

我的想法是要让“瞬间”更容易想象，为此我要使用天体测量学的手段来实现。它很奇特，超出了我们通常的体验。

"织女星是非常近的星,距离比二百四十万亿(2.4×10^{14})千米远不了多少。"这样说,没有什么可奇怪的。

大多数读科幻小说的人,已经习惯于宇宙标度,在他们眼里,二百四十万亿千米是一个非常短的距离。在银河系,大多数星球离我们有三十二亿亿(3.2×10^{17})千米之遥;离我们最近的河外星系,也在千亿亿(10^{19})千米之外。

十亿、千亿、百亿亿都是标准化的数字。如果只是简单地运用这些符号,要说清楚哪一个数目更大以及大多少,并不困难。但要具体想象它们的含义,那就是另一回事了。

有个窍门,就是使用光速把这些数目降到只有背心口袋那样的大小。这样做,丝毫不改变实际的距离,但如果把表示"亿"的许多零(0)省去,我们在心理上就更容易适应一些。

在真空中,光的速度是每秒299 779千米。

因此,可以把"光秒"定义为距离单位,亦即光在真空中一秒钟行进的距离,等于299 779千米。

在这样的体系中,很容易建立更长的单位。1"光分"等于60光秒,1"光时"等于60光分,依此类推,直至你们熟悉的"光年"。光年是光在真空中一年行进的距离,等于9 460 000 000 000千米。如果你认可近似值,那就可以考虑一光年等于6万亿(6×10^{12})英里或9.5万亿(9.5×10^{12})千米。

如果你喜欢,可以继续下去,建立"光世纪"和"光千年"什么的,但没有人这样做过。光年是天文学上优先选择的距离单位。也有以"秒差距"(parsec)为单位的,它等于3.26光年,或粗略地说,等于三十万亿千米,但这是依据另外一个原理所建立的单位,我们这里不去管它。

使用光年作为单位,我们可以说织女星离我们27光年。如果考虑银河系的大多数星球在35 000光年以外,那么离我们最近的河外星系在2 100 000光年以外，这是一个小的距离。27与35 000以及2 100 000之间的差异，尚在我们的经验范围之内，比起二百四十万亿与三十二亿亿以及千亿亿之间的差异，更容易做具体的想象，虽然在这两种情况下，比率是相同的。

此外，用光速表示距离单位还有一个优点，即简化了时间与距离之间的某些联系。

例如，对"木卫三"所做的一项考察，是在某一时间距地球804 500 000千米处进行的。(这个距离当然是随时间而变化的，因为地球和木卫三都在它们自己的轨道上运行。)这个距离也可以用44.8光分表示。

后者的表达有什么优点呢？有一点，44.8这个数目比804 500 000更容易说，也更容易运算。另外一点，如果考察是用无线电跟地球进行通信，从木卫三传送一个信息到地球(或相反)，需要44.8分钟到达。使用光单位可以同时表达距离和通信速度。

(实际上，在星际旅行必将成为现实的情况下，我很想知道宇航员是否开始用"无线电分"取代光分作为距离的计量单位。当然这是同一回事，但无线电分更为确切。)

如果星际旅行来临，需要应用接近光的速度，那就还有另一个优点。假设存在时间延缓效应，即在高速情况下经历的时间变慢，到织女星的旅行可能只要一个月或一个星期。但对于待在地球上的人来说，他所体验的是"本征时间"(在低速情况下，或更严格地说，是零速度所体验的那种时间)，27光年距离的织女星之行，所需的时间不能少于27年。但是对于来回一趟的旅行者，不管他感受的旅程多么快捷，回来时他将发现，地球上他的朋友至少已经老了54岁。同样地，到仙女星座旅行一趟，不能少于2 100 000年的本征时间，仙女座离地球有2 100 000光年的距离。在这里，再一次见到时间与距离是同时表达的。

接下来,我的想法是把同样的原理应用到非常短暂的时间间隔中。

既然我们注意到了光在传统的单位时间内可以行进非常长的距离,那么,我们为什么不能注意一下光在通过传统的单位距离时所需的时间极短呢?

如果我们打算说,1光秒等于光(在真空中)在1秒内进行的距离,并且设定它等于299 779千米,为什么不能说1"光千米"等于光(在真空中)行进1千米所需的时间,并且设定它等于 $\frac{1}{299\ 779}$ 秒呢?

真的,为什么不能呢?唯一的缺点是299 779太不规则了。然而,出于米制创造者都梦想不到的巧合,光速非常接近于每秒300 000千米,因此1"光千米"等于 $\frac{1}{300\ 000}$ 秒。甚至还有更规则的,如果你注意到 $3\frac{1}{3}$ 光千米几乎正好等于0.00001或 10^{-5} 秒的话。

而且,要得到更小的时间单位,只需考虑更小、更小的距离和光相联系。

以此方式,1千米(10^5 厘米)等于一百万毫米,1毫米(10^{-1} 厘米)等于一百万纳米。再进一步,我们可以说1纳米(10^{-7} 厘米)等于一百万费米(fermi)。据我所知,费米这个名称提出后未经正式采用。它作为长度单位等于一百万分之一毫微米,或等于 10^{-13} 厘米,这是从已故科学家费米(Enrico Fermi)的名字衍生出来的。为了本章之目的,我接受了这个名称。

因此,我们使用光单位可以建立一个超短时间的小表格,从光千米*开始,它仅等于 $\frac{1}{300\ 000}$ 秒。

1光千米=1 000 000光毫米

1光毫米=1 000 000光纳米

* 1英里约等于 $1\frac{3}{5}$ 千米,1英寸约等于 $25\frac{1}{2}$ 毫米。

1光纳米=1 000 000光费米

要使这些单位和传统的时间单位相联系，只需建立另一个小表格：

$3\frac{1}{3}$光千米=10^{-5}秒（亦即十万分之一秒）

$3\frac{1}{3}$光毫米=10^{-11}秒（亦即千亿分之一秒）

$3\frac{1}{3}$光纳米=10^{-17}秒（亦即十亿亿分之一秒）

$3\frac{1}{3}$光费米=10^{-23}秒（亦即千万亿亿分之一秒）

但为什么停止在光费米了呢？我们可以继续下去，用一百万无限地除下去啊。

再来考虑下费米吧。它等于10^{-13}厘米，亦即十万亿分之一厘米。对这个数字为什么特别感兴趣？为什么一个原子物理学家的名字被提议作为这个单位的名称呢？因为10^{-13}厘米也是许多亚原子粒子的近似直径。

因此，1光费米是光线从质子的一端行进到另一端所需要的时间。光费米是已知的、最快的运动在通过最小的有形距离时所需要的时间，在发现比光速更快的事物或比亚原子粒子更小的物质之前，我们不太可能用到比光费米更小的时间单位。目前，光费米是最短暂的瞬间。

当然，你可能想要知道在1光费米期间内可能发生的事情。如果有些事情发生在这小得难以想象的时间间隔内，我们怎能说它不会发生在光纳米的时间内呢？光纳米也是难以想象之小，尽管它等于一百万光费米。

好吧，现在来讨论高能粒子。这些粒子（如果能量够高）几乎以光速行进。当一个粒子以这样的速度接近另一个粒子时，它们之间经常要发生反应，因为相互的“核力”会起作用。

可是,核力属极短程的力。它们的强度随着距离的增加很快减弱,以至于任何粒子的核力只有在1或2费米的距离内才显著。

在我们所讨论的情形中,以光速行进的两个粒子,只有彼此距离在2费米之内才能够互相作用。以这样巨大的速度运动的粒子进出这样微小的反应区,只需2个光费米的时间。但反应**还是**发生了!

在光费米时间内发生的核反应,称为“强相互作用”。这是强力作用的结果,这种力在难以想象的短暂时间内使粒子结合,是我们所知道的最强的力。事实上,这种核力比我们熟悉的电磁力要强约135倍。

科学家自我调节适应了这种状况。他们对单个亚原子粒子在短短的光费米时间内所发生的任何核反应,都有所准备。

但复杂的情况出现了。当粒子以足够大的能量猛烈撞击而发生强相互作用时产生了前所未见的新粒子,并且被检测了出来。有些新粒子(第一次是在1950年观察到)非常重,这让科学家感到震惊不已。实际上,它们比中子或质子显然重得多,是直到那时所知的最重的粒子。

这些超重粒子称为“超子”(hyperon)*。超子分为三大类,用不同的希腊字母加以区别。Λ粒子(lambda particle),比质子重12%;Σ粒子(sigma particle),比质子重13%;Ξ粒子(xi particle),比质子重14%。

从理论上推测,Λ粒子有1对,Σ粒子有3对,Ξ粒子有2对。它们之间在电荷性质上有差异,而且实际上每对之中的一个粒子是“反粒子”。每一个超子依次在气泡室实验中被检测出来,Ξ^0粒子于1959年初被测出,是它们之中的最后一个。超子名单现已完整。

整体来说,超子是小小的怪物。它们的持续时间不长,仅仅是难以想象的、短暂的几分之一秒。但对于科学家而言,这些粒子似乎持续了

---

* 质量超过核子(中子、质子)的各种重子,发现于宇宙射线和高能加速器中。已知的有Λ^0,Σ^+,Σ^-,Σ^0,Ξ^-,Ξ^0和它们相应的反粒子。符号+,-,0表示带正电、带负电和不带电。——译者

非常长的时间。因为它们的分裂有核力参与,所以,这应当在光费米的时间间隔内完成。

但分裂发生得没那么快。即便是所有超子中最不稳定的Σ^0,至少也持续了百亿亿分之一秒。尽管这个短暂的时间段似乎令人满意,没有长到使人厌烦。但当把这个时间段从传统单位换算为光单位时,我们发现:一百亿亿分之一秒等于30 000光费米。

太长啦!

即便如此,30 000光费米也已显示出该超子的寿命非常短暂。其他超子,包括最近发现的Ξ^0,半衰期约为30 000 000 000 000光费米或30光毫米。

由于引起超子分裂的力,比生成超子的核力持续时间要长十万亿倍,所以,这种力一定比引起"强相互作用"的力要弱得多。因此,这表明这种新的力参与到了"弱相互作用"。这种力确实是弱的,大约是电磁力的一万亿分之一。

事实上,参与"弱相互作用"的新粒子被称为"奇异粒子",部分原因就在于此,这名称一直保留至今。现在,每种粒子都赋予了一个"奇异数",可以是+1,0,-1或-2。

普通的粒子如质子和中子,奇异数为0;Λ粒子和Σ粒子的奇异数为-1;Ξ粒子的奇异数为-2;依此类推。奇异数究竟确切地表示什么,现在还不完全清楚,但不妨先这么用着,以后再弄个明白。

各种超子(以及其他亚原子粒子)的运动途径和行为,可由超子与分子碰撞所产生的结果加以追踪。这样的碰撞通常仅涉及从空气分子撕走一个或两个电子。分子剩下的部分是带电的"离子"。

作为形成小水滴的中心,离子通常比原来不带电的分子要有效得多。如果一个快速行进的粒子与被水蒸气超饱和的空气样品分子(如威尔逊云室）或处于沸点的液态氢分子（例如气泡室）相碰撞，那么，所产生的每一个离子会立刻成为相应的小水滴或气体微滴的中心。因此，运动的粒子就由纤细的水滴线条标出它的移动径迹。当粒子分裂成两个其他粒子，向两个不同的方向运动时，水滴线条也分裂为Y字形而显示出粒子的分裂。

所有这些都是我们仅凭人类的感官瞬间见到的。但一张接一张的径迹照片，使得核物理学家能够推导出产生不同径迹图样的事件链。

只有亚原子粒子本身带电，才能够非常有效地把空气分子的外层电子敲打下来。由于这个原因，只有带电粒子可以用水滴线条示踪。也由于这个原因，不带电或中性的粒子，最后才被发现。

例如，不带电的中子是在相似而带电的质子发现18年之后才被发现。最后发现的超子是不带电的Ξ^0（“0”表示零电荷）。

不带电粒子就是凭着它没有示踪的性质才被发现的。例如，Ξ^0粒子是由一个带电粒子生成的，它最终发生分裂，变为另一类型的带电粒子。在最后获得成功的照片中（大约有7万张照片被检查），水滴径迹被明显的间隙分开了！任何已知的不带电粒子不会产生这种间隙，因为它们将会产生另外类型的间隙，或在间隙的末端产生不同的事件序列。只有Ξ^0粒子适合这些条件，因此，这个最后的粒子是以完全否定的方式发现的。

那么，我建议的光单位有什么用处呢？试想有一个粒子，以接近于光速的速度行进，如果它的寿命约为30光毫米，那么，它在分裂之前有机会行进30光毫米。

由此及彼，依传统单位，你可以说长度为30毫米的小水滴线暗示着大约一万亿分之一秒的半衰期（反之亦然），但在这两个数值之间，没有什么显然关联。如果说，30毫米的径迹暗示着30光毫米的半衰期同样是正确的，那么，这样的关联显得多么干净利落！正如天文距离那样，光速的使用再次让一个数字既可以表示距离，又可以表示时间。

有一组粒子比超子更早登场，这就是“介子”(meson)。它们是中等质量的粒子，比质子或中子轻，但比电子重。(meson的希腊文意思为“中间”。)

这些粒子也有3种已知的类型。较轻的两种同样是用希腊字母加以区别。1935年发现的μ子，其质量是质子质量的0.11倍，1947年发现的π介子，其质量是质子质量的0.15倍。1949年开始发现的各种非常重的介子，即K介子，其质量是质子质量的0.53倍。

整体来说，介子比超子稳定些，有较长的半衰期。即使最稳定的超子，半衰期也只有30光毫米，而介子半衰期的通常范围，从上述值到带电π介子的8000光毫米，再到μ子的800 000光毫米。

现在，800 000光毫米的数字应当使你对长的半衰期有了印象，但我还是要提醒你注意，用传统单位它相当于$\frac{1}{400\,000}$秒。

对我们来说，这是很短的时间，而在核标度上，它则是很长、很长的时间。

在许多介子中，只有K介子属于奇异粒子之列。K^+介子和K^0介子的奇异数为+1，K^-的奇异数为-1。

附带说说，弱相互作用最近为物理学革命打开了大门。在发现它的最初8年间，弱相互作用似乎只不过是使人感到困惑、讨厌的东西。但到了1957年，对它们的研究表明，“宇称守恒定律”实际上不能适用于自然界的一切过程。

我不想详细说这些了，但或许讲一句话就足够：这件事使物理学家大吃一惊。两位年轻的中国学者(年纪稍长的一位是35岁)获得了成功,他们很快得到了诺贝尔奖,这似乎开创了核理论的全新视野。*

除了介子和超子之外,已经知道的不稳定粒子只有一个,这就是中子。在原子核内的中子是稳定的,但在孤立的状态下,它最后会分裂成为一个质子、一个电子和一个中微子。(当然,诸如正电子和反质子等反粒子,它们会分别同电子和质子起反应,从这一意义上说是不稳定的。在通常环境下,这将在大约一百万分之一秒内发生。但在孤立的状态下,这些反粒子会无限期地保持原状,这就是我们所说的稳定。)

中子衰变的半衰期为1010秒(或约17分钟),比已知的任何其他粒子的半衰期长约10亿倍。

用光单位表示,中子的半衰期为350 000 000光千米。换句话说,如果若干个中子以光速飞奔,在其中一半分裂之前,可以行进350 000 000千米(比从地球绕太阳轨道的一端到另一端的距离还要远一些)。

当然,科学家使用的中子,不会跑得像光速那么快。实际上,用于引发铀裂变的中子,是非常慢的中子,一点也不比空气中的分子移动得快。它们的速度大约是每秒1.6千米。

即使以这样的爬行速度,一束中子流在其中一半分裂之前,将行进1600千米。在这1600千米中,它们身上会发生其他许多事情。例如,假使它们穿过铀或钚,将有机会被原子核吸收,并且引发裂变。它们会把我们今天居住的世界,变得混乱、危险但令人兴奋。

---

* 这两位在美国工作的中国学者为杨振宁(时年35岁)和李政道(时年31岁),他们于1956年6月发表具有历史意义的论文,对弱力过程中宇称守恒提出疑问并给出了解决这一问题的实验构想。1956年12月,吴健雄和她的合作者们发现了宇称不守恒的证据。杨振宁和李政道由此荣获1957年诺贝尔物理学奖。——译者

后　记*

我喜欢的科学随笔,是那些在某几个方面不同寻常的随笔。简单报道科学上的一些事情,可以是有趣的和有用的,有时我也满足于这样做,没有更多的要求。但不管怎样,当我能够呈献一些原创作品(或在我印象里是原创)时,我会有更大的成就感。谁不是这样的呢?

正如在这篇随笔中我讲的第一句话,我呈献一些新的想法,亦即描述极短时间间隔的方法,可以使它们更容易理解、更有用。我为我这样做感到自豪,因为从那时起,30年过去了,还没有人写信给我说,这个概念以前实际上已经被提出过。因此,我一直认为这是我的原创。

但在过去30年里,并没有人采用这个概念。它的应用,只局限于这篇随笔中所述。这太糟糕了,可我仍然认为这是一个异乎寻常的见解,且担心有朝一日有人也想到这个概念,并付诸实践,但却没人记起是我首先想到的。

顺便提一句,文中我对于亚原子粒子的讨论,当然是极其过时的。

* 此后记为作者将科学随笔收入本文集时所加。全书同。——译者

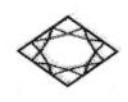

π之点滴

我在登载于《事实与幻想》(*Fact and Fancy*)一书上的随笔《那些疯狂的想法》(Those Crazy Ideas)中,有一个随意添加的脚注 $e^{\pi i}=-1$。瞧,此后我收到了许多评论性意见,不是针对文章本身,而是针对脚注的(有一位读者以遗憾多于愤怒的心情证明了这个等式,而我在文中却忽略了做这件事)。

我得出的结论是,有些读者感兴趣的是这些奇特的符号。我也是这样(尽管我实际上不是数学家或其他什么家),因此有一种不可抗拒的冲动,想去捡起其中的一个进行谈论,例如π。

首先,什么是π? 好吧,π是希腊字母(英语读音为pi),它表示圆的周边长度与直径长度之比。Perimeter(周长)这个词起源于希腊文perimetron,意思为"绕圆周的测量";diameter(直径)这个词起源于希腊文diametron,意思为"从一端至另一端的测量"。由于某些不清楚的原因,perimeter这个词习惯上用于多边形,而说到圆周,习惯上则使用拉丁文"circumference"。我认为这不要紧(我不是有修辞癖的人),但它模糊了使用π符号的原因。

大约是在公元1600年,英国数学家奥特雷德(William Oughtred)在讨论圆的周长及其直径之比时,用希腊字母π代表周长,用希腊字母δ

代表直径。它们分别是perimetron(周长)和diametron(直径)的第一个字母。

现在,数学家时常出于简化的考虑,在可能的情况下,把数值设定为1。例如,他们可能讨论关于直径等于1的圆。对于这样的圆,圆周的长度在数值上等于圆周与直径之比。(对于你们当中的一些人,我想这是显然的,而其余的人,可以根据我所说的话来理解它。)由于直径等于1的圆其周长等于比值,因此,比值可以用周长的符号π来表示。又由于直径等于1的圆经常被使用,用π表示比值的习惯很快就变得根深蒂固了。

第一次使用π表示圆周长度与直径长度之比的顶尖人物,是瑞士数学家欧拉(Leonhard Euler)。在1737年,那时凡他认为好的,其他人也都认为不错。

现在我可以回过头来,称围绕圆的距离为圆周。

但是,圆周与直径之比的实际数值是什么呢?

即使在纯粹数学发明之前的很长时间里,这显然也是一个引起古代人关心的问题。在鸡棚式结构之后的各个建筑阶段,如果你不想没完没了地大声训斥下属:"你这个傻子,这些横梁全部短了半尺",你就必须事先对各种各样的尺寸进行计算。由于宇宙就是那个样子,你在运算中永远必须使用π这个数值。甚至你所处理的不是圆形而是角(不能回避角),你也会遇上π。

推测起来,第一个认识到比率重要性的经验法计算者,是通过先画一个圆,然后实际测量出直径长度和周边长度来确定这个比率的。当然,测量周边长度是一个需要技巧的问题,不能用常规的木尺,因为它不可弯曲。

金字塔建造者和他们的前辈可能是非常小心地沿着周边放置麻绳,在周边终点做个小记号,然后放直绳子,用相当于木尺的工具进行测量。(现代的理论数学家对此会皱眉头,傲慢地进行评论,诸如"你是做了无法证明的假设:绳子在弯曲时和伸直时长度相同"。我想,组织当地神殿建造的诚实工匠,面对这样的异议,解决的办法应该是把这横加指责的人扔进尼罗河去。)

无论如何,画出不同大小的圆,做足够的测量,无疑使建筑师和工匠在这项研究的早期领悟到,所有圆的比率都是相同的。换句话说,如果一个圆的直径比另一个圆的直径长两倍或$1\frac{5}{8}$倍,它的周长也应该长两倍或$1\frac{5}{8}$倍。于是问题归结为:不是寻找使用时感兴趣的、特定的圆比率,而是对任何时间、任何的圆都普遍适用的比率。一旦头脑里有了π值,对任何的圆,都不用再去测定比率。

古时候用测量法确定的实际比率,一方面决定于测量人员的用心程度,另一方面决定于他在理论上要求这个数值的精确度。例如,古代希伯来人不是很好的建筑工程师,当他们需要建造一个重要的建筑物(所罗门神殿)时,就去请腓尼基建筑师。

可以猜想,希伯来人在描述这神殿时只使用整数,而无视乏味和麻烦的小数;当神殿遇到问题时,他们又拒绝为这样的琐事操心。

例如,在《旧约·历代志(下)》第4章,他们描述了神殿中的一个"铜海",这可能是某种圆形的容器。对它的描述是从那一章的第2节开始的:"又铸一个铜海,样式是圆的,高5肘,径10肘,围30肘。"

你看,希伯来人没有认识到:当给定了圆的直径(例如,10肘*或其他任何值),同时也自动给定了周长。他们觉得需要具体说明周长为30肘,这样一来,透露出他们认为π正好等于3。

常常有这种危险:一些过于坚持《圣经》中的字面词句的人,因此便认为3是神给π规定的数值。我不知道这是不是美国某些州头脑简单

* 肘,古代一种量度单位,自肘至中指端之长,46—56厘米。——译者

的立法者的动机,他们在一些年前提出议案,要从法律上规定,在该州范围内π等于3。幸好这个议案没有通过,否则,这个州的所有的车轮都要变为六角形的了(该州当然要认可可敬的州立法者所订立的法律)。

无论如何,那些精于建筑的古代人从测量中知道,π的数值显然超过3。他们拥有的最好数值是$\frac{22}{7}$(或$3\frac{1}{7}$)。这个数值真不坏,至今快速的近似计算仍然用它。

若写成小数形式,$\frac{22}{7}$约等于3.142 857…,而π约等于3.141 592…。因此,$\frac{22}{7}$仅高出0.04%或$\frac{1}{2500}$。对于大多数经验算法来说,这就够好的了。

到希腊时代,几何学系统发展起来了,人们不再采用放置绳子再用尺测量的粗糙方法。因为采用这个方法所得到的数值,其准确度显然至多只能与木尺、绳子、人眼的准确度相同,而所有这些都是非常不完善的。相反,希腊人所创建的理想平面几何学中的完美直线和完美曲线,一经得到适当的重视,他们就着手推导π的绝对数值。

例如,阿基米德(Arichimedes of Syracuse)使用了“穷竭法”计算π值(穷竭法是积分学的先驱,只要像几世纪后仁慈的赞助者那样,通过时间机器把阿拉伯数字送给阿基米德,那他有可能在牛顿之前两千年就发明了积分学)。

为了理解阿基米德的想法,想象有一个等边三角形,它的顶点在直径为1的圆周上。普通几何学能够准确计算三角形的周长。如果你想知道,它的结果是$\frac{3\sqrt{3}}{2}$或2.598 076…。这个周长一定比圆的周长(就是π值)小,这也是根据基本几何学得出的推论。

下一步,想象把三角形两个顶点之间的圆弧分割为二,便得到一个正六角形(六个边的图形)内接于圆。它的周长也能够确定(恰好等于3),比三角形的长,但仍然比圆的短。这个过程不断进行下去,就得到具有12边、24边、48边等的正多边形,内接于圆。

多边形与圆的边界线之间的空间持续不断地减少或"耗尽",多边形可以如你所愿尽量接近圆,虽然永远不能完全到达圆。同样地,可以做一系列的等边多边形外切于圆(放在圆外,亦即它们的边与圆正切),这样就得到一系列变小的数值,趋近于圆的周长。

基本上,阿基米德在两个系列的数字之间捕捉周长,一个系列从低值逼近π,另一个系列从高值逼近π。用这种办法能够确定π值到任意的精确度,只要你有足够的耐心去忍受单调乏味的工作,处理边数很多的多边形。

阿基米德以时间和耐心,对96个边的多边形进行了计算,显示π的数值比$\frac{22}{7}$稍小一些,而比稍小的分数$\frac{223}{71}$略大一些。

现在,这两个分数的平均值为$\frac{3123}{994}$,相当于小数3.141 851…。这比π的真值高0.008%或$\frac{1}{12\,500}$。

一直到16世纪,至少在欧洲还没有得到比这更好的近似值。就是在那时,分数$\frac{355}{113}$第一次用作π的近似值。这实在是用较简单的分数所能表达的π的最佳近似值。$\frac{355}{113}$的小数值为3.141 592 92…,而π的真值是3.141 592 65…。可以看到,$\frac{355}{113}$只比真值高出0.000 008%,或$\frac{1}{12\,500\,000}$。

为了让你了解近似值$\frac{355}{113}$有多么好,让我们假设地球是一个完全的球体,直径恰恰等于12 872千米。然后用π乘以12 872,计算出赤道的长度。用$\frac{355}{113}$作为π的近似值,答案是40 447.2296…千米。用π的真值,答案是40 447.2263…千米。误差为3米。计算地球的周长,3米的误差完全可以忽略不计。甚至把我们的地理精确度提高到新水平的人造卫星,其测量结果的精确度也达不到这个水平。

那么,结果必然是:对于除了数学家之外的任何人来说,$\frac{355}{113}$非常接近于π的近似值,适用于任何需要π的情况(极特殊的除外)。但数学家有他们自己的观点。没有真值,他们不会高兴。对于他们来说,无论误差多么小,都同天文学上百万秒差距*一样糟糕。

向精确值迈出关键一步的是16世纪的法兰西数学家维也塔(François Vieta)。他被认为是代数学之父,除了别的贡献之外,他还首次提出使用字母符号代表未知数,即著名的x和y,就是我们之中大多数人在一生中的不同时期不得不以惊恐和难测的心情去面对的未知数。

维也塔在代数方面的工作,与阿基米德的几何学穷竭法对等。他没有建立无限数目的多边形,使它们越来越接近于圆,而是推演一个分数的无穷级数,对它进行计算,得出π的数值。计算中使用的项愈多,就愈接近于π的真值。

我不想在这里给你介绍维也塔级数,因为它包含了平方根,平方根的平方根,平方根的平方根的平方根。没有理由使自己陷到这里面去,因为其他数学家也利用了其他级数(始终是无穷级数)来计算π值,这些级数更容易写出。

例如,1673年,德国数学家莱布尼茨(Gottfried Wilhelm von Leibniz)导出一个级数,可以表述如下:

---

* 即326万光年。——译者

$$\pi = \frac{4}{1} - \frac{4}{3} + \frac{4}{5} - \frac{4}{7} + \frac{4}{9} - \frac{4}{11} + \frac{4}{13} - \frac{4}{15} \cdots$$

我自己作为天真的非数学家，几乎没有数学洞察力可言，当最初决定写这篇短文时，我想到，应当用莱布尼茨级数迅速完成简短运算，向你们展示得到12位数左右的π值是多么容易。但开始后不久我就放弃了。

你可能鄙视我缺乏锲而不舍的精神，但欢迎你们中任何人计算上面所写的莱布尼茨级数到$\frac{4}{15}$。甚至你可以寄一封明信片给我，告诉我计算结果。如果计算完毕时你失望地发现你的答案不如$\frac{355}{113}$接近π值，请不要放弃，只需增加更多的项。增加$\frac{4}{17}$到你的答案中，再减去$\frac{4}{19}$，然后加$\frac{4}{21}$，减去$\frac{4}{23}$，依此类推。只要你愿意你就可以继续下去，如果你们中的哪位找到了项数能够改进$\frac{355}{113}$，请写信告诉我结果。

当然，所有这些都可能使你失望。毫无疑问，无穷级数是π真值和准确值的数学表达式。对于数学家来说，这是一个有效的方法，比其他表达方式毫不逊色。但若你要它有一个实际数字的形式，它能怎样帮助你呢？对于处理日常生活事务的人，去把二三十项加起来，是非常不实际的。那么，怎样才有可能把无穷数目加起来呢？

啊，数学家不会因为项数的无穷无尽而放弃级数的求和工作。例如，级数：

$$\frac{1}{2} + \frac{1}{4} + \frac{1}{8} + \frac{1}{16} + \frac{1}{32} + \frac{1}{64} \cdots$$

能够加起来，只要使用连续的、越来越多的项。这样做，你将发现：使用的项越多，结果越接近于1；而且可以用简略的方式，表示无穷项的总和最终仅仅等于1。

其实，有一个公式可以用来确定递减几何级数的总和，上述就是一个例子。

例如,级数:

$$\frac{3}{10}+\frac{3}{100}+\frac{3}{1000}+\frac{3}{10\,000}+\frac{3}{100\,000}\cdots$$

把所有这些壮观的无穷数加起来,仅仅等于 $\frac{1}{3}$。

级数:

$$\frac{1}{2}+\frac{1}{20}+\frac{1}{200}+\frac{1}{2000}+\frac{1}{20\,000}\cdots$$

加起来等于 $\frac{5}{9}$。

必须认识到,用于计算π值的级数,还没有一个具有几何递减的特征,因此不能用公式来计算总和。实际上,从来就没有一个公式能够计算莱布尼茨级数或其他类似级数的总和。但是,似乎没有理由刚开始就假设:无法找到一个能够计算π值的递减几何级数。如果这样,π值应当可以用分数表示。分数实际上是两个数之比,任何能够用分数或比率表达的数,是“有理数”。那就寄希望于π可能是有理数吧。

证明一个数为有理数的一个方法,是尽可能用小数表示它的值(例如,把一个无穷级数越来越多的项加起来),然后证明它的结果是一个“循环小数”。亦即,一个小数的数字或其他某组数字,无穷无尽地重复。

例如,$\frac{1}{3}$ 是0.333 333 333 33…,$\frac{1}{7}$ 是0.142 857 142 857 142 857…,依此类推,无穷无尽。甚至诸如 $\frac{1}{8}$ 这样的分数,似乎解出的结果是有限小数,只要把零算进去,其实是循环小数,小数的等价值相当于0.125 000 000 000…。在数学上可以证明,每一个分数,无论多么复杂,都能够用一个小数表达,并且迟早会变成循环小数。反过来,任何一个末尾循环的小数,不管怎样循环,都能够用分数准确地表达。

随机取一个循环小数，比如说0.373 737 373 737 37…首先能够把它变为递减几何级数，可写为：

$$\frac{37}{100}+\frac{37}{10\,000}+\frac{37}{1\,000\,000}+\frac{37}{100\,000\,000}\cdots$$

然后可以用公式计算出它的总和为 $\frac{37}{99}$（计算一下相当于这个分数的小数，看看你得到什么数）。

或者，假设有一个小数，开始是非循环的，然后变为循环的，如15.216 555 555 555 55…，可以写为：

$$15+\frac{216}{1000}+\frac{5}{10\,000}+\frac{5}{100\,000}+\frac{5}{1\,000\,000}$$

从 $\frac{5}{10\,000}$ 起是递减几何级数，计算得出总和为 $\frac{5}{9000}$，所以这个级数是有限级数，刚好只是由3项组成，很容易相加起来：

$$15+\frac{216}{1000}+\frac{5}{9000}=\frac{136\,949}{9000}$$

如果你想要相当于 $\frac{136\,949}{9000}$ 的小数，那就进行计算，看看得到什么结果。

好吧，如果对相当于π的小数进行计算，到若干位时发现了重复，不管多么轻微或多么复杂，只要能够无穷尽地继续下去，就可以写出一个新的级数来表达它的精确值。这个新级数的末尾要含有一个能够算出总和的递减几何级数。那么，应该有一个有限级数，而且π的真值不是以级数而是以实际数字的形式来表达。

数学家们投身于这样的追求。1593年，维也塔使用他自己的级数计算π值到小数点后第17位。如果你想一睹为快，那就是：3.141 592 653 589 793 23。你看，没有任何重复。

到了1615年，德国数学家科伦（Ludolf von Ceulen）使用无穷级数计算π值到35位，也没有发现重复的迹象。当时，这是相当激动人心的业绩，他为此赢得了盛誉，因此有时把π称为卢多尔夫数(Ludolf 's number)，至少在德国教科书中是这样的。

然后是1717年，英国数学家夏普(Abraham Sharp)远远超过卢多尔夫，求出π的72个小数位。仍然没有重复的迹象。

但不久之后，比赛被破坏了。

为了证明一个量是有理数，必须提出与它等值的分数，并且加以展开。但为了证明它是无理数，一个小数位都没必要算出。必须做的不过是假设这个量能够表达为分数 $\frac{p}{q}$，然后证明其中有矛盾的地方，诸如p必须同时是偶数与奇数。这样就证明没有一个分数能够表达这个量，因此它是无理数。

正是古希腊人创造了这种证明方法，并表明 $\sqrt{2}$ 是无理数(这是第一个无理数，以前未曾发现过)。毕达哥拉斯的追随者们(Pythagoreans)被认为是最早发现这件事的人。他们非常惊骇地发现，存在不能用任何分数来表达的量，不管这分数多么复杂。于是他们发誓保守秘密，如有泄露，则处以死刑。但正如一切科学秘密一样，从无理数到原子弹，无论如何都会被泄露出去。

1761年，德国物理学家和数学家兰伯特(Johann Heinrich Lambert)最终证明了π是无理数。因此根本就没有任何重复模式可以期待，不管这种重复多么轻微，不管算到多少个小数位。π的真值只能用一个无穷级数来表达。

唉！请不要伤心。一旦π被证明为无理数，数学家满足了，这个问题就过去了。至于π应用于物理计算，这个问题也过去了，就这么着吧。你可能会想，有时非常精密的计算需要确知π值到几十个甚至几百个小数位，但不是这样！现今科学测量的精密度令人惊叹不已，但仍然几乎没有达到十亿分之一，而要达到那样的精度，在使用π时，9或10个小数位就已经足够。

举一个例子，假设你画一个以太阳为中心、直径160亿千米的圆，围住整个太阳系；而且假设使用$\frac{355}{113}$作为π的近似值，计算这个圆的周长，结果为499亿千米，误差少于4827千米。

但如果你是一个一丝不苟的人，对于49 900 000 000千米中的4827千米误差不能容忍，那么，你可以使用35位数的卢多尔夫π值。结果，距离误差只相当于质子直径的一百万分之一。

或者取一个大圆，比如，现今已知的宇宙的周长。正在建设中的大型射电望远镜，有希望接收到距离远至40 000 000 000光年的信号。具有这样半径的宇宙，它的周长应该大约为241 000 000 000 000 000 000 000（2.41亿亿亿）千米。如果用35位的卢多尔夫π值计算，周长误差应该小于百万分之一厘米。

那么，关于72位的夏普π值还有什么可说的吗？

显然，在π的无理数性质刚刚得到证明时，人们所知道的π值就已经远远超出了科学上可能的需要，无论是现在还是将来。

虽然科学家不再需要超过以往所确立的精确度的π值，但19世纪的前50年，人们仍然继续着他们的计算。

维加（George Vega）计算π值到140位，达西（Zacharias Dase）计算到200位，雷歇（Recher）甚至计算到500位。

最后，1873年，尚克（William Shanks）计算π值到707位，一直到1949年它都是最高纪录，同时也是个小奇迹。尚克做这个计算花了15年的时间，不论其价值如何，它表明了没有任何循环的迹象。

我们想知道，是什么动机使得一个人花15年时间做一项无用的工作。或许这跟有人为了“破纪录”而静坐在旗杆上或者吞咽金鱼出于同样的思维方式。或许尚克就认为这是使他通向成名的一条道路吧。

果真如此的话，他成功了。数学史在描述阿基米德、费马（Fermat）、牛顿（Newton）、欧拉和高斯（Gauss）这样一些人的工作的同时，也为尚克留有一两行的篇幅，大意是尚克在1873年以前计算π值到小数点后707位。因此，他或许会感到自己并没有虚度年华。

但是，唉，为了人类的虚荣心——

1949年，大型计算机开始盛行，享受趣味、享受人生、享受啤酒的年轻操作员们，偶尔有时间拿它来玩。

有一次，他们向一台叫做ENIAC的机器输入一个无穷级数，让它计算π值。计算机工作了70个小时后，他们得到了2035位的π值*（尚克的幽灵！）

最糟糕的是可怜的尚克和他浪费的15年时间，因为在尚克值的第500多位的数字上发现了一个错误，所以，此后的全部数字，有100多位也都是错的！

假设你正在惊奇，请不要惊奇，计算机确定的π值也没有任何循环的迹象。

后　记

自然地，我的一些文章或多或少过时了。在我写前面这篇随笔时，π已经计算到一万位，我也提到了。

但数学家没有停止前进。到1988年，计算机比20世纪50年代末那个不值一提的东西已经快得多，能力也强很多。1988年初，东京大学

* 1955年，一台更快的计算机，在33小时内把π算到了10 017位。实际上，从研究π值的各个数字中，确实得出了一些有趣的数学论点。

的一位日本计算机科学家康昌金田(Yasumasa Kanada)开动超级计算机6小时,得到了201 326 000位的π值。

既然π是无穷小数,增加位数在数学上没有任何重要性,那么还操心什么呢? 好啦,有一件事情,它是测试新计算机或新程序的便捷途径。你一旦设定了几亿位数的π值,就可以把新程序安装到任何计算机上,让它计算。如果出现了哪怕是极微小的错误,那么,不是电路出了故障,就是程序出了错误。

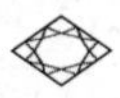

人间天堂

写作这些随笔让我快乐无比，使我经常得到脑力的锻炼。我必须对任何事物不断地保持耳聪目明，以便迸发思想的火花，写出一些在我看来能够使读者感兴趣的东西。

例如，今天收到一封信，询问十二进制。这是指从一数到十二，然后进位，而不是数到十就进位，因此引发了我脑力上的链式反应，并联系到了天文学。不仅如此，它还给了我一个概念，而这概念却源自我。到底是怎么回事，且听我道来。

我的第一个想法是：十二进制毕竟仅用于偏僻的角落。例如，我们说12件为1打，12打为1罗。但据我所知，除了数学家做游戏外，12从来没有被用作数字系统的基础。

从另一方面说，有一个数字已被用作正式位置记数法的基础，它就是60。古代巴比伦人用10作为基础，就像我们现在所做的一样，但也经常使用60作为另一个可供选择的基础。在以60为基础的数字中，我们所称的个位列应当包括1至59的任何数，而我们所称的十位列相当于“六十”列，我们的百位列相当于“三千六百”列（60乘60）。

例如，当我们写123这个数时，实际上它代表$(1\times10^2)+(2\times10^1)+(3\times10^0)$，由于$10^2$等于100，$10^1$等于10，$10^0$等于1，总数为$100+20+3$，

或如上所述的123。

但若使用60作为基础，巴比伦人写相当于123的数，应当为$(1\times 60^2)+(2\times 60^1)+(3\times 60^0)$，由于$60^2$等于3600，$60^1$等于60，$60^0$等于1，所以用我们的十进制记数法，其结果为3600 + 120 + 3，或者说3723。以60为基础的位置记数法称为“六十进制”(sexagesimal notation)，来源于拉丁语“sixtieth”(六十)。

正如“sixtieth”这个字所提示的，六十进制记数法也有分数。

我们的十进制记数法，允许使用例如0.156这样的数字，它的实际意思为$0+\frac{1}{10}+\frac{5}{100}+\frac{6}{1000}$。你瞧，分母以10的倍数按比例增加。在六十进制中，分母是以60的倍数增加，0.156应当代表$0+\frac{1}{60}+\frac{5}{3600}+\frac{6}{216\,000}$，因为3600等于60 × 60，216 000等于60 × 60 × 60，依此类推。

通晓指数记数法的人，肯定会得意地注意到$\frac{1}{10}$可以写做10^{-1}，$\frac{1}{100}$可以写做10^{-2}，等等；$\frac{1}{60}$可以写做60^{-1}，$\frac{1}{3600}$可以写做60^{-2}，等等。因此，用六十进制表示一个完整的数(full number)，就会有如下的样式：(15)(45)(2).(17)(25)(59)，也就是$(15\times 60^2)+(45\times 601)+(2\times 60^0)+(17\times 60^{-1})+(25\times 60^{-2})+(59\times 60^{-3})$。如果你想算出相当于普通十进制的结果以自娱，那就这样做吧！至于我，现在真有点儿畏缩。

至少在两个重要方面我们仍在使用六十进制记数法，这可回溯到古希腊时期。若非如此，上述一切不过是纯粹的学术兴趣而已。

希腊人倾向于向巴比伦人学习以60为基础的记数法，但它的计算很复杂，因为有太多的数均匀地分布到60，于是他们尽可能地避免分数。(有谁不愿意尽可能地避免分数呢？)

例如，有一个说法，希腊人把一个圆的半径分为60个相等的部分，于是半径的$\frac{1}{2}$，$\frac{1}{3}$，$\frac{1}{4}$，$\frac{1}{5}$，$\frac{1}{6}$或$\frac{1}{10}$等，都可以用六十进制的整数来表示。而且，古时候通常设定π值约为3，由于圆的周长等于π的两倍乘以半径，于是周长等于6乘以半径，也就是360的$\frac{1}{60}$乘以半径。或许正因为如此，便开始了把一个圆分割为360个相等部分的习惯。

这样做的另一个可能的原因在于：太阳在365天多一些的时间里完成对群星的环行，因此，在环绕天空运行的道路上，每天大约移动$\frac{1}{365}$。古人不会为了几天的时间而处处吹毛求疵，而是把那天空的环行路线划分为360份，太阳每天走过其中的一份（只是大约），360应用起来多么方便！

圆的$\frac{1}{360}$称为“度”，它源自拉丁语，意思为“走下来”。如果认为太阳从一个环形长梯自上往下运动，则它每天往下走一步（只是大约）。

如果我们继续讨论六十进制，每度可以划分为60个更小的部分，这每一个更小的部分又可划分为60个更小、更小的部分，依此类推。拉丁语称第一次划分为pars minuta prima（第一小部），第二次划分为pars minuta secunda（第二小部），在英语中分别缩写为minute（分）和second（秒）。

我们很自然地用小圆圈代表度，用一个撇代表分，用两个撇代表秒，因此，我们说地球上某一地点的纬度为39°17′42″，也就是说它离赤道的距离为39度加上1度的$\frac{17}{60}$再加上1度的$\frac{42}{3600}$，这不就是六十进制吗？

我们至今仍在使用六十进制的第二个领域是时间的测量（最初基于天体的运行）。因此我们把小时细分为分和秒。当说到一段时间为1小时44分20秒时，我们的意思是1小时加上1小时的$\frac{44}{60}$，再加上1小

时的 $\frac{20}{3600}$。

你可以将秒进一步细分，中世纪的阿拉伯天文学家时常这样做。有人创过一个纪录：将六十进制的一个分数细分为另一个分数，使所得的商数达到六十进制的第10位，相当于十进制的第17位。

现在，让我们理所当然地承认六十进制吧，下一步则考虑将圆周分为固定数目的小段，特别是黄道的圆，沿着它，太阳、月亮和行星在天空中巡行在各自的轨道上。

究竟怎样着手测量天空中的距离呢？用卷尺无法做到。替代方法基本上是这样的：从沿着黄道（或实际上沿着任何其他圆弧）所行进距离的两端，画两条到圆心的假想线，想象我们的眼睛就在圆心，然后测量这两条线所构成的夹角。

没有图形，很难解释这个方法的价值，但我要用我通常具有的大无畏精神试一试（当我往下进行时，欢迎你画一个图，以免我解释得不清楚）。

假使有一个圆，直径为35米，另一个圆，圆心与前相同，而直径为70米，再画一个圆心相同而直径为105米的圆。（这些是"同心圆"，就像靶环一样。）

最里面的圆的周长约为110米，中间的为220米，最外面的为330米。

对最里面的圆，标出周长 $\frac{1}{360}$ 的距离，即0.3米的弧长，从弧的两端向圆心画两条直线。由于周长的 $\frac{1}{360}$ 为1度，在圆心生成的角也可以称为1度（特别由于360个这样的弧占满了整个圆周，360个这样的圆心角将占满圆心周围的整个空间）。

现在如果1度角向外延伸，两臂与外面的两个圆相交，这将在中间的圆上截出0.6米的弧，而在最外面的圆上将截出0.9米的弧。两臂分开的距离正好和展开的周长相一致。弧的长度虽然不同，但所对的弧占整个圆的比例是相同的。顶点在圆心的1度角对应1度弧，不管任何圆和任何直径，也不管这个圆是围住1个质子还是整个宇宙（假定是属于欧几里得几何的）。对于任何大小的角，这种相同都丝毫不差。

假定你的眼睛在圆心，圆上有两个记号。这两个记号被圆周的$\frac{1}{6}$长度分隔开，也就是被$\frac{360}{6}$或60度的弧分隔开。如果想象从两个记号画线到你的眼睛，两条直线就构成了一个60度的角。如果先看一个记号，再看另一个，你的眼睛要旋转60度的角。

瞧，这和圆到眼睛的距离为1千米或1万亿千米无关。如果这两个记号被圆周的$\frac{1}{6}$隔开，它们就被60度隔开，不管距离如何。当你对于圆距你有多远连最模糊的概念都没有时，这种测量方法真是太好了。

由于在人类历史上的大部分时期，天文学家对于天空中天体的距离没有概念，角度测量正是他们所需要的。

如果你认为不是这么回事，那就试着用长度来测量吧。请普通人估计满月的表观直径，他几乎凭直觉就使用长度测量。他可能会明智而谨慎地回答："噢，大约0.3米。"

当他使用长度测量时，就等于是设定了一个特定的距离，不管他自己是否知道。0.3米宽的物体看起来像满月那么大，它应当是在33米远的地方。我认为任何人估计月亮为0.3米宽，未必就估计与月亮的距离不超过33米。

如果我们坚持用角度测量，并且说满月的平均宽度为31′（分），那就不需要做距离的判断，因而不会出错。

但若我们打算坚持使用大众所不了解的角度测量，就必须找出一些方法，使每个人都明白其中的道理。为了达到目的，例如想象出月亮的大小，最通常的方法是：选取我们大家都熟悉的一些普通圆形，并且计算出使它看起来和月亮一般大小的距离。

有一个这样的圆，就是25美分的硬币。它的直径约为2.4厘米，如果我把它算作直径2.5厘米，也差不太远。这25美分的硬币放在离眼睛2.7米远处，它将对应31分的弧。这意味着它看起来正好和满月一般大小，如果把它放在你的眼睛和满月之间并且距离眼睛2.7米的地方，它将刚好把月亮遮住。

如果你从来没有想过这件事，无疑你将惊讶于一个25美分的硬币在2.7米远的地方（你一定想象它非常小），能够重叠满月（你可能认为它非常大）。对此，我只能说：试验一下吧！

这种方法对太阳和月亮是适用的，但它们毕竟是所有天体中外观最大的。实际上，它们是唯一（把偶然出现的彗星排除在外不予考虑）可以见到的盘状天体。所有其他天体都是以多少分之一分甚至多少分之一秒来测量的。

按这个原理继续进行比较很容易，只要说：某一行星或恒星的表观直径与一枚放在1千米或10千米或100千米处的25美分硬币同样大小，实际上通常也是这样做的。但这有什么用处呢？在这样远的距离，你根本看不见硬币，也想象不出它的大小。你是在用一种不可见的度量代替另一种不可见的度量。

一定有一些更好的方法。

现在，在我的思想中，就有一个我自己的原始创见（希望如此）。

假设地球刚好像它的实际大小那样大，而且是一个巨大的、空心的、均匀的、透明的球体。又假设你不是在地球的表面看天空，你的眼睛刚好在地球的中心。然后你见到所有的天体投影到地球的球面上。

实际上,这就像是用地球的整个球体作为背景,在这背景上描绘天体所得到的摹本。

这样做的价值在于:地球是一个球体,在它上面容易描绘角度的度量,因为我们都熟悉用角度度量经纬度。在地球表面,1度等于111千米(因为地球不是一个理想球体,此数有些微误差,但可以忽略不计)。因此,1分等于$\frac{1}{60}$度,等于1.85千米,1秒等于$\frac{1}{60}$分,等于31米。

这样,你会发现,如果知道天体的视角直径,并且把它按比例画在地球表面上,我们就可以知道它的准确直径。

例如,按角度测量法,月亮的平均直径为31分,如果按比例画在地球表面上,它的直径将为58千米。它可以匀整地覆盖大纽约市,或波士顿和伍斯特之间的地带。

你的第一冲动可能是"什么!",但其实它不像看起来那么大。记住,你是在地球的中心观看这个比例模型,离地球表面6400千米,就像在6400千米外你问自己"大纽约市看起来有多大"一样。或者,如果你有地球仪,想象在它上面画一个圆,直径为从波士顿延伸到伍斯特。你将发现,它和地球的整个表面相比,实在小得很,就像月亮本身和整个天空表面相比实在很小一样。(实际上,要占满整个天空,需要490 000个月亮大小的面积,而要占满地球的整个表面,需要490 000个我们所描绘的那样大小的月亮。)

但这至少表明了我提议的、有放大效果的方法,用在外观比太阳或月亮小的天体,特别方便,而正是在这一点上,把硬币放在多少千米之外的方法失效了。

例如,表1列出了各个行星在它们最接近地球时我们所见到的最大角直径,表中还列出了按比例画在地球表面上的线性直径。

我省略了冥王星*，因为它的直径不太清楚。但如果我们假设这个行星与火星的大小几乎相同，那么，即使它处于轨道的最远点，还是有0.2秒的角直径，并且可以表示为直径是6米的圆。

每个行星的卫星，也可以方便地按标度画出来。例如，木星的四大卫星是直径从33—56米不等的圆，画出来距离木星5—23千米。整个木星系统，包括最外层卫星（木卫Ⅸ是直径约13厘米的圆）的轨道，覆盖了一个直径约为563千米的圆。

然而，这个方法的真正目标却在于恒星。用肉眼观察，正如行星一样，恒星也不成可见的圆盘状。但与行星不同的是，即使用最大的望远镜观察恒星，也看不清它的圆盘状。而对于行星（冥王星除外），甚至只要用中型望远镜，它就能被放大成圆盘状，而恒星不能。

用间接方法已经测定了一些恒星的视角直径。例如，恒星中最大的角直径可能是猎户座α星的0.047角秒。即使是直径5米的大型望远镜也不能将直径放大到1000倍以上，以这样的放大倍数，最大的恒星在外观上也不超过1角分。因此，用直径5米的望远镜观察，也无法看清圆盘状，就像肉眼观察木星一样。当然，大多数恒星在外观上比巨大的猎户座α星小得多。（即使实际上比猎户座α星大的恒星，因为距离遥远，看起来反而更小。）

但在我的地球表面标度上，猎户座α星的表观直径为0.047角秒，它可以用直径为1.4米的圆表示（请与直径为6米而遥远的冥王星相比较）。

不过，试图取得视角直径的实际数据却没有什么用处，因为没有几个恒星做过这样的测量。换一种方法，让我们假设一切恒星的本身亮

---

* 冥王星曾算是太阳系中的第九行星，2006年，国际天文学联合会决议把它排除在外，因为它不符合新的行星定义。——译者

表1　行星标度

行星	角直径（秒）	线直径（米）
水星	12.7	390
金星	64.5	1984
火星	25.1	774
木星	50.0	1539
土星	20.6	634
天王星	4.2	130
海王星	2.4	73

度都与太阳相同。(当然不是这样,但太阳是一个普通的恒星,因此这个假设不会从根本上改变宇宙的外观。)

眼力所见,太阳(或任何恒星)的每一小块面积亮度都相同,与距离的远近无关。如果太阳向远处移动到现在距离的两倍远处,那么,它的视亮度会降低至 $\frac{1}{4}$,但它的表观表面积也会降低至 $\frac{1}{4}$ 。从单位面积看,它的亮度和从前一样,但面积减小了,这正是问题的根本所在。

这话反过来说也是正确的。水星在最接近太阳时观察到的太阳亮度,如果按每平方秒计,并不比我们所观察到的太阳亮,但它看到的太阳的平方秒数是我们的10倍,因此水星上太阳的亮度是我们的10倍。

如果一切恒星都像太阳那样光亮,那么,表观面积与表观亮度成正比。我们知道太阳的星等(亮度,-26.72)与各个恒星的星等,这就给了我们比较亮度的标尺,由此可以得出相对面积的标尺,以及相对直径的标尺。此外,由于我们知道太阳的角量度,就能够应用相对直径,计算出相对角量度,再把它按比例转换为地球表面上的线直径。

但不必注意细节(你很可能已经跳过了前一段)。我给你的结果如表2。

(参宿七的视直径为0.047,但它还没有牛郎星亮,因为参宿七是一个红色巨星,温度比太阳低,以单位面积计比太阳暗淡得多。请不要忘

表2 恒星标度

恒星的星等	视直径（秒）	线直径（厘米）
-1（例如，天狼星）	0.014	43.2
0（例如，参宿七）	0.0086	26.7
1（例如，牛郎星）	0.0055	17.0
2（例如，北极星）	0.0035	10.8
3	0.0022	6.8
4	0.0014	4.3
5	0.00086	2.7
6	0.00055	1.7

记表2是以设定一切恒星都与太阳同样明亮为基础的。）

因此，你知道，一旦我们离开太阳系，将有什么情况发生。在太阳系内，天体以米或千米为标度画出；而在太阳系外，天体只能以厘米为标度。

如果想象一下，从地球中心观察，恒星在地球表面上只有补丁那样大小，那么，对于恒星外观如此之小，用望远镜为什么不能见到它们呈圆盘状，你将有一个新的认识。

肉眼看得到的恒星的总数约为6000个，其中的$\frac{2}{3}$是亮度为5等和6等的暗淡恒星。那么，我们可以想象，地球表面点缀着6000个恒星。它们之中的大多数，直径约为2.5厘米。在极其偶然的情况下也有较大的恒星，直径可达15厘米，这样的恒星合计只有20个。

在地球表面上描绘两个恒星之间的平均距离约为290千米。纽约州这样大小的范围内至多只有一两个恒星，美国全境这样的范围内（包括阿拉斯加州）大约有100个。

你瞧，不管天空的样子如何，它一点也不拥挤。

当然，这些只是肉眼能够见到的星。许多过于暗淡、肉眼看不见的星,用望远镜可以见到。使用直径5米的望远镜进行拍摄,可以拍到暗淡程度为22等的星。

星等为22的星按标度描绘于地球表面上,直径只有0.001厘米,或者约如细菌般大小。(从6400千米深处的地球中心看得见地球表面上的闪亮细菌,这深刻表明了现代望远镜的强大威力。)

从最亮的等级一直到这一等级,我们可看到的星的数目,粗略估计有20亿颗。(当然,我们银河系至少有1000亿颗星,但它们几乎全部处于银河系的核心,完全被尘云掩蔽,我们看不见。我们看得见的20亿颗,只是少量处于我们的近邻旋臂中的星。)

要把它们全部画在地球表面,除了已有的6000个圆(大部分直径为2.5厘米)之外,我们还需要安置20亿个极小的点,它们中的小部分,仍然大到可以看得见,但绝大多数是极其微小的。

即使把星画成这样小到粉末状的点,星与星之间的平均距离,在地球表面的标度上仍有518米。

这回答了过去我曾经自问的一个问题:如果有一个人看到大型望远镜拍摄的满天繁星照片,他必然想知道,有这遍布的滑石粉,怎么可能看得见外面的河外星系呢?

嗯,你看见了,虽然星的数目庞大,但它们之间的净空间仍然比较巨大。实际上,人们估计,到达我们这里的全部星光相当于1100个一等星的星光。这意味着:如果把看得见的全部星体聚集在一起,它们将填满一个直径为5.64米的圆(按地球表面的标度)。

由此可以推断,全部星体所遮盖的天空还不如冥王星多。事实上,仅月亮自己所遮盖的天空几乎就达到了其他一切夜间天体、行星、卫星、小行星、恒星总和的300倍之多。

如果不是因为尘云,观察银河外的空间,无论如何都不会有麻烦。尘云是真正的唯一障碍,甚至把望远镜置于太空,也不能排除。

宇宙不能短暂地真正投影到地球表面上，哪怕短暂到可以有时间派出海象的七使女*，严厉命令她们用七个扫把将宇宙尘埃彻底清除干净。真是遗憾。

到那时，天文学家们该有多么高兴呀！

后　记

奇怪的是，想象力怎么能够突然中止。在上面这篇随笔中，我提出了极为高超的想法：把天空描绘在地球表面上，并以新奇的、令人叫绝的方式理解天体的相对表观尺寸。（据我所知，在任何天文学教科书中，还没有人曾经用过这样的想法，这是我的另一件无名独创。）

另一方面，在这篇随笔的结尾，我抱怨尘云，说它们阻碍我们看到尘云以外的物体，“甚至把望远镜置于太空，也不能排除”。

可是，在1961年，我们有了射电望远镜，尘云对它不成问题。微波穿过尘云，就像尘云不存在一样。但在那个时候，射电望远镜探测到的事物，比光学望远镜要模糊得多。

遗憾的是，我未能预见到，很多台相隔遥远、通过计算机协调控制的射电望远镜，工作起来就像组成了一个巨大的盘状天线**，它观察到的物体比光学望远镜**更清晰、更细微**。因此，举个例子，我们可以穿过挡在前进方向上的所有尘云阻碍，以极高的精确度研究银河系中心的无线电波活动。

---

* 海象的七使女是《镜中世界》中《海象与木匠》一诗中的人物。作者卡罗尔(Lewis Carrol，1832—1898)是英国儿童文学作家，主要作品有《艾丽斯漫游奇境记》和《艾丽斯镜中奇遇记》等。——译者

** 一种巨大的接收器。——译者

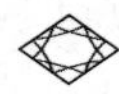

从卵子到最小生命单位

偶尔你会听到这样的议论，强调人脑和任何电脑相比，小巧到何等的程度。

的确，与人造的思想机器相比，人脑小巧得令人惊奇。但是，我觉得那不是由于人脑的功能机制和电脑有任何本质的不同，而是它们组件的大小有天壤之别。

据估计，人类的大脑皮层是由100亿个神经细胞所构成的。与之相比，第一台现代电子计算机(ENIAC)大约只有2万个开关装置。我不知道最新的计算机有多少个开关装置，但是，我敢肯定，它们还没有开始逼近100亿。

其实，大脑还不如细胞神奇。细胞不仅远远小于所有机械零部件，而且它的灵活性也大大超出任何人造元件。除了能够像电脑一样履行开关或放大器的功能，以及其他任何脑功能之外，细胞还是一个完整的化工厂。

再者，构成一个生物体并不需要聚集极其大量的细胞。诚然，普通人有50万亿个细胞，最大的鲸其细胞数量可高达1亿亿个，但这些都极为罕见。最小的地鼠只有70亿个细胞，而最小的无脊椎动物所具有的细胞更少。最小的无脊椎动物只有100个左右的细胞，可是也具备生物机体的全部功能。

其实，我敢肯定你已经先想到了，有些生物仅由单个细胞构成，但它们具备各种基本生活能力。

如果我们对紧凑性感兴趣，那么，让我们针对细胞提出这样的问题：生命结构能够紧凑到什么程度？一个物体可以小到什么程度，仍然具备生活的能力？

让我们从细胞的大小开始。

这没有单一的答案，因为细胞的种类很多，有的大一些，有的小一些。几乎所有的细胞都非常微小，可是，有些细胞大到只用肉眼就清晰可见。说得极端一点，有的细胞可能比你的脑袋还大。

细胞世界的巨头，是动物的各种卵细胞。例如，人类的卵细胞，是人体（无论男性还是女性）所产生的最大细胞，大小如针头，肉眼恰好能够看到。

为了能够定量地确定细胞的大小，并且适当地对人类卵细胞和各种大小的其他细胞进行比较，让我们选用一种方便的度量单位。除了一些卵细胞，对绝大多数细胞来说，厘米甚至毫米都显得太大。因此，我选用微米作为长度单位，它等于 $\frac{1}{1000}$ 毫米；用立方微米作为体积单位，它是边长为1微米的立方体的体积。如果我告诉你，1立方厘米的体积（这个大小很容易想象）比1万亿立方微米还大一些，你就会明白立方微米是多么小的体积单位了。

这样，16立方厘米中所包含的立方微米数，相当于人体细胞数量的 $\frac{1}{3}$ 。单从这一点就可以认定，我们选择的体积单位在数量级上是适用于量度细胞体积的。

现在，我们再回到卵细胞。人的卵细胞呈小球形，直径大约为140

微米,因此半径为70微米。把70的立方数乘以4.18(免去数学公式与详细运算),我们就得出人卵细胞的体积,它略大于140万立方微米。

但是,在卵细胞中人类的卵细胞并不算大。下蛋的动物,特别是鸟类,做得更加出色;不管多大的鸟蛋,都是单细胞(首先,至少如此)。

最大的鸟蛋,是马达加斯加的隆鸟蛋。这种鸟又称象鸟,已经灭绝。据说,《天方夜谭》(*Arabian Nights*)中的神话大鹏,就是以它为原型。神话中的大鹏硕大无比,能够一爪抓着一头象,另一爪抓着一头犀牛飞起来。它的蛋大得像一间房。

其实,隆鸟远没有神话中的那么大。它也不会抓着任何动物(无论多么小)飞起来,因为它根本就不会飞。它的蛋也比房子小得多。不过,隆鸟蛋宽24厘米、长33厘米,容量约达8升,如果你考虑一下枯燥的现实,这已经是很可观的了。

隆鸟蛋不仅是鸟蛋中最大的,而且可能在所有动物(包括中生代的巨大爬行动物)所下的蛋中,也高居榜首。因为蛋壳的材料是碳酸钙,在没有任何内部支撑的情况下,隆鸟蛋的大小已经达到了可能的最大限度。如果我们承认隆鸟蛋是最大的蛋,那它就是有记载的最大细胞了。

说回到当代,在任何存活的生物中,最大的蛋(也就是最大的细胞)来自鸵鸟。鸵鸟蛋长15—18厘米,直径为10—15厘米;如果你有兴趣了解的话,把它煮熟需要花40分钟。和它相比,一个大鸡蛋大约只有2厘米宽、6厘米长。最小的鸟蛋是一种蜂鸟所下的蛋,它只有约1.2厘米长。

现在,让我们将这些数据粗略地换算成体积:

蛋(卵细胞)	体积(立方微米)
隆鸟	7 500 000 000 000 000
鸵鸟	1 100 000 000 000 000
鸡	50 000 000 000 000
蜂鸟	400 000 000 000
人类	1 400 000

从中可以看出，卵细胞的大小差别极大。即使是最小的鸟蛋，其体积也是人类卵细胞的大约30万倍，而最大的鸟蛋的体积，差不多是最小鸟蛋的2万倍。

换句话说，隆鸟蛋与蜂鸟蛋相比，就像最大的鲸与中等大小的狗相比；而蜂鸟蛋与人类的卵细胞相比，就像最大的鲸与大老鼠相比。

进一步讲，尽管蛋仅由一个细胞构成，但它并非我们通常讲的典型细胞。一方面，蛋中只有极小一部分是活的。蛋壳肯定不是活的，蛋白只是作为水分的贮备。蛋黄是细胞的真正部分，但即使这部分也几乎全部是贮备的养分。

如果真正想了解细胞的大小，我们应该着重研究那些只含有少量营养贮备的细胞。也就是说，这类细胞的绝大部分是原生质，而细胞内的养分只够满足短时维持生命的需要。这些非卵细胞，其大小是从刚刚肉眼可见到更小，正如卵细胞的大小是从刚刚可见到更大。

实际上，存在一些重叠。例如，变形虫是一种能独立生活的简单生物，它只有一个细胞，其直径大约为200微米，体积为420万立方微米。它的体积是人类卵细胞的3倍。

但是，组成多细胞生物的细胞都比较小。人体各种细胞的体积，从200立方微米到15 000立方微米不等。例如，典型肝细胞的体积是1750立方微米。

如果，我们把不完整的近似细胞体也包括在内，那么，我们得到的体积会更小。例如，人体的红细胞就不是完整的细胞，它没有细胞核，比人体的普通细胞小得多，体积只有90立方微米。

巧得很，人体产生的细胞中，女人的卵子最大，男人的精子最小。精子的主要部分是细胞核，而且还是半个细胞核。精子的体积大约是17立方微米。

现在你可能认为，组成多细胞生物的细胞简直太小了，以致不能成为单个生存的、独立的生物体，因此，能够单独生存的细胞必然非常大。而一只变形虫的体积是一个肝细胞的2400倍，所以，从变形虫到肝细胞，我们也许已经越过了能够构成独立生物的体积界限。

不过，事情并不是这样的。人体细胞之所以不能成为独立的生物体，是因为它们太专业化了，而不是因为它们太小。许多能独立生存的单细胞生物比变形虫小得多，甚至小于人类的精子。它们是细菌。

即使是最大的细菌，其体积也不超过7立方微米，而体积最小的细菌仅有0.02立方微米。上述数据可以概括如下：

非卵细胞	体积(立方微米)
变形虫	4 200 000
人类肝细胞	1750
人类红细胞	90
人类精子	17
最大的细菌	7
最小的细菌	0.02

摆在我们面前的又是一个很大的变化范围。变形虫那样的大个单细胞生物与细菌一类的单细胞侏儒相比，就像最大的成年鲸与最小的半成年地鼠相比。而最大和最小的细菌之间的差别，就像大象与小孩相比。

现在的问题是，如此复杂的生命如何充塞在只有变形虫两亿分之一大小的细菌中呢？

我们再次面临紧凑性的问题，而且需要重新考虑选用什么样的单位。当我们用磅为单位来考虑大脑重量时，它是一小块细胞组织；然而，当我们从细胞角度来考虑大脑时，它则变成了一个由微小单元构成的十分复杂的集合体；依此类推。当研究细胞时，我们不宜再用立方微米为单位，而需要开始考虑原子和分子的数量。

一立方微米的原生质大约包含400亿个分子。通过这一关系，我们可以把前面的数据换算成以分子为单位：

细胞	分子数目
变形虫	170 000 000 000 000 000
人类肝细胞	70 000 000 000 000
人类红细胞	3 600 000 000 000
人类精子	680 000 000 000
最大的细菌	280 000 000 000
最小的细菌	800 000 000

正如我们用细胞作为多细胞有机体的单位，这时，我们很容易接受用分子作为细胞的单位。如果这样，我们可以顺其自然地认为，变形虫在分子层次上的复杂程度是人脑在细胞层次上的复杂程度的1700万倍。这里，变形虫能够容纳生命，其紧凑性也就不足为奇了。

但是这里有个蹊跷。原生质中的分子几乎全部是水：简单的化合物（H_2O）。这些化合物是生物的必要成分，但它们主要是作为基础，而不是生命的特征分子。如果我们要指出具有生命特征的分子，那么，它们是含有氮和磷的复杂大分子：蛋白质、核酸和磷脂。这些分子的总数大约只占活组织中各种分子的万分之一。

（这里，我**不是**说这些大分子的重量只占活组织**重量**的 $\frac{1}{10\,000}$，而只是分子的数量。单个的大分子比水分子重得多。例如，一个普通的蛋白质分子的重量大约是水分子的2000倍。如果一个系统是由2000个水分子和一个普通的蛋白质分子组成，那么，蛋白质分子**数目**只是全部分子的 $\frac{1}{2001}$。然而，蛋白质的**重量**却是总重量的 $\frac{1}{2}$。）

现在，把前面的表略加修改，成为：

细胞	分子数目
变形虫	17 000 000 000 000
人类肝细胞	7 000 000 000
人类红细胞	360 000 000
人类精子	68 000 000
最大的细菌	28 000 000
最小的细菌	80 000

到此,我们可以说,普通的人体细胞在分子层次上的复杂程度,确实跟人脑在细胞层次上的复杂程度相当。然而,与人脑在这两个层次上做同类的对比,细菌明显地比较简单而变形虫则明显地比较复杂。

更进一步,即使是最简单的细菌,其生长和分裂都非常快捷,而从化学的角度看,生长和分裂却是十分复杂的过程。尽管一个最简单的细菌只有用良好的光学显微镜才刚刚可以看见,它却是一座繁忙、设备齐全而且复杂的化学实验室。

在最小细菌的80 000个大分子中,大部分(推测有50 000个)是酶,每种酶能催化一种独特的化学反应。如果在一个细胞中,生长和繁殖所需的持续化学反应有2000种(这又是推测),那么,平均每种酶只有25个。

一个制造厂,有2000台不同的机器在操作,每台机器需要25个工人,这一定是一个最复杂的系统。即使最小的细菌也有这么复杂。

我们还可以从另一个角度来说明这一点。大约在20世纪之初,生物化学家开始认识到,除了活组织的普通原子成分(如碳、氢、氧、氮、硫、磷等)之外,人体还需要多种微量的金属元素。

举个例子,最近在人体的痕量金属元素中,又发现了钼和钴两种新成分。整个人体中大约含有18毫克的钼和12毫克的钴(每种金属大约14毫克)。尽管它们的含量极小,但绝对是必不可少的。人体没有它们就不能生存。

更不寻常的是，各种痕量金属，包括钼和钴，似乎是每个细胞的必要成分。如果将这14毫克的金属均分到人体的50万亿个细胞，每个细胞所得到的真是痕量中的小之又小的痕量。这么小的量，**毫无疑问**，细胞肯定不需要它们！

但是，得出这样一个结论，只是因为我们使用了常规重量单位而不是原子数量来考虑问题。在普通细胞中，非常粗略地说，每10亿个分子中，大约有40个钼和钴原子。据此，让我们再列一个表：

细胞	钼和钴原子数目
变形虫	6 800 000 000
人类肝细胞	2 800 000
人类红细胞	144 000
人类精子	27 200
最大的细菌	11 200
最小的细菌	32

（请注意，这里列举的细胞，不一定都是"普通"细胞。我很肯定，肝细胞中这些原子的含量要大于普通细胞，而红细胞中这些原子的含量则低于普通细胞。正如前面提到的，精子中大分子的含量肯定高于普通细胞。在此我一定要把这一点说明白。）

正如你所看到的，痕量矿物质在生物体中并不稀少。这类原子在一只变形虫中有数十亿个，在一个人体细胞中有几百万个，在较大的细菌中也有几千个。

然而，最小的细菌只有数十个这类原子。这和我先前的结论相符，那就是说，最小细菌中的每种化学反应平均需要25个酶。钴和钼（以及其他痕量金属）十分重要，因为它们在重要的酶中是关键元素。倘若每个酶分子含有一个这类原子，那么，在最小的细菌中总共只有数十个这样的酶分子。

这里我们意识到，我们正在接近一个下限。各种酶的数量不太可能百分之百地均匀分布。有的化学反应需要的酶多于几十个,有的则少于几十个。某些最罕见的关键的酶,可能只有一两个。如果一个细胞的体积小于0.02立方微米,某些关键的酶则很有可能完全没有容身之地,从而造成细胞停止生长和繁殖。

因此,可以合理地假设,在良好的光学显微镜视野之内的最小细菌,实际上是能够容纳全部典型生命活动的最小物体。按照这个思路,这样的细菌是生命紧凑性的极限。

然而,那些比最小的细菌还小的生物又是什么呢?它们由于缺少一种或者一些必要的酶,在正常条件下不能生长和繁殖?虽然它们不能独立生存,但是否可以被视为彻底的非生物呢?

在答复这些问题之前,需要先研究一下如此微小的生物(我们称之为亚细胞)具备生长和繁殖的可能性。一旦亚细胞有办法得到所缺少的酶,这种可能性将变为现实,而这些酶只能来自完整的活细胞。因此,亚细胞是一种有能力侵入细胞的生物,它们在细胞内生长繁殖,利用细胞的酶弥补了自己的缺陷。

最大的亚细胞是以美国病理学家立克次(Howard Taylor Ricketts)的名字命名的立克次体。立克次在1909年发现,这类亚细胞引起的疾病——落基山斑点热,是由昆虫传播的。他于次年死于斑疹伤寒。他是在研究这种疾病时被感染的,而这种疾病的传播者也是昆虫。他死的时候才39岁,为大众的幸福而牺牲了自己。可是,如你所料,他得到的回报却是被人遗忘。

立克次体也有大小之分。比较小的立克次体与较大病毒的个头相似(两者没有严格的分界线),而比较小的病毒则与正常细胞核中的基因大小相近。基因是传递遗传信息的载体。

为了避免出现很小的小数,在讨论亚细胞时,需要放弃以立方微米为体积单位。让我们以立方纳米为单位。1纳米是$\frac{1}{1000}$微米。1立方纳米，是 $\frac{1}{1000}\times\frac{1}{1000}\times\frac{1}{1000}$ 立方微米，也就是十亿分之一的立方微米。

换句话说，最小的细菌体积为0.02立方微米，也就是20 000 000立方纳米。现在我们可以为亚细胞的体积列表如下：

亚细胞	体积（立方纳米）
斑疹伤寒立克次体	54 000 000
牛痘病毒	5 600 000
流感病毒	800 000
噬菌体	520 000
烟草花叶病毒	50 000
基因	40 000
黄热病毒	5 600
口蹄疫病毒	700

亚细胞的体积变化范围很大。最大的立克次体的体积，几乎是最小细菌的3倍。（体积大小不是划分亚细胞的唯一依据，更重要的根据是缺少一种或多种关键的酶。）另一方面，最小亚细胞的体积，只有最小细菌的 $\frac{1}{3500}$。最大的亚细胞与最小的亚细胞相比，就像最大的鲸与普通的狗相比。

随着亚细胞体积的下降，所含的分子数目也减少。当然，含有氮、磷的大分子不会完全消失，因为按我们所理解的生物结构，没有这些大分子就不可能有生命，不管有生命的可能性多么高。最小的亚细胞仅仅是由几个这样的含氮、磷的大分子组成；除了这些生命的基本元素，别无其他多余成分。

但是，亚细胞中的原子数目仍然相当可观。按可能存在的最大紧凑程度，1立方纳米可以容纳几百个原子，不过，在活组织中原子分布没有这么密集。

例如，烟草花叶病毒的分子量为40 000 000，而活组织中原子的平均原子量大约是8。（除了氢原子，其他所有原子的原子量都大于8，但是，氢原子的原子量为1，所以大量的氢原子就把平均数极大地拉了下来。）

这意味着，一个烟草花叶病毒大约有5 000 000个原子，也就是说，每立方纳米恰好100个左右。因此，我们可以把前面的表修改如下：

亚细胞	原子数目
斑疹伤寒立克次体	5 400 000 000
牛痘病毒	560 000 000
流感病毒	80 000 000
噬菌体	52 000 000
烟草花叶病毒	5 000 000
基因	4 000 000
黄热病毒	560 000
口蹄疫病毒	70 000

这样看来，生命最最根本的部分可以由少至70 000个原子来组成。低于这个原子数目，我们得到的是普通蛋白质分子，肯定没有生命。有些肯定没有生命的蛋白质分子所含的原子数确实可以超过70 000个，但是，普通的蛋白质分子平均只含5000—10 000个原子。

那么，就让我们把70 000个原子视为“最小生命单位”吧。由于普通人体细胞中的大分子所含有的原子总数，至少是最小生命单位的5亿倍，也由于人的大脑皮层有100亿个这样的细胞，因此，我们的大脑功能是何等强大，根本就不足为奇了。

事实上，伟大而惊人的奇迹是，人类在文明开化不到一万年的时间中，就能够只用几千个极度简单的小元件装配出功能优异的计算机。

想象一下，如果我们能够制造出包含5亿个工作单位的元件，然后以100亿个这样的元件设计一台计算机。我们拥有的装置，将会使得人脑看起来就像是受了潮的爆竹一样无法工作了。

当然，我不是指诸位读者！

后　　记

我喜欢进行各种比较，考虑量变和质变之间的关系，并且逐步地走向两个极端——正如我在前面几篇随笔中的所作所为。

最终，我把这类随笔汇集成一本题为《宇宙的量度》(*Measure of the Universe*，1983)的书。我从普通的度量衡开始，比如“1米”，然后以半个数量级的步伐逐步上升。在这样的55步之后，我达到了宇宙的周长。随后，我从1米开始以半个数量级递减，27步之后，达到了质子的直径。

对面积、体积、质量、密度、压力、时间、速度和温度，我也做了同样的推算比较，从中得到的乐趣，是难以用言语来表达的。

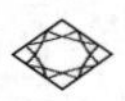

你也会说盖尔语

在街上很难认出谁是化学家，至少像我这样的(严格地说，没有实际经验的)化学家。

面对衣服上各种未知成分的混杂污斑，我无能为力。“你们试过干洗剂吗?”我用升高的语调说着，要使听到我讲话的每个人立刻醒悟过来。我不能只看一看、嗅一嗅这不明成分的油膏，就告诉他们哪种合适;对于只标着商品名称的药品，要说出里面有什么成分，我连最模糊的概念都没有。

总之，在眉毛还没有往上抬、狡黠的微笑还没有展开时，有沙哑的低声细语发出:“这也算是化学师呀!不知道他上的是什么理发学校?”

没有别的办法，只有等待。终于，在一些早餐谷物类食品盒上，在药片包装盒上和沐浴露的瓶子上，出现了18个音节的化学品名称。在确保了说话前有片刻的宁静之后，我就随口说道:“啊，是的。”然后飞快地把那些名称说出来，像机关枪开火那样，使周围几千米内人人震惊。

你瞧，不管在化学实践上多么不胜任，我讲化学语言还是蛮流利的嘛。

但是，哎呀，我必须承认，讲化学语言不难。它只是看上去很难，因为有机化学(它是化学的一个分支，挤在一起的名称最多)在19世纪几乎被德国人垄断。德国人把许多字堆到一起,并取消了字与字之间的间隔,这原因只有他们自己知道。我们用来表达的短语,让他们变成了一个冗长不堪的词。对于有机化合物的名称,他们也这样做,而英语则对那些名称盲目继承,极少加以改变。

正是由于这个原因,你可以选中一个让你十分满意的化合物。显然,它只展现在那里,不伤害任何人,你发现它有一个名称,比如,对二甲氨基苯甲醛(*para*-dimethylaminobenzal dehyde)。这是一个比较短的名称。

普通人习惯于长短适当的字,一大堆字母挤在一起是一种冒犯,令人气恼。但实际上,如果从它的开头开始研究,再慢慢向后推进,会发现它并不难。像这样来发音:PA-ruh-dy-METH-il-a-MEE-noh-ben-ZAL-duh-hide。如果对大写的音节发出重音,你将发现一会儿你就能够迅速地、毫不费力地念下来,并且给你的朋友留下极其深刻的印象。

更重要的是:只要你会说这种语言,就能够理解我曾经遇到的事情。我认识这个化合物是在多年以前。当它溶解于盐酸中时,可以用来鉴定是否有葡萄糖胺存在,那时我非常渴望做这件事。

因此,我去试剂商店问:“有*para-dimethylaminobenzaldehyde*吗?”

售货员说:“你的意思是说,PA-ruh-dy-METH-il-a-MEE-noh-ben-ZAL-duh-hide吧?”他用《爱尔兰洗衣女工》(Irish Washerwoman)的音调唱歌似地说出了这句话。

如果你不知道《爱尔兰洗衣女工》的音调,我所能告诉你的就是,它是一支爱尔兰吉格舞曲。实际上,它就是爱尔兰吉格舞曲。如果你听到,就会知道。我敢说,如果你只知道一支爱尔兰吉格舞曲,或创造一支爱尔兰吉格舞曲,那就是这首。

它是这样的:DUM-dee-dee-DUM-dee-dee-DUM-dee-dee-DUM-dee-dee(丹姆—迪—迪—丹姆—迪—迪—丹姆—迪—迪—丹姆—迪—迪),

等等,几乎没完没了。

我目瞪口呆了片刻,然后认识到问题的严重性:居然有人胆敢异想天开地捉弄我。我说:"当然,这是扬抑抑格的四音步诗。"

"什么?"他问。

我解释说,扬抑抑格是一组三音节,第一音节发重音,下面两个发轻音。在诗中若有四组这样的音节,就是扬抑抑格的四音步诗。任何扬抑抑的四音步诗都可以用《爱尔兰洗衣女工》的曲调来吟咏。例如,美国诗人朗费罗(Longfellow)的叙事诗《伊万杰琳》(Evangeline),其中的大部分可以用这个调来唱。我敏捷地给那个人举了下面的例子:

"THIS is the FO-rest pri-ME-val. The MUR-muring PINES and the HEM-locks——"("这就是原始的森林区。松树和铁杉木的树叶发出沙沙的声响——"),等等。

那时他正要走开,但我小步慢跑跟着他继续说,事实上,任何抑扬格的音步都可以用德沃夏克(Dvorak)的《幽默曲》(Humoresque)来吟唱。(你知道这曲调——dee-DUM-dee-DUM-dee-DUM-dee-DUM-dee-DUM,等等,永无尽头。)

例如,你可以像这样用《幽默曲》的调子来念鲍西娅(Portia)*的演说:

"The QUALiTY of MERcy IS not STRAINED it DROPpeth AS the GENtle RAIN from HEAV'N uPON the PLACE beNEATH。"("宽容品德毫不滥用,不像天上轻柔雨点降到地的低处。")

此时他已离我而去,并且有好些日子没在商店露面。他活该。

但我也没有逃脱惩罚。不要想它吧。那扬抑抑格音步的鼓点萦绕了我几个星期。PA-ruh-dy-METH-il-a-MEE-noh-ben-ZAL-duh-hide-PA-

* 鲍西娅是莎士比亚戏剧《威尼斯商人》中的女主人公。——译者

ruh-dy-METH-il-a-MEE-noh——这声音一遍又一遍进入我的脑海中。它搞乱我的思想,干扰我的睡眠,使我说些半疯狂的话。由于我经常粗暴而含糊不清地低声唠叨这些话,而让所有无辜的旁观者感到吃惊。

最后,魔障是以这样的方式驱除的:我站在旅馆服务台前,等着把我的名字告诉接待员,以便进去会见某人。她是一个非常漂亮的爱尔兰裔接待员,因此,我根本不着急走,因为我将要会见的这个人非常阳刚,相比之下,我更喜爱这个接待员。我耐心地等待着,向她示以微笑,而她显著的爱尔兰气质,唤起了我头脑中鼓点的记忆。于是我用柔软的声音(我甚至不知道自己在做什么)唱起了PA-ruh-dy-METH-il-a-MEE-noh-ben-ZAL-duh-hide…,并快速重复了好几遍。

接待员高兴地拍着手,大声说:**"天哪,你会用原文的盖尔语来唱!"**

我能做什么呢?我谦虚地微笑,让她通报时说我是艾萨克·奥阿西莫夫(Issac O'Asimov)。

从那一天起到现在,我一次也没有再唱它,除了讲这个故事。各位,一切都过去了,因为我毕竟心中知道,我连一句盖尔语也不会。

这些听起来像盖尔语的音节是什么呢?让我们一个一个地追本溯源吧,如果有可能,就弄懂它的意思。或许,你将发现你也能讲盖尔语。

让我们从东南亚的一种树说起吧。它主要分布在苏门答腊和爪哇,能够渗出红棕色树脂,燃烧时有好闻的气味。中世纪时,阿拉伯商人穿越印度洋到达各处海岸,并且带回这种树脂,称它为"爪哇香"(Javanese incense)。当然,他们用的是阿拉伯语,在阿拉伯语中这名称就是"luban javi"。

当欧洲人无意间从阿拉伯商人那里得到这种物质时,对他们来说,阿拉伯名称只是一堆荒诞的音节。第一音节lu听起来像是定冠词(lo在意大利语中就是英语中的the,le和la在法语中也是英语中的the,等等)。结果,欧洲商人就把这种物质叫做"the banjavi",或简单地叫做

“banjavi”。

这个名称也没有什么意义，并且被歪曲成各种形式，例如“benjamin”（因为至少这是一个熟悉的词）或“benjoin”，最后大约在1650年变成了“benzoin”（安息香）。如今在英语中称这种树脂为“gum benzoin”。

大约在1608年，有一种酸性物质从树脂中分离出来，最终被称为“benzoic acid”（苯甲酸或安息香酸）。然后是在1834年，德国化学家密切利希（Eilhardt Mitscherlich）把苯甲酸（分子中含两个氧原子）转变为完全不含氧，而只含碳和氢原子的化合物。他将这种新的化合物取名为benzin（苯京），第一音节ben-表示它的来源。

另一位德国化学家李比希（Justus Liebig）反对词尾用-in，他说只有含氮原子的化合物才用-in，而密切利希的“benzin”中没有氮。在这一点上李比希是正确的。但他建议用-ol做词尾，德语中表示“油”的意思，因为这化合物与油比与水更容易混合。这-ol像-in一样，也不好，因为词尾-ol被化学家用在了其他方面，稍后我将加以解释。但这一名称已在德国流行起来，这种化合物至今仍被称为“benzol”（苯）。

1845年，还有一位德国化学家（我说过，19世纪德国垄断了有机化学）霍夫曼（August W. von Hofmann）建议用benzene（苯）这个名称，它被世界绝大部分地区恰当地采用了，包括美国。我说它恰当，是因为词尾-ene常用于许多只含氢原子和碳原子（“碳氢”）的化合物，所以它是一个好词尾、好名称。

苯分子含6个碳原子和6个氢原子。碳原子按六角形排列，每个碳原子连接一个氢原子。如果记住实际结构，我们可以满意地接受以C_6H_6作为苯的分子式。

或许你已经注意到，从爪哇（Java）到苯分子这条漫长曲折的路途上，与这个岛有关的字母已经全部损失。在苯（benzene）这个字里，没有j，没有a，也没有v。

但是,我们已经达到了一些目的。如果回到"爱尔兰洗衣女工"化合物的对二甲氨基苯甲醛(*para*-dimethylaminobenzaldehyde)上,你不会忽略它有benz这个音节。现在你已经知道了它的来源。

已经走这么远了,让我们大家一起从另一条不同的路径开始吧。

妇女,伟大的妇女(欢呼三声),许多世纪以来一直在涂睫毛,给上眼皮和眼角画眼影,使得眼睛看起来又大又黑,神秘而迷人。为了这个目的,古时候她们使用一些磨成细粉的深色颜料(时常是锑化合物)。当然,颜料必须磨得非常细,因为涂上块状物很难看。

阿拉伯人用那可敬的坦率,称这种化妆粉为"细分的粉末"。只是他们再一次使用了阿拉伯语,那就是"al-kuhl",h用一些腭音发出,我不会模仿,al在阿拉伯语中相当于英语的the(这)。

阿拉伯人是中世纪早期杰出的炼金术士,中世纪晚期欧洲人从他们那里继承炼金术时,便采用了许多阿拉伯术语。阿拉伯人最早开始使用al-kuhl作为任何细分粉末的名称,并不专指化妆用品,欧洲人也是这样做的。但他们对这个词的发音和拼写有各种不同的方式,"alcohol"达到了登峰造极的地步。

碰巧,炼金术士一直就对气体或蒸气感到不安。他们不知道气体是由什么组成的。他们感到,蒸气在某些意义上来说,是十分不同于液体或固体的物质,因此他们称蒸气为"spirits"(精灵)。他们尤其对常温时(不只在加热时)发出"spirits"的物质,有深刻的印象。在这些物质中,中世纪最主要的是酒。因此炼金术士讲到酒的挥发性成分时,用了"酒精"(spirits of wine)这个词。我们自己在讲含酒精的饮料时也用"spirits",虽然还用"spirits of turpentine"。

液体蒸发时,它似乎逃逸成为不存在的东西,因此酒精也得到了alcohol这个名称,炼金术士把它叫做"alcohol of wine"。到了17世纪,alcohol一个字就代表了酒所发出的蒸气。

19世纪初期,这些蒸气的分子结构被确定。这分子原来含有两个碳原子和一个氧原子,它们排列成一条直线。3个氢原子与第一个碳结合,两个氢原子与第二个碳结合,单个氢原子与氧结合。因此,它的分子式可以写为:CH_3CH_2OH。

氢氧基(—OH)缩写成"羟基"。化学家发现了许许多多有羟基连在碳原子上的化合物,例如酒精。所有这些化合物都归结为醇类,每一个化合物有它自己的具体名称。

例如,酒精中有一个基团,这个基团含有两个碳原子,共有5个氢原子和它们连接。一个于1540年第一次分离出的化合物,也有同样的组合。这个化合物甚至比乙醇更容易挥发,这种液体消失得极快,似乎非常急切地要上升回到它在天上的老家。亚里士多德(Aristotle)把构成天的物质称为"aether"(以太),因此,人们在1730年就把这个容易蒸发的物质称为spiritus aethereus,英语中称为"ethereal spirits"(醚精),最后缩短为"ether"(醚)。

醚分子中的基团—C_2H_5(在每一个醚分子中都有两个这样的基团)很自然地被称为"ethyl group"(乙基)。由于酒分子中含有这样的基团,因此,大约从1850年开始,称此物为"ethyl alcohol"(乙醇)。

后来化学家发现,以-ol作为化合物名称的字尾,就足以表明它是醇,含有一个羟基。这就是反对以benzol作为化合物C_6H_6名称的理由。苯不含羟基,也不是醇,应当称为"benzene"而不是"benzol"。你知道吗?

可以从醇中除去两个氢,一个是连在氧上的氢,一个是邻位碳上的氢。这样,你得到的将不再是CH_3CH_2OH(乙醇)分子,而是CH_3CHO(乙醛)分子。

李比希(就是建议用不规范字眼benzol的那个人)在1835年完成了

这项工作，并且第一次真正分离出CH_3CHO。由于除去氢原子当然是“脱氢作用”，李比希得到的是脱氢的醇，而他也是这样称呼它的。他使用的拉丁文词组是alcohol dehydrogenatus。

对于一个简单的化合物来说，这算比较长的名称了，而化学家也跟一般人一样（老实说！），往往省略一些音节，把长名称缩短。取alcohol的头一个音节，取dehydrogenatus的头两个音节，合在一起就成为aldehyde（醛）了。

因此，一个碳原子、一个氢原子和一个氧原子的组合（—CHO），就构成了脱氢的醇分子的最主要部分，它被称为“醛基”，任何含有这个基团的化合物都称为“醛”。

假使我们回过头来说C_6H_6（苯），想象一下从苯分子中除去一个氢原子，并在它的位置上插入一个—CHO基团，那我们将得到C_6H_5CHO，这化合物就是“benzenealdehyde”，或用它的通用名称“benzaldehyde”（苯甲醛）。

现在让我们回到古埃及时代。尼罗河上游的城市底比斯，它的守护神称为阿蒙（Amen或Amun）。在第十八和第十九王朝时，埃及的军事力量最为强大，底比斯取得了埃及的统治权，阿蒙当然也取得了对埃及诸神的统治权。他平定许多神殿，包括北非沙漠绿洲的一个神殿，该神殿坐落在距离埃及主要文化中心以西非常远的地方。这位神在希腊以及后来在罗马，也是众所周知的，他的名字被拼写为“Ammon”。

在任何沙漠地区，寻找燃料都是问题。一种在北非可供使用的燃料是骆驼粪。骆驼粪燃烧所发出的烟，沉积在神殿的墙壁和天花板上，里面含有白色盐状的晶体，罗马人称它为“sal ammoniac”，意思是“阿蒙神的盐”。“sal ammoniac”的表达方式在药剂师中间仍是通行的行话，但化学家现在称这种物质为“ammonium chloride”（氯化铵）。

1774年，英国化学家普里斯特利（Joseph Priestley）发现，对sal ammoniac加热，会产生一种刺鼻的蒸气。1782年，瑞典化学家伯格曼(Torbern Olof Bergmann)建议用ammonia(氨)命名这种蒸气。3年后，法国化学家贝托莱(Claude Louis Berthollet)确定了氨分子的结构。它由一个氮原子和连接在氮原子上的3个氢原子构成，因此我们可以把它写为NH_3。

时代在前进，研究有机化合物(就是含碳原子的化合物)的化学家发现，一个氮原子与两个氢原子结合而成的基团($—NH_2$)时常连接到有机分子的碳原子上。这种组合同氨分子显然很相似。为了强调这相似性，1860年，$—NH_2$基团被称为氨基。

这时，如果我们回到苯甲醛C_6H_5CHO，并且想象从原来的苯分子中除去第二个氢原子，在它的位置上插进一个氨基，那么我们就会得到$C_6H_4(CHO)(NH_2)$，那就是“氨基苯甲醛”(aminobenzadehyde)。

前面我谈过酒精CH_3CH_2OH，并且说这是“乙醇”。它也可以叫做(时常这样)“grain alcohol”(谷物醇)，因为它是从谷物发酵而来。但正如我暗示过的那样，它不是唯一的醇，远非如此。早在1661年，英国化学家玻意耳(Robert Boyle)就发现，在没有空气存在的情况下加热木柴，可得到蒸气，一部分蒸气会冷凝成为透明的液体。

他在液体中发现了一种物质，这种物质跟乙醇很相似，但不完全一样。(与通常的乙醇相比，它更容易蒸发，毒性也大得多，这是两点明显的差异。)这种新的醇称为“木醇”。

但是，为了使一个名称听起来真正具有适当的科学权威性，的确需要用一些希腊语或拉丁语。希腊语的酒为methy，木头为yli。把希腊语的这两个字合在一起，便成为“从木头来的酒”(木醇)，亦即methyl。瑞典化学家柏济力阿斯(Jöns Jakob Berzelius)是第一个这样做的人，那是在1834年，从那时起化学家就把木醇称为“methyl alcohol”(甲醇)了。

1834年，法国化学家杜马(Jean Baptiste André Dumas)[据我所知，

他和小说家大仲马(Alexande Dumas)没有什么关系]测出了甲醇的分子式。它原来比乙醇更简单,只含有一个碳原子,可写为CH_3OH。由于这个原因,含一个碳原子和三个氢原子的基团(—CH_3)称为"methyl group"(甲基)。

1849年,法国化学家武尔茨(Charles Adolphe Wurtz,他出生于阿尔萨斯地区,所以有德国人的名字)发现,氨基的两个氢原子之一,可以被甲基代替,最终产物看起来是这样的:—$NHCH_3$。它当然是"甲氨基"。如果两个氢原子都被甲基代替,分子式就成为:—$N(CH_3)_2$,我们就有了"二甲氨基"。(dimethylamine group,前缀di-从希腊语dis-而来,意思为两次。换句话说,甲基两次加到氨基上。)

现在我们回到氨基苯甲醛$C_6H_4(CHO)(NH_2)$。如果用二甲氨基代替氨基,结构式就成为$C_6H_4(CHO)[N(CH_3)_2]$,它的名称为"二甲氨基苯甲醛。"

让我们再回到苯。它的分子是六角形,由6个碳原子组成,每一个碳原子接连一个氢原子。我们已经用一个醛基取代了一个氢原子,用二甲氨基取代了另一个氢原子,生成二甲氨基苯甲醛,但哪两个氢原子被取代了呢?

对于像苯分子这样完全对称的六角形,选择两个氢原子只有3种方式。可以选择两个相邻碳原子上的氢原子;或选择两个碳原子上的氢原子,使得它们相隔一个未受影响的碳氢组合;或选择两个碳原子上的氢原子,使得它们相隔两个未受影响的碳氢组合。

如果对六角形的碳原子按顺序进行编号,从1至6,就有3种可能的组合,即1,2碳原子,1,3碳原子和1,4碳原子。如果你自己画一个图(很简单的),你可以明白没有其他组合的可能性。六角形中两个碳原子的所有不同的组合,都可归结为这3种情况中的一种或另一种。

化学家给每一种组合都起了专门的名称。1,2组合称为邻位(*ortho-*),

起源于希腊语,意思为“直接的”或“正确的”。这可能是因为它在外观上最简单吧,而什么东西简单,好像什么东西就正确。

前缀“间位”(*meta-*)源于希腊语,意思是“在中间的”,但它还有第二层意思,是“下一个邻近的”。这个意思适合于1,3组合。取代第一个碳的,留出第二个不受影响的,再取代“下一个邻近的”。

前缀“对位”(*para-*)也源于希腊语,意思是“在附近”或“对等的”。如果在六角形的角1和角4做记号,再旋转六角形,使得角1在最左边,那么,角4将落在最右边。这两个角真是“对等的”。因此,“对位”适用于1,4组合。

现在可以得出我们的结论了。当我们说“对二甲氨基苯甲醛”时,我们的意思是二甲氨基和醛基彼此处于1,4位置的关系,它们在苯环相对的两端,因此,化合物的分子式可以写成:$CHOC_6H_4N(CH_3)_2$。

你明白了吗?

既然你知道盖尔语,那么,你认为下列是什么呢?

1) Alpha-dee-glucosido-beta-dee-fructofuranoside

α-D-葡糖基-β-D-呋喃果糖苷

2) two,three-dihydro-three-oxobenzisosulfonazole

2,3-二氢-3-氧代苯并磺酰唑

3) delta-four-pregnene-seventeen-alpha, twenty-one, diol-three, eleven, twenty-trione

δ-4-孕烯-17-α,21,二醇-3,11,20-三酮

4) three-(four-amino-two-methylpyrimidyl-five-methyl)-four-methyl-five-beta-hydroxyethylthiazolium chloride hydrochloride

氯化3-(4-氨基-2-甲基嘧啶基-5-甲基)-4-甲基-5-β-羟乙基噻唑鎓盐酸盐万一你的盖尔语还有点儿生疏,我愿意给你答案:

1) 食用糖(蔗糖)

2）糖精

3）可的松

4）维生素 B_1

是不是很简单？

后　　记

在科学职业上我是一个化学家，但不常写化学方面的文章。我想这是可以理解的。我年复一年地被化学填饱到这里，不，到更高处，高到**这里***，而我无意识地发现自己时时在回避化学。

虽然如此，如果我能够发现化学上某些有趣的东西，还是很高兴谈论它的。那么，还有什么比那些滑稽古怪的化学名称能使非化学家的普通人更气恼的呢？除非那些名称有引人入胜的历史背景。因此，我决定写这篇随笔。

* 阿西莫夫在这里指他的胃被化学填饱，甚至饱到喉咙口。这种话他一般要伴以手势比划。——译者

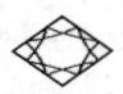

缓缓移动的手指

哎呀,人与生物总有一死,证据就在我们的身边。不久前,我们的长尾小鹦鹉死了。我们几乎全力以赴,常常给它最好的照顾,但它只活了5年多。我们喂养它,给它水喝,把笼子收拾得干干净净;还让它离开笼子在房屋四周飞翔,教它几句脏话,允许它骑在我们的肩上,并且让它在桌子上随便吃碟子里的东西。总之,我们鼓励它把自己看作人类中的一员。

但是,哎呀,长尾小鹦鹉有它的老化过程。在生命的最后一年,它慢慢地变得阴郁而闷闷不乐,就连那几句不合适的话也说得很少,只能慢步而不能飞翔。最后它死了。当然,在我身上也在发生类似的过程。

这一想法使我脾气变坏。至于年龄,每年我都在突破自己的纪录,进入新的高地。但冷静一想,其他每一个人也都是这样的,我就得到很大的安慰。

事实上,我怨恨自己越变越老。年少时我是性情温和的神童,5岁以前就学会了阅读,15岁进入大学,18岁有作品发表,一切如此。正如你所预料的,我经常受到过于好奇的审视,好像我是一个荒唐滑稽的怪物,而我把这样的审视,总解释为对我的羡慕,而且我喜欢这样。

但这样的行为给自己带来了惩罚。正如英国诗人菲茨杰拉德(Edward FitzGerald)提到的波斯诗人奥马尔·海亚姆(Omar Khayyám)的话:手指在书写,文字写下手就移。这意味着一个聪明伶俐、年轻有为、富有生气、精力充沛的神童,变成了肌肉松垂、大腹便便、睡眼惺忪的中年凡人,真是岁月不饶人啊!

时常遇到个子大、笨拙、骨瘦如柴、一脸黑色短髭的人向我走来,用他那低沉的男音说:"自从学会阅读,我就一直在读你的著作;我还收集了在我学会阅读以前你所写的全部作品,这些作品我也阅读了。"我此时冲动得很,要是我十分确信他因尊敬我的年龄而不会回击的话,我恨不得重重打他一嘴巴。

我不在乎这些,而是去寻找从光明方面看问题的途径,如果有任何光明存在的话……

生物体到底能活多久呢?我们只能猜想。这方面的统计资料,大约从19世纪才仔细保存下来,而且它只是针对智人(现代人)和世界上较"先进"的地区。

因此,大部分关于长寿的报道,都是十分粗糙的估计。既然如此,如果每个人都在猜测,我也能猜测,那么,我也会和别人一样猜得轻松愉快,你大可相信这一点。

首先,我们说的寿命是什么意思呢?看待这个问题有好几种方法,其中之一是考虑实际条件下实际生物体存活的实际持续时间(平均的)。这就是"预期寿命"。

有一件事我们可以肯定,那就是,对于所有的生物来说,预期寿命是无足轻重的。如果一条鳕鱼或一只牡蛎产出数百万个或数十亿个卵子,其中碰巧只有一两个卵子所产生的幼仔,碰巧能够活到第一年的年终,那么,所有鳕鱼或牡蛎幼仔的平均预期寿命就可以用星期,甚至用天数来计量。我猜想,成千上万的幼仔的存活时间不超过几分钟。

对于鸟类和哺乳动物，事情不会如此极端，它们有一定数量的幼仔得到照顾，但我敢打赌，只有少数幼仔能够活过1年。

若从冷酷无情的角度来看待物种生存，这样也足够了。一个动物一旦达到性成熟期，生产一窝幼仔，照料幼仔经过发育期或接近发育期，它就已经为物种生存作出了自己的贡献，就可以离开了。如果它还能活着并且生产另外几窝幼仔，那也好，但不一定非这样做不可。

显然，从有利于生存来看，到达性成熟期愈早愈好，因为这有利于在第一代死去之前，有时间生产第二代。草原田鼠在出生3星期后到达青春期，6星期后就能够怀第一胎。甚至马或牛这样的大牲畜，一年后也到达青春期，最大的鲸两年到达青春期。一些较大的陆地动物有条件慢慢地发育，熊的青春期在6岁，大象在10岁。

大的食肉动物可以生存许多年，只因为敌人比较少（总需要把人类除外），不会成为其他动物的大餐。最大的食草动物，如大象和河马，也是安全的；较小一些的，如狒狒和水牛，靠成群移动而得到某种程度的安全。

早期的人类也属于这一类别。他们在小群体中生活，照顾年幼子女。他们至少有原始的团体，最后知道了使用火。因此，一个人的平均寿命预计可以有许多年。即使这样，由于营养不足、疾病、遭到动物追击的危险、人与人之间的残酷争斗，按现代标准来说，他们的寿命还是短的。当然，短寿命有一个界限。如果平均起来活得不够长，就不能完成世代交替，种族就要灭绝。但我猜测，在原始社会中，18岁的预期寿命对于使种族生存是足够的。我甚至认为，石器时代人的实际预期寿命比这长不了多少。

人类在发展农业和驯养牲畜之后，食物供应更加可靠。随着他们学会了在有城墙的城里居住，在法律准则下生活，他们对付外部和内部敌人的威胁就更有保障了。当然，预期寿命也有所提高。实际上，提高了两倍。

然而，自古代到中世纪，我认为人类的预期寿命未必达到过40岁。中世纪的英国，预期寿命估计为35岁，如果活到40岁，他就是受人尊敬的德高望重的长者了。由于早婚和早育，他肯定也做祖父了。

这种情况在20世纪的世界某些地区仍然存在。例如，1950年印度的预期寿命大约为32岁，1938年埃及为36岁，1940年墨西哥为38岁。

下一个重大跳跃是医学的进步，它使传染性疾病得到控制。考虑一下美国的情况：1850年，美国男性白人的预期寿命为38.3岁（同中世纪的英国或古罗马没有太大的差别）；但到了1900年，当巴斯德（Pasteur）和科赫（Koch）完成了他们的工作之后，预期寿命上升到48.2岁，1920年为56.3岁，1930年为60.6岁，1940年为62.8岁，1950年为66.3岁，1959年为67.3岁，1961年为67.8岁。

女性始终比男性有更高的预期寿命（她们是更健壮的性别）。1850年，她们的寿命平均比男性长2岁。到1961年，这种优势增加到将近7岁。美国的有色人种没有那么好，我确信这不是出于任何天生的原因，而是因为他们在经济上一般处于较低的水平。他们的预期寿命比白人大约少了7年。（如果有人对这些日子黑人焦躁不安的情绪感到奇怪，那么，每个人的寿命有7年的差距，可能是引发不安情绪的一个原因。）

即使只考虑白人，在预期寿命上美国也没有保持纪录，我认为纪录保持者是挪威和瑞典。我能找到的最新数字（20世纪50年代中期）显示，斯堪的纳维亚的男性预期寿命为71岁，女性为74岁。

预期寿命的变化引起了社会风俗的某些变化。在过去的世纪中，老人是稀罕的现象，是长久记忆的珍贵宝库，是古代传统的可靠向导。老年人在那个年代受到尊崇。即使现今，在某些预期寿命仍然很低的社会里，老人仍然罕见，高寿仍然受到尊崇。

也有可怕的事情。直到19世纪，分娩仍经常遇到特别危险的疾病

(产褥热等),只有很少的妇女能够挺过来。因此老年妇女甚至比老年男子还少,她们满脸皱纹,牙龈上没有牙齿,相貌古怪、吓人。现代社会早期的巫婆狂热,可能就是这一情况的终极表现。

现今,老男人和老女人非常普遍,好坏两个极端都不再加到他们的身上。也许这是好事。

有人可能会想,随着全球较发达地区的预期寿命不断提高,我们只要再坚持一个世纪,人就可以常规地活到150岁。遗憾的是,情况不是这样。除非在老年医学上有非凡的生物学突破,在提高预期寿命上,我们所能达到的,至多如此。

我曾经读到过一则寓言,整个成人期它都在萦绕着我。我不能逐字逐句地重复,虽然希望能够如此。情况大致如下:死神是弓箭手,生命是桥。小孩开始快乐地过桥,蹦蹦跳跳向前走,逐渐地变老。与此同时,死神向他们射箭。起初死神的准确性差得很,只能偶尔射中一个小孩,使小孩坠落到云雾迷漫的桥下。但当人群往前移动时,死神的目标增多,人数开始减少。最后,死神瞄准那些蹒跚走近桥尾的老年人,目标很理想,他再没有失误,也没有人能够穿过桥看到桥那边是什么样子。

虽然贯穿整个历史的社会结构和医药科学在进步,但这个道理还是对的。在生命的早期和中期,死神的准确性很差,但最后瞄向老年人的箭十分精确,甚至到现在,都没有失误过。我们所能做的一切,如消除战争、饥荒和疾病,只不过让更多的人有机会经历老年期。在预期寿命为35岁的时代,或许100个人中有一个达到老年,现在几乎人口的一半能够达到老年,但这是跟以前完全相同的老年。死神用他那古老本领的一星半点,就把我们全都收拾了。

总而言之,把预期寿命放到一边,还有“特定年龄”,这是我们最通常的死亡时间，它是内在的，没有任何外部力量的推动；这是我们应当死亡的年龄，即使我们避免了事故，逃过了疾病，非常小心地照顾自己。

3000年前，《圣经》中《诗篇》的作者证实了人的特定年龄（第90章第10节），说："我们一生的年日是70岁，若是强壮可到80岁；但其中所矜夸的不过是劳苦愁烦，转眼成空，我们便如飞而去。"

今天也是如此，3000年文明和300年科学都没有改变它。老年人最通常的死亡时间是在70岁和80岁之间。

但这只是最通常的死亡时间，我们不会都在75岁生日那一年死去，我们中有些人活得较长。从个人角度来讲，我们每个人无疑都希望自己是活得较长的一个。所以，我们关注的不是特定年龄，而是我们所能达到的最高年龄。

每一种类的多细胞生物都有一个特定年龄和一个最大年龄。对于进行了不同程度研究的物种来说，最大年龄似乎比特定年龄长50%—100%。因此，可以认为人类的最大年龄为115岁。

固然有关于更老的人的报道。最著名的事例是帕尔（Thomas Parr，亦即Old Parr），据说他于1481年在英国出生，死于1635年，享年154岁。但这种说法的可靠性不能令人信服（有些人认为这是捏造的数字，涉及帕尔家庭的三代），其他同类的说法也没有可靠性。苏联报道在高加索有许多百岁老人，但他们全部出生在一个没有保存记录的时期和地区。老人的年龄只凭他自己说，而众所周知，老年人往往高报年龄。其实，我们几乎可以得出一个规律，在生命统计记录愈差的地区，百岁老人的年龄报得就愈高。

1948年，有一位英国妇女，名叫谢泼德（Isabella Shepheard），据报道死亡年龄为115岁。她是不列颠群岛上实施强制出生登记之前最后的幸存者，所以这个年龄不能确定。尽管如此，她也不会比这年龄小两岁以上。1814年，法裔加拿大人茹贝尔（Pierre Joubert）去世，显然有可靠的记录表明他生于1701年，因此他去世时是113岁。

让我们接受115岁作为人的最大年龄，然后问一下，我们是否有什么好的理由对此提出异议。把这一数字同其他种类生物体的最大年龄相比较，会怎样呢？

如果我们把植物同动物对比，毫无疑问是植物稳操胜券。诚然，不是所有的植物全都如此。再引《圣经》中《诗篇》里的一段话（第103章第15—16节），“至于世人，他的年日如草一样，他发旺如野地的花，经风一吹，便归无有；他的原处，也不再认识他。”

这是吓人的明喻说法，表示人生的短暂，但如果《诗篇》的作者说世人的年日如栎树，或更好些，如巨大的红杉，那又怎样呢？据说，一般的红杉可以活到3000岁以上，它们的最大年龄，无人知道。

然而，我认为我们中没有谁愿意以变成树为代价而获得长寿。树活得长，但活得缓慢、活得消极，活得非常、非常乏味。让我们看看人同动物的比较。

非常简单的动物有惊人的表现。有报道说，海葵、珊瑚和类似的生物能活半个世纪以上，甚至传说（不太可靠）它们中有百岁寿星。在更复杂的无脊椎动物中，龙虾可以活到50岁，蛤30岁。但我想我们可以忽略无脊椎动物。关于较复杂的无脊椎动物能活100岁，没有可靠的记述。即使是大乌贼，据说它能活到100岁，我们也不愿意做大乌贼。

脊椎动物的情况怎样呢？这里有关于鱼的传说。有人告诉我们，鱼不会变老，只是活着，不断长大，不会死亡，直到被杀。据报道，有一种鱼的年龄达到数个世纪。可惜，没有一个这样的报道可以得到证实。一位声誉卓著的观察家报道，年龄最大的鱼是黄鲟，它被认为超过100岁，这是根据胸鳍中的棘鳍环数确定的。

在两栖纲动物中，大蝾螈是纪录保持者，达到50岁。爬行动物活得更长些。蛇可以活30岁，鳄鱼可以达到60岁，但海龟是动物王国的纪录保持者，即使小海龟也可以达到一个世纪。根据合理的确信度，已经知道至少有一只大海龟已经活到152岁。加拉帕戈斯岛（Galápagos）的大海龟可能活到200岁。

但海龟行动缓慢，生活单调乏味。它们虽不如植物那么慢，但对于我们来说，还是太慢了。事实上，只有两个种类的生物，任何时候都活得紧张热烈，处于巅峰状态，因为它们有温暖的血液，这些就是鸟类和哺乳动物。（一些哺乳动物会玩弄花招，冬季进行冬眠，这样可能会延长寿命。）假使虎和鹰能够活很长很长时间，我们会羡慕它们，当老年的阴影来临时，我们也愿意和它们交换位置。但它们能够活很长很长时间吗？

关于最大年龄，在这两个类别中，鸟类从整体上说比哺乳动物做得好多了。鸽子的寿命同狮子一样长，银鸥同河马一样长。实际上，我们有关于某些鸟类长命的传奇故事，例如人们认为鹦鹉和天鹅可以轻易越过百年大关。

懒汉博士故事的爱好者（你是吗？）一定记得那个叫做波利尼西亚（Polynesia）的鹦鹉，它已经300岁了。还有丁尼生（Tennyson）的诗篇《提托诺斯》（Tithonus）中的神话人物，被赐予长生不死。但由于疏忽，他摆脱不了年老的梦魇，变得越来越老，可怜的人最后变为蚱蜢。丁尼生让他悲伤地说，所有的都要死，只有他例外。丁尼生开始时说，所有的人和地上的植物死了。诗的第四行达到早期的高潮："许多个夏天后，天鹅死了。"1939年，赫胥黎（Aldous Huxley）用这句诗作为书名，此书论述了关于追求肉体不死的问题。

像平常一样，故事归故事。经证实，鹦鹉达到的最大年龄为73岁，我想天鹅不会比这长多少。有报道说，食腐肉的乌鸦和一些秃鹫的年龄达到115岁，但这显然是要带上问号的。

自然地，哺乳动物最让我们感兴趣，因为我们自己就是哺乳动物。下面我列出一些哺乳动物的最大年龄。(当然我知道，“鼠”和“鹿”包括了几十个种类，每一种类都有自己的老化模式，但我对此毫无办法。让我们说一说典型的鼠和典型的鹿吧。)

大象	77岁	猫	20岁
鲸	60岁	猪	20岁
河马	49岁	狗	18岁
驴	46岁	山羊	17岁
大猩猩	45岁	绵羊	16岁
马	40岁	袋鼠	16岁
黑猩猩	39岁	蝙蝠	15岁
斑马	38岁	兔	15岁
狮	35岁	松鼠	15岁
熊	34岁	狐	14岁
牛	30岁	豚鼠	7岁
猴	29岁	大鼠	4岁
鹿	25岁	小鼠	3岁
海豹	25岁	田鼠	2岁

请记住，最大年龄只有特殊的个体才能达到。例如，个别兔子可以达到15岁，而普通兔子老死的年龄不到10岁，实际预期寿命可能只有2岁或3岁。

一般说来，在享有共同结构程度的所有生物群体中，大的比小的活得长。在植物中，巨大的红杉比雏菊活得长。在动物中，大鲟比鲱鱼活得长，大蝾螈比蛙活得长，大短吻鳄比蜥蜴活得长，秃鹫比麻雀活得长，大象比田鼠活得长。

特别是哺乳动物，长寿与身材大小之间看起来的确存在密切的联系。毫无疑问，也有例外，有些还是惊人的例外。例如，以身材来衡量，鲸是短命的。我所说的60岁,是罕见的。大多数鲸能活到30岁就已经很好了。可能由于生活在水中,不断损失热量,需要无休止地游动,因此缩短了寿命。

但最令人感到惊奇的是:人比其他任何哺乳动物的寿命都长,比大象,甚至比近亲大猩猩的寿命长得多。当一个百岁老人死的时候,世界上和他同时出生的所有动物,只有几只不好动的海龟、偶尔有一只老秃鹫或鲟鱼,以及若干个百岁老人还活着(据我们所知道的)。没有一个和他同时来到这个世界的非人类哺乳动物还活着。它们没有例外地全都死了(据我们所知道的)。

如果你认为这不寻常,等着吧！它比你猜想的还要非同寻常。

哺乳动物越小,新陈代谢作用越快;可以说,活得更迅速。我们完全可以这样认为,虽然小哺乳动物没有大的活得长,但前者生活得更迅速、更紧张。主观一点说,如果用身体的感知来衡量,小哺乳动物可认为同呆滞的大哺乳动物活得一样长。哺乳动物这一新陈代谢差异的具体证据,可以参考心率。各种类型哺乳动物每分钟心搏的平均数,粗略如下:

田鼠	1000	绵羊	75
小家鼠	550	人	72
鼠	430	牛	60
兔	150	狮	45
猫	130	马	38
狗	95	大象	30
猪	75	鲸	17

我们有了以上所列的14种动物的心率(大约)和最大年龄(大约)。将它们适当相乘,就可以确定每种生物的最大年龄,但不是以年计,而是以心搏总数计。结果如下:

田鼠	1 050 000 000
小鼠	950 000 000
大鼠	900 000 000
兔	1 150 000 000
猫	1 350 000 000
狗	900 000 000
猪	800 000 000
绵羊	600 000 000
狮	830 000 000
马	800 000 000
牛	950 000 000
大象	1 200 000 000
鲸	630 000 000

如果允许对我的全部数字进行近似处理,那么,我眯着眼睛从远处看这个最终的表格,会得出以下结论:一个哺乳动物活着的时候,至多心搏10亿次左右。完成了这个数目,事情就终结了。

但你要注意,我在表格中省略了人,因为要对他单独处理。他生活的速度与他的身材大小匹配得很适当。他的每分钟心搏数同其他体重相似的动物差不多,比大动物的快,比小动物的慢。然而,他的最大年龄是115岁,这意味着他的最大心搏数约为4 350 000 000次。

一个特殊的人能够活到心搏40多亿次!实际上,美国男性目前的预期寿命为25亿次心搏。任何越过$\frac{1}{4}$世纪(25岁)标志线的男性,也超过了10亿次的心搏标志线,但他还年轻,最美好的生活还在前面。

我们不仅仅活得比其他任何哺乳动物都长,而且按心搏衡量,我们活的是它们的**4倍长!为什么**?

人类以什么为食,使得我们生长得这么超乎寻常呢?在这一点上,即使我们的非人类近亲也无法和我们相比。如果假定黑猩猩的每分钟心搏数和我们相同,大猩猩稍慢一些,它们都最多活到约15亿次心搏,超出一般的哺乳动物不多。我们为什么能活到40亿次心搏呢?

较之其他任何现存的哺乳动物,我们的心脏工作要好得多,运行时间也长得多。我们的心脏有什么秘密呢?为什么移动的手指对我们书写得这么慢,而且只对我们这样呢?

坦率地说,我不知道,但不管答案是什么,我感到欣慰。如果我是其他哺乳动物的一员,我的心脏应当在许多年前就停止跳动,因为它早已跳过了10亿次(是的,超过了不少)。

但由于我是**智人**(现代人),我奇妙的心脏仍然像往昔一样充满活力地跳动,在需要加速时,随时以适当的方式加速,因而我精力充沛,效率高,为此我感到十分满意。

嗨,每当我想到以上这些时,我就是一个年轻人,一个小孩,一个神童。我是地球上最杰出族类的一员,长寿而有智慧,并且含笑过了一个又一个生日。(让我们现在看一看,到115岁还有多少年?)

后　记

我不想显出病态,但这篇随笔写于25年前。

从好的方面说,我仍然活着,虽然在刚过去的$\frac{1}{4}$世纪中老了一些。当然,预期寿命也提高了一点点。

从使人心烦的方面说,在我的记录中几乎增加了10亿次心搏,我还要设法应付几个额外的小故障。我的冠状动脉不断发生堵塞,最后不得不进行三分流搭桥手术加以解决。

算了吧,让我们回到好的方面。我还在这里。

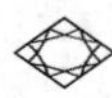

感叹号!

我可以告诉你,单恋是悲哀的。真实的情况是,我爱数学,而数学对我却很淡漠。

唉,我能够很好地处理数学方面的基本问题,但当需要敏锐的洞察力时,她就转而寻找他人,对我不感兴趣。

我知道这种情况,是因为在我偶尔拿起笔和纸追求一些数学重大发现的过程中,迄今为止只得到过两种结果:1)完全正确,但十分古老;2)完全是新的研究成果,但十分错误。

例如(作为第一种结果的例子),我在非常年轻时,发现了连续奇数之和等于项数的平方。也就是说:$1 = 1$;$1 + 3 = 4$;$1 + 3 + 5 = 9$;$1 + 3 + 5 + 7 = 16$,如此等等。可惜,这个关系式毕达哥拉斯(Pythagoras)早在公元前500年就已经知道,我想,某个巴比伦人在公元前1500年就知道了。

第二种结果的例子涉及费马大定理(Fermat's Last Theorem)*。两个月前,我正在想这个定理时,突然茅塞顿开,一束灿烂的光辉照耀到我脑海的深处。**我能够用非常简单的方法证明费马大定理。****

---

* 我不打算在这里讨论,只要知道这是最著名的数学未解难题就足够了。

** 费马大定理于1993年由怀尔斯(Andrew Wiles)证明。参见《数字情种——埃尔德什传》,保罗·霍夫曼著,章晓燕等译,上海科技教育出版社,2009年。——译者当我告诉你，三个世纪以来，最伟大的数学家们使用越来越复杂的数学工具研究费马大定理都以失败告终时，你可能会意识到，我仅仅用普通的算术推理就取得了成功，这是多么无可比拟的才华！

我欣喜若狂，但没有完全被冲昏头脑。我的证明基于一种假设，它可以很容易地用纸和笔加以检验。我上楼到书房里去检验这个假设，走路非常小心谨慎，以免扰乱我头脑中的才气。

我相信，你猜到了结果。我的假设在几分钟内就被证明是十分错误的。费马大定理终究没有被证明出来，灿烂的光辉暗淡如常，我坐在书桌前，失望而忧伤。

现在，我已经完全恢复正常，在回顾那一段情节时，我还带着几分满意。毕竟有5分钟的时间，我**确信**自己很快就会被公认为是世界上仍然活着的最著名的数学家，用言语难以形容那种感觉有多么美妙！

然而，总的看来，老的真成果，不管它多么小，都胜于新的假成果，不管它多么大。为了博你一笑，我想炫耀一下我的一个小小的发现。这是几天前刚刚作出的发现，但我确信，实际上它可能已经存在了三个多世纪。

我从未在任何地方见过它，因此，在各位读者还没有写信告诉我是谁在什么时候第一个发现了它之前，我暂且给这一发现取名为阿西莫夫级数。

首先，让我打一打基础。

从下面式子开始：$(1+\frac{1}{n})^n$，这里n可以等于任何整数。试用几个数字。

如果$n=1$，式子成为$(1+\frac{1}{1})^1=2$。如果$n=2$，式子成为$(1+\frac{1}{2})^2$，即$(\frac{3}{2})^2$或$\frac{9}{4}$或2.25。如果$n=3$，式子成为$(1+\frac{1}{3})^3$，即$(\frac{4}{3})^3$或$\frac{64}{27}$或约为2.3074。

可以选择各种n值,得出表达式的值如表1。

你可以看到,n值越高,式子$(1+\frac{1}{n})^n$的值越高。但随着n的增加,式值的增加越来越慢。从1到2,n增加一倍,式值增加0.25。从100到200,n增加一倍,式值只增加0.0113。

连续的式值形成了"收敛级数",趋近一定的极限值。就是说,n值越高,式值越趋近于某一极限值,但永远不能完全到达这一极限值(更不用说超过它了)。

n越来越大,没有止境,$(1+\frac{1}{n})^n$的极限值最后成为无穷小数,习惯上用符号e表示。

恰巧e的数值对于数学家极为重要,他们用计算机计算e值,达到小数点后几千位。对我们来说,50位还算凑合吧?那好,e值是:

2.718 281 828 459 045 235 360 287 471 352 662 497 757 247 093 699 95…

你可能想知道数学家是怎样把极限值计算到小数点后这么多位

表1

n	$(1+\frac{1}{n})^n$
1	2
2	2.25
3	2.3704
4	2.4414
5	2.4888
10	2.5936
20	2.6534
50	2.6915
100	2.7051
200	2.7164

的。即使我把n升至200来求解$(1+\frac{1}{200})^{200}$,得到的e值也才只准确到小数点后两位。我也不能使用更高的n值。我是用五位对数表(我的图书室中最好的对数表)求解$n=200$时的等式的;当n超过200时,用它们处理这个等式是不够精确的。实际上,我也不信当$n=200$时我得到的数值。

幸好有其他方法可以确定e值。考虑下列级数:$2+\frac{1}{2}+\frac{1}{6}+\frac{1}{24}+\frac{1}{120}+\frac{1}{720}\cdots$

在上述级数中我列出了6项,逐次总和为:

$2=$ 2

$2+\frac{1}{2}=$ 2.5

$2+\frac{1}{2}+\frac{1}{6}=$ 2.6666…

$2+\frac{1}{2}+\frac{1}{6}+\frac{1}{24}=$ 2.7083333…

$2+\frac{1}{2}+\frac{1}{6}+\frac{1}{24}+\frac{1}{120}=$ 2.7166666…

$2+\frac{1}{2}+\frac{1}{6}+\frac{1}{24}+\frac{1}{120}+\frac{1}{720}=$ 2.71805555…

换句话说,把6项简单地加起来,完全不需要对数表,就可以使计算出的e值准确到小数点后3位。

如果在级数上加进第七个数,然后加进第八个,依此类推,就可以使e值准确到小数点后惊人的位数。实际上,计算机得到的几千位的e值,就是使用上述级数,把级数中的几千个分数加起来。

但怎样知道级数中的下一个分数呢?在实用的数学级数中,应当有一些方法从最初几项预见到级数的每一项。如果一个级数这样开始:

$\frac{1}{2}+\frac{1}{3}+\frac{1}{4}+\frac{1}{5}\cdots$，你会毫不费力地继续下去…$\frac{1}{6}+\frac{1}{7}+\frac{1}{8}\cdots$同样地，如果一个级数的开始是$\frac{1}{2}+\frac{1}{4}+\frac{1}{8}+\frac{1}{16}$，你也会很有信心地继续下去…$\frac{1}{32}+\frac{1}{64}+\frac{1}{128}\cdots$

实际上，对于有数字头脑的人来说，一个有趣的室内游戏就是告诉他级数的开端，要求回答下一个数字是什么。以下是简单的例子：

2, 3, 5, 7, 11…

2, 8, 18, 32, 50…

由于第一个级数是一连串的质数，下一个数字显然是13。由于第二个级数由一连串逐次平方数的两倍组成，下一个数字是72。

但对于这样的级数：$2+\frac{1}{2}+\frac{1}{6}+\frac{1}{24}+\frac{1}{120}+\frac{1}{720}\cdots$，我们要做什么？下一个数字是什么？

如果你知道，答案是明显的，但若过去不知道，现在能不能知道？如果现在也不知道，你能不能设法知道呢？

为简单起见，让我把话题来个大拐弯。

有人读过塞耶斯(Dorothy Sayers)的《九个裁缝》(Nine Tailors)吗？我在许多年前读过。这是一部关于神秘凶杀案的小说，我一点也不记得凶杀、人物、情节以及任何事情，只有一点除外。这一点涉及"敲奏钟乐"。

很显然(我读这本书时逐渐得出的印象)，在敲奏钟乐时，先把一系列的钟调到能敲出不同的乐音，每个钟绳旁边都有一个人。钟按顺序敲响，发出：do，re，mi，fa，等等。然后按不同的顺序敲钟，再按另一种不同的顺序敲钟。一而再，再而三地继续下去。

直到钟所能敲出的一切可能的顺序(音调)都敲完为止。这样做，必须遵循某些规则，例如每个钟的音调变化与前一次相比，不得超过一个音阶。各种敲奏的次序变化有不同的模式，这些模式本身就很有趣。但我在这里所要谈论的，只是在钟的个数一定的情况下，可能存在的音调变化的总数。

让我们用感叹号(!)表示钟的锤数，一个钟为1!，两个钟为2! 依此类推。

一个钟也没有，唯一的办法就是不敲，因此0! =1。一个钟(假设有钟就必须敲)只有一种方式敲，因此1! =1。有两个钟，a与b，显然有两种方式敲，ab与ba，因此2! = 2。

有a，b，c 3个钟，可以用abc，acb，bac，bca，cab，cba 6种方式敲，不能再多，因此3! = 6。有a，b，c，d 4个钟，恰好可用24种方式敲。我不一一列出，但你可以从$abcd$，$abdc$，$acbd$，$acdb$开始，看看能列出多少个更多的敲奏变化。如果从所用的4个字母，你能够列出25个明显不同的顺序，那你就动摇了数学的基础，但我想你列不出来。无论如何，4! = 24。同样地(请暂且相信我的话吧)，5个钟能够有120种不同的敲奏方式，6个钟则有720种，因此5! = 120，6! = 720。

我想你现在理解了。如果我们再看一看表示e值的级数：$2+\frac{1}{2}+\frac{1}{6}+\frac{1}{24}+\frac{1}{120}+\frac{1}{720}\cdots$，把它改写成这样：$e=\frac{1}{0!}+\frac{1}{1!}+\frac{1}{2!}+\frac{1}{3!}+\frac{1}{4!}+\frac{1}{5!}+\frac{1}{6!}\cdots$现在我们知道了怎样产生随后的分数。它们是$\cdots\frac{1}{7!}+\frac{1}{8!}+\frac{1}{9!}$，依此类推，直至永远。

为了找到$\frac{1}{7!}$，$\frac{1}{8!}$和$\frac{1}{9!}$这些分数值，必须知道7!，8! 和9! 的值，因而必须计算出7个钟、8个钟和9个钟的敲奏方式的数目。

当然，如果要列出一切可能的敲奏方式，再数一数有多少个钟，那得干一整天，而且会搞得我们昏头昏脑。

因此，让我们寻求更间接的方法吧。

我们从4个钟开始，因为钟少，不会出现问题。首先敲哪一个钟呢？当然，4个之中任何一个都可以，因此第一个位置有4个钟可供选择。对于选择的这4个钟中每一个，我们又可以从其他3个钟中任选一个（任何一个，但要把已经放在第一个位置的那个除外），因此排列中头两个位置有4×3种可能性。对于上述每种可能性，我们可以从剩下的2个钟中任选一个，放在第三个位置，因此头3个位置有4×3×2种可能性。对于每种可能性，就只剩下一个钟可供选择放在第4个位置了，因此全部4个位置有4×3×2×1种排列。

那么，我们可以说4！=4×3×2×1=24。

计算任意个钟的敲奏方式，我们将得出相似的结果。例如，7个钟的敲奏方式总数为7×6×5×4×3×2×1=5040。因此，我们可以说，7！=5040。

（在敲奏钟乐时，通常用7个钟，这样一组钟称为“编钟”。如果用6秒钟时间将全部7个钟敲完一遍，那么，把全部5040种音调变化完整地敲奏一遍，则需8小时24分……并且理想的情况是不应出一个错误。敲奏钟乐是一件要认真对待的工作！）

实际上，“！”这个符号不是真正表示“钟”的意思（这只是我引入话题的一个巧妙手段）。这里，它表示“阶乘”(factorial)。因此，4！是“阶乘4”，而7！是“阶乘7”。

这样的数不仅可以表示一组钟所能敲奏出的音调变化，也可以表示在一副洗过的纸牌里找出某些牌的排列数目，以及围桌而坐的座位排列数目，等等。

我从来没有见过对“阶乘”这一术语的任何解释，但我可以尝试着做一个在我看来合理的解释。由于数目5040=7×6×5×4×3×2×1，它可以被从1到7的每一个数（包括1和7）除尽。换句话说，从1到7的每一个数都是5040的因子(factor)，所以，为什么不能称5040为“阶乘

7”(factorial seven)呢。概括起来说，从1到n的一切整数都是n！的因子，为什么不能称n！为“阶乘n”(factorial n)呢。”

现在我们明白了，为什么用来确定e值的级数，是一个便于使用的级数。

从表2所列的数值可以清楚地看出，阶乘的值以惊人的速度增大，虽然表中只列到15!。

当阶乘数值急剧升高时，以逐次阶乘为分母的分数值必定急剧下降。在$\frac{1}{6!}$时，这数值只是$\frac{1}{720}$，而到了$\frac{1}{15!}$，这数值远小于一万亿分之一。

每个这样以阶乘为分母的分数，比该分数后面其余所有的级数项之和还要大。例如$\frac{1}{15!}$要比$\frac{1}{16!}+\frac{1}{17!}+\frac{1}{18!}\cdots$(如此加下去直到永远)还要大。这种优势，即一个特定的分数大于后面所有的分数之和，随着级数的进行而增大。

表2　阶乘

0!	1
1!	1
2!	2
3!	6
4!	24
5!	120
6!	720
7!	5040
8!	40 320
9!	362 880
10!	3 628 800
11!	39 916 800
12!	479 001 600
13!	6 227 020 800
14!	87 178 921 200
15!	1 307 674 368 000

因此，假设把级数各项加起来直至 $\frac{1}{14!}$，这数值比真值小 $\frac{1}{15!}+\frac{1}{16!}+\frac{1}{17!}+\frac{1}{18!}\cdots$。但是，我们也可以说，这数值比真值小 $\frac{1}{15!}$，因为级数中其余各项之和与 $\frac{1}{15!}$ 相比，无足轻重。$\frac{1}{15!}$ 的值小于一万亿分之一，即小于0.000 000 000 001。把略多于一打的分数加起来所得到的e值，可以准确到小数点后11位。

假定把级数各项一直加到 $\frac{1}{999!}$（当然用计算机）。这样得到的值，比真值小 $\frac{1}{1000!}$。为了找出这个数是多少，必须对1000！的值有些概念。我们可通过计算1000×999×998…来确定，但不要尝试，这得花费很长很长的时间。

幸好有公式计算大的阶乘（至少是近似），有这些大阶乘的对数表。

例如，ln 1000！ = 2567.604 644 2。这表示1000！ $=4.024\times10^{2567}$ 或（近似地）一个4的后面跟随2567个零。如果代表e的级数计算到 $\frac{1}{999!}$，得到的值比真值只小 $\frac{1}{4\times10^{2567}}$，e的准确度到达小数点后2566位。（据我所知，e的最佳值已经计算到小数点后60 000多位。）

请允许我再一次离题，回忆一下有一次我个人使用中等程度的阶乘的情况。过去在军队中服役时，有一段时间，我和3个患病的伙伴昼夜玩桥牌，直至其中的一位放下手中的牌不玩了，说："我们玩了这么多局，我又开始抓到同样一手牌了。"

非常感谢，这件事使我开始思考一些事情。

在一副桥牌中，牌的每种次序意味着玩家手中可能出现的不同的集合。由于有52张牌，排列方式的总数为52！。但在每个玩家手中，牌的排列无关紧要。某个玩家既然接受了某一叠的13张牌，那么，无论按怎样的顺序排列,都是这一手牌。一手13张牌的排列方式总数为13!,对于4个玩家的每一方,都是这个数目。因此,一手牌组合方式的总数,等于排列方式的总数除以那些无关紧要的排列的数目,即:

$$\frac{52!}{(13!)^4}$$

因为手边没有数表,所以计算起来比较费事,但我并不厌烦。虽然花费时间,但它适合我的兴趣,比玩桥牌有意思得多。原始数据丢失很久了,但现在我可以借助数表把它再计算出来。

52! 的值大约等于8.066×10^{67}。13! 的值从上述阶乘表可以看出大约等于6.227×10^{9},这一数值的四次方大约是1.5×10^{39}。如果8.066×10^{67}用1.5×10^{39}来除,我们发现桥牌中可能出现的不同牌局的总数大约为5.4×10^{28},或54 000 000 000 000 000 000 000 000 000。

我向朋友们宣布:“牌局不大可能重复。如果我们1秒钟打1万亿局,那么,打10亿年也不会重复1次。”

我得到的报答是,他们完全不相信。原先抱怨的那位朋友委婉地说:“但是老伙计,你知道,只有52张牌呀。”说着就把我领到营房的一个僻静角落,要我坐着休息一会儿。

实际上,这个用于确定e值的级数只不过是普遍情况的一个特例。它可以表示如下:

$$e^x=\frac{x^0}{0!}+\frac{x^1}{1!}+\frac{x^2}{2!}+\frac{x^3}{3!}+\frac{x^4}{4!}+\frac{x^5}{5!}\cdots$$

对于任意x,$x^0=1$,而且0! 和1! 都等于1,这个级数通常写成这样的开头:$e^x=1+x+\frac{x^2}{2!}+\frac{x^3}{3!}\cdots$但我更喜欢前者,因为它更对称、更好看。

现在,e本身可以用e^1表示。这里,级数通式中的x成为1。由于1的任何次方仍然等于1,因此,x^2,x^3,x^4以及其余各项都成为1,级数就成为：

$$e^1=\frac{1}{0!}+\frac{1}{1!}+\frac{1}{2!}+\frac{1}{3!}+\frac{1}{4!}+\frac{1}{5!}\cdots$$

它正是前面我们所处理的级数。

现在取e的倒数，即$\frac{1}{e}$。它小数点后15位是0.367 894 411 714 42…

$\frac{1}{e}$恰好可以写为e^{-1}，这表明在e^x的通式中，我们可以用−1代替x。

当−1做乘方运算时，如果乘方是偶数，答案是+1；如果乘方是奇数，答案是−1。这就是说，$(-1)^0=1$，$(-1)^1=-1$，$(-1)^2=+1$，$(-1)^3=-1$，$(-1)^4=+1$，依此类推。

在级数的通式中，如果设定x等于−1，我们有：

$e^{-1}=\frac{(-1)^0}{0!}+\frac{(-1)^1}{1!}+\frac{(-1)^2}{2!}+\frac{(-1)^3}{3!}+\frac{(-1)^4}{4!}\cdots$，或$e^{-1}=\frac{1}{0!}+\frac{(-1)}{1!}+\frac{1}{2!}+\frac{(-1)}{3!}+\frac{1}{4!}+\frac{(-1)}{5!}\cdots$，或$e^{-1}=\frac{1}{0!}-\frac{1}{1!}+\frac{1}{2!}-\frac{1}{3!}+\frac{1}{4!}-\frac{1}{5!}+\frac{1}{6!}-\frac{1}{7!}\cdots$

换句话说，$\frac{1}{e}$的级数正好和e的级数相似，只是把所有偶数项的加号变为减号。

而且，由于$\frac{1}{0!}$和$\frac{1}{1!}$两者都等于1，$\frac{1}{e}$级数的头两项$\frac{1}{0!}-\frac{1}{1!}$等于$1-1=0$。因此，它们可以省略掉，最后得出：

$e^{-1}=\frac{1}{2!}-\frac{1}{3!}+\frac{1}{4!}-\frac{1}{5!}+\frac{1}{6!}-\frac{1}{7!}+\frac{1}{8!}-\frac{1}{9!}+\frac{1}{10!}$，依此类推，直到永远。

现在终于可以谈一谈我个人的发现了！当看到上述e^{-1}级数时，我不免想起正、负符号的交替是美中的不足。有没有办法可以只用正号或负号来表达呢？

因为像$-\frac{1}{3!}+\frac{1}{4!}$这样的表达方式，可以转换为$-(\frac{1}{3!}-\frac{1}{4!})$，所以我想，可以写出如下的级数：

$$e^{-1}=\frac{1}{2!}-(\frac{1}{3!}-\frac{1}{4!})-(\frac{1}{5!}-\frac{1}{6!})-(\frac{1}{7!}-\frac{1}{8!})\cdots$$，等等。

这下我们只有负号，但增添了括号，又造成了一个美学上的缺憾。因此，考虑一下括号内的数。第一项为$\frac{1}{3!}-\frac{1}{4!}$，它等于$\frac{1}{(3\times2\times1)}-\frac{1}{(4\times3\times2\times1)}$，也就是等于$\frac{(4-1)}{(4\times3\times2\times1)}$，或等于$\frac{3}{4!}$。同样地，$\frac{1}{5!}-\frac{1}{6!}=\frac{5}{6!}$；$\frac{1}{7!}-\frac{1}{8!}=\frac{7}{8!}$，等等。

现在，我有了如下的阿西莫夫级数，惊讶与喜悦之情无法形容：

$$e^{-1}=\frac{1}{2!}-\frac{3}{4!}-\frac{5}{6!}-\frac{7}{8!}-\frac{9}{10!}\cdots$$，依此类推，直到永远。

我敢肯定，这个级数对于真正的数学家是明白无疑的，而且相信它在教科书中已经出现了300年之久——但我从来没有见过。于是，我就称它为阿西莫夫级数，直至有人出来阻止我。

阿西莫夫级数不仅只含有负号（除第一项未加表示的正号之外），而且全部数字井然有序。你简直找不到比它更美丽的东西了。让我们现在只计算出这一级数的几项就结束全文吧：

$$\frac{1}{2!}=0.5$$

$$\frac{1}{2!}-\frac{3}{4!}=0.375$$

$$\frac{1}{2!}-\frac{3}{4!}-\frac{5}{6!}=0.368\,055\,5\cdots$$

$$\frac{1}{2!}-\frac{3}{4!}-\frac{5}{6!}-\frac{7}{8!}=0.367\,881\,9\cdots$$

你看得出来，仅把级数的4项加起来，答案只比真值大0.000 002 5，

误差略小于 $\frac{1}{150\,000}$，或约为 $\frac{1}{1500}\%$。

因此，如果你认为本文标题“感叹号”仅意指阶乘符号，那就错了。它更多地表达了我对阿西莫夫级数的惊奇与喜悦。

补充说明：为了回避阿西莫夫级数中未加表示的正号，有一些读者（在这一篇随笔首次出版后）建议把这级数改写为：$\frac{-(-1)}{0!}-\frac{1}{2!}-\frac{3}{4!}\cdots$，那么，所有的项，甚至第一项，都是负号。但这样一来，我们使用了0与-1，步出了自然数的范围，使级数的朴素美有所减损。

另一位读者提出另一个级数：$\frac{0}{1!}+\frac{2}{3!}+\frac{4}{5!}+\frac{6}{7!}+\frac{8}{9!}\cdots$，也得到 $\frac{1}{e}$。它只含正号，比负号更美（在我看来），但另一方面，它包括了零。

还有一位读者提出了一个同e级数本身相似的级数，它是这样的：$\frac{2}{1!}+\frac{4}{3!}+\frac{6}{5!}+\frac{8}{7!}+\frac{10}{9!}\cdots$自然数次序的颠倒削弱了整齐感，但增添了少许优美风度，是吗？

但愿数学爱我，如我爱她一样！

后　记

撰写数学题材的文章，对于我是一件难事，原因很简单，我不是数学家。但这并不是说我不太懂数学（虽然这也是事实），而是我对它没有**直觉**，就像是不仅不会弹奏乐器，而且还是音盲。

然而，由于一些不清楚的原因，我渴望写作关于数学的文章。偶尔地，我也能设法思索出一些简单的东西来写，以免显得缺乏才华。

在我最近30年所写的全部数学文章中，这一篇是我最喜爱的。它**几乎**使我听起来好像知道自己在说什么。我**的确**得出了阿西莫夫级数。

正如本文中已经说过的那样,阿西莫夫级数对任何真正的数学家必定是显而易见的,而且很可能几个世纪前人们就已知道。那么,我相信应当有不少人写信告诉我,是谁在什么时候发现了它,已经写出多少篇有关的论文,如此等等。

但事实上我没有收到一封这样的信件。似乎每一位读者都宽容地微笑着说:“噢,让阿西莫夫去玩个高兴吧!”

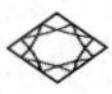

我正在打量幸运草

历史充满了杜撰的故事,故事中的人们所说所做的,其实他们从来没有说过,也没有做过。例如华盛顿(George Washington)砍倒樱桃树,伽利略(Galileo)在比萨斜塔扔下重物。令人感叹的是,杜撰的故事比真实情况有趣得多,以致不能杜绝它们。对我来说更加感叹的是,我的记忆力特别有选择性,以至于从来忘不了杜撰的故事,虽然时常难以记住事实。

例如,有关圣奥古斯丁(St. Augustine)的一个故事,就很可能是杜撰的,否则我不会记得这么牢。

一个嘲讽者有一次问圣奥古斯丁:"上帝在创造天和地之前,他在做什么?"

圣奥古斯丁没有犹豫,当即吼道:"问这样的问题,惹是生非!"

但我希望圣奥古斯丁讲这话时只是开玩笑,因为我很想根据守恒定律讨论宇宙的诞生和发展理论;为此,除了别的事情以外,我不得不问那个问不得的问题,亦即开天辟地之前是什么?

有人把宇宙描绘成周期性摆动的宇宙,即宇宙首先膨胀,然后收缩,再膨胀,再收缩,这样一而再、再而三地继续下去。每一次膨胀和收缩的循环大约需要800亿年,极度致密的“宇宙蛋”(cosmic egg)是每次循环的最大收缩点。

为了继续讨论,请问所有的循环是完全相同的,还是从一个循环到另一个循环有些变化呢?也许是平稳、单向的变化。

例如,我们可以认为,宇宙在膨胀时,不断地发射无质量的粒子,即光子和中微子。我们可以说,这些光子和中微子向外运动,永远地消失了。当宇宙再收缩时,由于辐射能的损失,亦即与质量损失相当的能量损失,汇集到宇宙蛋的质量要小些。随着循环的继续,这一情况将继续发生,每一个宇宙蛋的质量要比前一个小些,直至最后生成的宇宙蛋所拥有的质量很小,不能再迅速膨胀。这时候,整个宇宙虽然质量十分庞大,但致密物质却在慢慢地消失。

在这种情况下,我们生活的宇宙不只是周期性摆动的宇宙,而且是减幅摆动的宇宙。这样看来,宇宙就好像是一个跳动的球,但球的弹性不太好,每次跳动的幅度都比前一次低。最后,球完全不跳了,只能呆在那里。

这是一幅比较简单的图景,因为它产生了一个符合逻辑的结果,这结果是我们日常生活中所熟悉的,因此我们乐意接受。但若从时间上回溯,又怎样呢?现今宇宙在膨胀之中,开始膨胀之前的宇宙蛋是怎样的呢?前一个宇宙比我们现在的这个要大,再前一个更大,再再前一个还要大。从时间上往后退,找到越来越大的宇宙蛋和越来越强烈的爆炸,是件困难的事,因为难于处理无穷无尽增加的质量。减幅摆动的宇宙产生了一个简明的总结局,但没有一个简明的总开端。

幸运的是,我们用不着想象这样一个减幅摆动而把事情复杂化。光子和中微子不是“永远地消失了”。毫无疑问,它们从发射源以“直线”的方式向外运动,但“直线”是什么意思呢?假设我们在地球上画一条直线,我们也许会认为,如果把这条线以完美的直度延伸,那么,它将永远继续向前延伸下去。如果有一个点沿着这条直线行进，对于站在直线原点的人来说，它将“永远地消失了”。可是你知道，我也知道，地球表面是弯曲的，“直线”最终将回到原处（如果我们假设地球是一个理想球体的话）。

同样地，以“直线”（按我们“宇宙的近邻”来定义）行进的光子与中微子，实际上是在大圆上行进，而且粗略地说，将回到原点。“弯曲空间”的宇宙具有有限的容积，其中的一切，包括物质与能量，必须保持在容积内。

当宇宙收缩时，不仅物质，而且光子和中微子，都要拥挤在一起。没有质量的粒子仍然沿“直线”行进，但这些“直线”弯曲得越来越厉害，最终，前宇宙蛋的一切内含物都被带到了另一个宇宙蛋，没有一丁点儿损失。每一个宇宙蛋和它的前一个以及后一个都完全相同，没有减幅。这种严格摆动的宇宙，没有起始也没有终结，**整体上**没有任何改变。如果我们面对的是令人不舒服的永恒这个概念，那它至少是实质上不变的永恒。

当然，摆动的每个循环，以一个宇宙蛋为开端，以下一个宇宙蛋为终结，而在这两者之间有着巨大的变化。

但是，宇宙蛋的本质是什么呢？这决定于宇宙的本质。从亚原子的尺度来说，我们这一部分宇宙主要由6种粒子组成：质子、电子、中子、光子、中微子、反中微子。存在的其他粒子，从整体来说，只是难以觉察的微量，可以忽略。

此刻，这些亚原子结合成了原子，这些原子结合成了星和星系。我们可以假定，组成我们这一部分宇宙的6种粒子，也组成了整个宇宙。即使最遥远的星系，在基本组成上，也和我们自己的身体基本相同。

当宇宙的全部质量和能量塌陷（crunch）到一起成为宇宙蛋时，宇宙的组织层次一个个崩溃。星系和星挤在一起，压缩成一团。复杂的原子吸收中微子与光子,分解为氢。氢原子吸收光子,分解为质子与电子。质子与电子吸收反中微子,结合成为中子。

最终,宇宙转化为宇宙蛋,它由大量的堆积极为紧密的中子组成,亦即由大量的中子元素(neutronium)组成。

紧密堆积的中子元素,密度大约为每立方厘米400 000 000 000 000克。因此,如果太阳的质量像中子元素那样堆积,那么,太阳将成为一个半径约10.6千米的圆球。

如果我们认为银河系的质量约为太阳的135 000 000 000倍,那么,我们的整个银河系转化为中子元素后,将成为一个半径约54 062千米的圆球。

如果我们认为宇宙含有的质量为银河系的100 000 000 000倍,那么,宇宙的半径将约为251 000 000千米。如果这样的一个宇宙蛋的中心与我们太阳的中心重合,那么,宇宙蛋的表面就几乎与火星的轨道重合。即使宇宙的质量比我上面所采用的质量大2万倍,又假设宇宙蛋纯粹由堆积紧密的中子元素组成,宇宙蛋也不会比冥王星的轨道大。

宇宙蛋如何与众所周知的守恒定律相符呢?

很容易想象,只要把宇宙蛋定义为静止不动的,那么,从整体上说,宇宙蛋的动量就是零。当宇宙蛋爆炸和膨胀时,个别部分会有动量指向一个方向或另一个方向,但其动量总和为零。同样地,可以把宇宙蛋的角动量定义为零,而膨胀中宇宙的某一部分,可以有一定的、不为零的角动量,但角动量的总和为零。

简而言之,令人产生兴趣的是建立一个规则,使宇宙蛋中的任何守恒量数值为零,或可以没有逻辑上的困难定义它为零。

就我所知,这一概念源自我(特别是我有意在写这篇随笔的过程中发展这个概念),请允许我扔掉谦虚,把这概念称为“阿西莫夫宇宙起源原理”。

表达这一概念最简单的方式是:“宇宙起源于无。”

例如,电荷守恒怎么样呢?在组成宇宙的6种粒子中,其中一种(质子)带正电荷,一种(电子)带负电荷。在通常情况下,它们不能结合而使电荷抵消,但在生成宇宙蛋时,可能会有非常极端的条件使两者结合成为中子。于是,宇宙蛋的电荷为零(宇宙开端时没有电荷)。

在宇宙蛋爆炸和膨胀的过程中,毫无疑问,有电荷出现,但正电荷与负电荷数量相等,总的结果还是零。

轻子数又怎样呢?在组成宇宙的6种粒子中,有3种是轻子。电子和中微子的轻子数为+1,反中微子的轻子数为-1。生成中子时,3种轻子全部消失,因此不是没有理由假设,轻子消失的方式是使轻子数抵消,并且使宇宙蛋的轻子数为零。

总的看来,可以作出安排,使宇宙蛋中物理学家已知的守恒量,除了两个之外,其余全部为零,或合乎逻辑地把它们定义为零。两个例外是重子数和能量。

让我们从重子数开始。

在组成宇宙的6种粒子中,有2种是重子,即质子与中子,每种的重子数都是+1。由于组成宇宙的粒子清单中,没有重子数为-1的粒子,因此,也就没有机会使重子数抵消,没有机会(至少现在如此)使宇宙蛋的重子数为零。诚然,在宇宙蛋的形成过程中,质子一定会消失,但每消失一个质子,就生成一个中子,所以重子数仍然为正值。

而且,如果宇宙蛋所含的质量为银河系的100 000 000 000倍,那么,它将由1.6×10^{79}个重子组成,它的重子数为+16 000 000 000 000 000 000 000 000 000 000 000 000 000 000 000 000 000 000 000 000 000 000 000 000 000 000。这个骇人的数字距离零太遥远了,把阿西莫夫宇宙起源原理也给搞得一团糟。

有一个出路。负重子数的粒子是存在的，虽然在我们的周围只有最微小的痕迹。例如，反中子的重子数为-1。好吧，假设宇宙蛋不单单由中子构成，而是由中子与反中子构成，一半对一半，那么，重子数就为零，符合阿西莫夫原理的要求。

占宇宙蛋一半的中子爆炸生成质子与电子，再结合成为原子，另一半的反中子爆炸生成反质子与反电子(正电子)，再结合成为反原子。

总之，现在我们说服了我们自己去假设，宇宙是由相等数量的物质和反物质组成的，但真是那样吗？宇宙由物质和反物质组成，并且全部混合均匀，这是绝对不可想象的，因为果真如此的话，两者将立刻互相作用，产生光子。(这正是我们在实验中竭尽全力去产生数量微不足道的反物质时所出现的现象。)由数量相等且混合均匀的物质和反物质组成的宇宙，实际上是由大量的光子组成的。而光子既不是物质，也不是反物质。宇宙蛋只不过是压缩在一起的光子。

但宇宙**不仅仅**由光子组成。如果宇宙由数量相等的物质和反物质组成，那么，它们必须是分开的，而且是有效地分开的，这样它们才能避免互相作用产生光子。只有在星系规模上的距离才是足够分开的。换句话说，有物质构成的星系，也有反物质构成的星系，因此可以说，是星系和反星系。

到目前为止，我们无论如何也无法说清楚宇宙是否确实包含星系与反星系。如果星系与反星系相遇，那么，物质与反物质将发生湮灭，产生巨大的能量。这个事件的明确实例还没有发现过，虽然有一些可疑的例子。其次，当星系中恒星的氢原子聚合成氦时，星系会产生大量的中微子；反星系也通过类似的过程由反物质产生大量的反中微子。如果天文学家能够从遥远的星系发现中微子与反中微子，并且精确地确定它们的来源，那么，星系与反星系就可以确定。

对于由星系和反星系组成的宇宙，我们可以用一个新的方式描述宇宙蛋的塌陷。生成的中子和反中子将要彼此湮灭，生成光子。在宇宙蛋中应当是“光子元素”(photonium)而不是中子元素。光子元素的性质是怎样的，我无法想象。

然而，是什么原因使得光子元素分解成为物质与反物质，并形成两种互相分开的星系呢？为什么光子元素不分解成中子与反中子，并使两者充分混合、彼此立刻湮灭呢？总之，为什么光子元素不稳定呢？为什么光子元素不能保持不变呢？

有的理论说，反粒子只是与时间成反向运动的粒子。如果对磁场中的正电子拍照，它似乎是弯曲的，让我们说，它向左而不是向右弯曲，而电子在相同条件下向右弯曲。可是，如果胶片倒退，正电子则向右弯曲，就像电子那样。

就自然法则而言，在亚原子的尺度上，时间的“前进”和“倒退”没有什么区别，而且对粒子随时间前进、反粒子随时间后退这两种亚原子事件所描绘出的图景是一样的。

由光子元素所构成的、重子数为零的宇宙蛋分解成两个小一些的蛋，一个是中子元素的，另一个是反中子元素的，前者随时间前进，后者随时间后退。因此，两者在互相作用之前，互不相及，这有没有可能？重子数为正值的中子元素蛋可以称为“宇宙子”(cosmon)，而重子数为负值的反中子元素蛋，可以称为“反宇宙子”(anticosmon)。

我们可以这样描绘宇宙子与反宇宙子：两者都正在膨胀，而且沿着时间轴继续分开。开始时是一个微小的宇宙子与一个微小的反宇宙子，两者几乎都在时间轴的零点。随着它们向相反的方向运动，变得越来越大，也分得越来越远。*

---

* 这篇随笔第一次发表后，我发现伦敦大学学院的斯坦纳德(F. R. Stannard)正在推断“负时间”宇宙的存在，比我所做的任何一点都更加严格。

现在,让我们专注于宇宙子(我们的宇宙)。随着它的膨胀,各种形式的能量在宇宙范围内越来越均匀地向外散发。我们用熵的增加来表达这一事实。的确,有时熵被称为“时间的箭”。如果熵增加,你就知道时间在前进。

但当宇宙子开始收缩时,膨胀过程中所发生的全部原子和亚原子过程开始反转。熵开始减少,时间开始后退。

换句话说,宇宙子膨胀时,它随时间前进;收缩时,随时间后退。反宇宙子(表现出对称性)膨胀时,它随时间后退;收缩时,随时间前进,每个都这样一遍又一遍地重复。

除了摆动的宇宙,我们又有了摆动的双宇宙。两个摆动完全“同相”,并且两个宇宙合并到一起,生成一个光子元素宇宙蛋。

但这一图景如果照顾到重子数,就照顾不了能量。能量守恒定律是我们所知道的最基本的普遍原则,但是不管我把事物细分到何等程度,由宇宙子与反宇宙子结合而成的宇宙还是由能量组成的。

如果宇宙子含有1.6×10^{79}个中子和它们的子系粒子,反宇宙子含有1.6×10^{79}个反中子和它们的子系粒子,那么,由宇宙子和反宇宙子会合而生成的光子元素宇宙蛋的总能量,必定在4.8×10^{69}焦左右,而且一定自始至终地存在于所有的阶段,包括宇宙子与反宇宙子的分离、膨胀、收缩与融合。

这是阿西莫夫宇宙起源原理的最后一道难关,因为在光子元素宇宙蛋中,除了能量之外,一切守恒量都能够设定为零。

怎样才能把能量也设定为零呢?为做到这一点,必须假设一个我们称之为负能量的东西。

正如我们所知道的,没有这样的东西,我们从来没有见过这样的东西。可是阿西莫夫原理需要它存在。

在仅由负能量组成的宇宙中,所有的表现形式都和我们由通常能量组成的宇宙完全相同。但若一份普通能量与一份负能量汇集一起，它们就彼此抵消，产生**无**。

物理性质的部分抵消，有常见的例子。两个台球以相等的速率作相对运动，而且表面涂有黏胶物，使它们在碰撞时粘住。如果是正面对撞，那它们就会完全停止，动量将会抵消（但台球的动能将转变为热能）。两条完全反相的声束或光束合并到一起，会产生寂静或黑暗（但波所带的能量转变为热能）。

在所有这些部分抵消中，能量（一切物理量中最基本的）始终保持不变，而对于能量与负能量的结合，抵消是完全的，只剩下**无**！

负能量是由负光子组成的，负光子破裂成负中子与负反中子。负中子破裂成负物质。负物质组成负星与负星系，生成负宇宙。负反中子破裂成负反物质，负反物质构成了负反宇宙。

假定宇宙子与反宇宙子收缩，结合成光子元素宇宙蛋。负宇宙子与负反宇宙子收缩成反光子元素宇宙蛋。这两个光子元素的与反光子元素的宇宙蛋，结合生成无！

那么，完全没有宇宙蛋了！只剩下无！

开始时是**无**，这个**无**生成光子元素宇宙蛋与反光子元素宇宙蛋。光子元素宇宙蛋的行为如前所述，生成一个随时间前进的宇宙子和一个随时间后退的反宇宙子。反光子元素宇宙蛋的行为必定与光子元素宇宙蛋相似，生成一个随时间前进的负宇宙子和一个随时间后退的负反宇宙子。

但若宇宙子与反宇宙子两者都随时间前进，为什么它们不结合并且抵消为无呢？我认为它们必须分开，这个分开可能是万有斥力的排斥所引起的。迄今为止，我们仅知道万有引力，不存在万有斥力（就我们所知道的）。可是，如果有负能量的存在，而且如果由负能量生成负物质，那么，可能也有万有斥力的存在，它表现在物质与负物质之间。

当宇宙子与负宇宙子膨胀时,万有斥力迫使它们沿着空间轴(或许是这样,见图1)持续分开,但两者又沿着时间轴一起向上运动。同样地,反宇宙子与负反宇宙子沿着空间轴持续分开,同时又沿着时间轴向下运动。

正如图1表示的那样,结果就像幸运草或四叶苜蓿(这是本文标题的意义所在,或许让你一直都迷惑不解)。

一旦各个宇宙经过了膨胀高峰,开始再收缩,不仅时间可能反转,引力效应也可能反转。一些有名望的物理学家提出理论,大意是说,万有引力效应可能随着时间减弱。果真如此的话,有没有可能在膨胀高峰时万有引力达到零,在收缩时物质与物质互相排斥,负物质与负物质互相排斥,而物质与负物质则互相吸引呢?

你可能立刻表示反对,问我如果宇宙子的一切组成部分互相排斥,

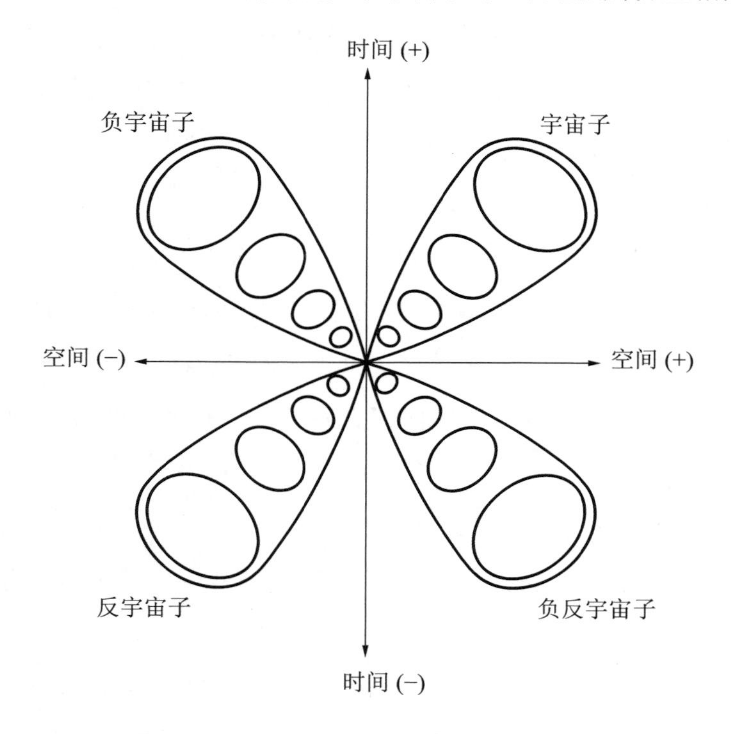

图1 幸运草(四叶苜蓿)

宇宙子怎么还能够收缩呢？对此，我的回答是，为什么不能呢？现在宇宙子的一切组成部分相互吸引，而宇宙却在膨胀。或许宇宙子和它的姐妹宇宙就是这样安排的，大膨胀与大收缩始终和万有引力相反。万有引力微弱得难以置信，它的命运可能注定总要被其他的力和效应压倒。

然而在收缩过程中，一方面宇宙子与负宇宙子之间、另一方面反宇宙子与负反宇宙子之间总的万有引力，使它们沿着空间轴汇集在一起，正如时间的反转把它们沿着时间轴汇集到一起一样。

宇宙子、反宇宙子、负宇宙子、负反宇宙子汇集在一起，产生无。

> 宇宙起源于无。
>
> 宇宙终结于无。

但若我们从无开始，为什么没有表现为无呢？

为什么它应该那样呢？我们可以说，0 + 0 = 0，以及 + 1 + (−1) = 0。两种相等的方式 0 + 0 与 + 1 + (−1)，结果都为“零”，为什么一个比另一个应当更“真实”或“自然”呢？从无悄悄地变到幸运草（四叶苜蓿）没有任何困难，因为这一转变没有本质上的改变。

但为什么这个转变发生在某一时间而不发生在另一时间呢？发生在某一特定的时间这一事实，说明有某种事物在促使它转变。

真的吗？你说的时间是什么意思呢？时间和空间只有在同幸运草（四叶苜蓿）叶子的膨胀和收缩相联系时才存在。叶子不存在，就没有时间，也没有空间。

在宇宙开端之际，只是无，甚至没有时间或空间。

幸运草（四叶苜蓿）的产生，没有特定的时间，也没有特定的地点。当它存在之时，时间和空间就存在于膨胀与收缩的循环之中，每一循环约需 800 亿年。然后是无时间与无空间的间隔，然后又是膨胀和收缩。由于我们处理不了无时间与无空间的间隔，因此我们可以把它去掉，认为膨胀和收缩的循环，一个紧接着另一个。这样，我们就有了摆动的、四个部分的宇宙，亦即摆动的四叶苜蓿。

谁说只存在一个？对于无，它是没有限度、没有疆界、没有终结、没有边际的。因此可能有无数个摆动的四叶苜蓿，被既非时间又非空间的东西分开。

说到这里，脑子有些困惑。我尽情地走了这么远，留下的事情，请热心的读者继续进行下去吧。对我自己(套句老话)，够了够了。

后 记

这篇随笔比我所写的大部分随笔都更加过时。天体演化(研究宇宙的起源)在过去几十年有了极大的进展，而我对这些进展几乎一点也没有预见到。

然而在某一方面，我认识得较早，这就是为什么我把这篇随笔收进这本书中的原因。

我已经厌倦于人们问这样的问题："哟，如果宇宙从宇宙蛋开始，那宇宙蛋是从哪里来的呢?"他们显然认为，我要回答这个问题就不能不后退到神学中去。

因此，你在我的这篇随笔中会看到我所谓的"阿西莫夫宇宙起源原理"，我把这原理表述为"宇宙起源于无"。

根据10年后真正的理论物理学家提出的新理论，即"膨胀的宇宙"，宇宙真的起源于无。我承认，我的宇宙起源于无，是基于存在"负能量"这个假设，而在膨胀的宇宙中，人们认为宇宙的产生是量子波动的结果，但这是细节。

重要的是从无开始，是我首先提出了这个观点。

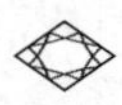

12.369

我在初级中学念书时，英语老师有一次给全班布置作业，要求阅读并思考亨特(Leigh Hunt)的诗:《阿布·本·阿德罕姆》(Abou ben Adhem)。你们可能记得那首诗。

一天夜晚，阿布·本·阿德罕姆从平和的睡梦中醒来，发现天使正在拟一份热爱上帝的人的名单。阿布·本·阿德罕姆当然想知道他自己是否在这名单上，但被告知不在。他退一步谦虚地问，他是不是被包括在热爱人类同胞的人之列。

第二天晚上天使再次出现，“展示因上帝的慈爱而被赐福的人的名字。啊，阿布·本· 阿德罕姆列在首位。”

我能背诵这首诗，因此对老师计划在第二天进行的课堂讨论的内容，知道得很清楚，爱上帝意味着爱人类，反之亦然，这几乎用不着说教。我同意这一观点，但心想，在这不证自明的命题上花费时间，多么乏味！从这首极不深奥的诗中能够引申出其他含义吗？我没有找到。

第二天，英语老师和蔼地笑着问:“同学们，谁能主动告诉我为什么阿布·本·阿德罕姆居于榜首?”

稀里糊涂的灵感袭上心头，我猛地举起了手，在老师点头示意后，愉快地微笑着说:“先生，是按字母顺序排列的吧!”

我对亨特的诗所做的新奇解释能否受到老师的欢迎，不抱一丁点儿希望，所以当他平静地把拇指指向门口时，我并不感到意外。我走出了教室(此前我曾好几次因不服约束而被驱逐，对这种情况很熟悉)，班里继续讨论。

但我后来才知道，关于阿布·本·阿德罕姆的讨论受到了严重挫折，老师只好转而讨论其他问题，所以我认为我获胜了。

如果《阿布·本·阿德罕姆》缺乏精妙之处使我厌倦，你可以想象，我对那些坚持说整个宇宙同样不深奥的人，会是多么绝望！

当然，最使我绝望的是，我感到自己被那种并不深奥的东西深深(暗地里)吸引。例如，有些人注意到在数目之间或几何图形之间存在某些简单、陈旧的关系之后，便立即猜想宇宙的结构设计仅仅是为了表现这种关系。(我厌恶自己常常对这一类事情感兴趣。)

我确信，在复杂到能够发明算术的任何社会，是神秘主义者犯了头脑简单的错误，但我们今天知道的最好先例是在希腊人中找到的。

例如，大约公元前525年，毕达哥拉斯拨弄拉紧的弦线，细听弦线发出的声音，观察到当一个弦的长度与另一个弦的长度成简单的算术关系时，例如1比2或3比4比5，就能听到悦耳的音符组合。或许就是因为这件事，才使毕达哥拉斯和他的追随者们相信，物质世界是受数值关系支配的，而且是上面那种简单的数值关系。

当然，在宇宙中数值关系真的是很重要的，但决不总是简单的。例如，一个显然而重要的基本事实是，质子和电子的质量之比为1836.11，为什么是1836.11呢？无人知道。

但我们不能责备毕达哥拉斯学派缺乏现代物理学知识。最好还是让我们用惊异的眼光关注一下毕达哥拉斯的学生，他的名字叫斐洛劳斯(Philolaus of Tarentum)。据我们所知，他是历史上(大约公元前480

年)提出地球在空间移动的第一人。

让我们尝试追溯他的推理。希腊人所能见到的是:星辰密布的天空围绕大地运转。然而,7个特殊的天体(太阳、月亮、水星、金星、火星、木星、土星)的转动,与固定的恒星无关,而且彼此之间也没有关系。因此可以设想,在天上有8个透明的球体围绕着共同的中心——地球转动。最里面是月亮,其次是水星,然后是金星、太阳、火星、木星和土星。第8个,也就是最外面的,是一大群星。

斐洛劳斯不满意这样的排列,他提出,8个星球不是围绕地球而是围绕"中心火团"转动。中心火团是不可见的,但可把太阳看作它的映象,而且大地本身也被固定在一个球体上,此球体也围绕中心火团转动。此外,还存在另一个天体——"反地球",我们从来未见过它,因为它停留在太阳的另一边,与我们相反。反地球也是一个球体,它围绕中心火团转动。

因此,在斐洛劳斯体系中有10个转动的星球,其中8个是普通的,加上第九个地球,第十个反地球。

可是,斐洛劳斯达到目的了吗?必须承认,两个世纪后阿利斯塔克(Aristarchus of Samos)也提出地球是转动的,但他坚持地球围绕太阳转动。这件事在当时被看作是荒谬的,但阿利斯塔克至少使用了凭感官可以察觉到的天体。为什么斐洛劳斯要发明一个不可见的中心火团和一个不可见的反地球呢?

答案可能在于星球的**数目**。如果地球围绕太阳转动,则增加了一个移动的星球(地球),但现在太阳是固定的,减去一个,总数还是8个。如果保持地球和太阳两者都围绕一个不可见的中心转动,并加上一个反地球,那么,总共应当有10个星球。

为什么有10个星球呢?毕达哥拉斯学派认为,10是一个特别令人满意的数目,因为1+2+3+4=10,适合于复杂的推理,这种推理以得到10

这个完美的数目而终结。如果我们主张宇宙是完美的，而且完美的概念必须符合毕达哥拉斯学派的标准；再者，如果我们进一步承认宇宙存在的唯一理由就是表现它的完美，那么，星球的总数必须为10（即使两个星球由于幽晦难解的原因而需要保守秘密）。

可惜，这些依据数目神秘性的无可辩驳的论点却有麻烦，因为从来都不能使两个人相信这同一个神秘性。毕达哥拉斯学派的概念不再受到重视，天文学家满足于8个星球。实际上，由于群星仅仅简单地作为背景处理，神秘数目就成了7。

无论如何，关于宇宙结构是基于简单算术的（和更不适宜的）论点，并没有随希腊人而完全消失。

1610年，伽利略使用望远镜发现了环绕木星的4个较小星球。这就是说，按古希腊体系，有11个星体（固定的恒星除外）环绕地球；或按新式的哥白尼体系，有11个星体环绕太阳。

这一新发现遭到了激烈的反对，其中一个对手的论点将永远留存在人类的愚蠢史中。

博学者解释道，没有必要通过望远镜去观察。不可能存在新的星体，因为只能有7个星体环绕地球（或太阳），不能再多。如果你看到了另外的星体，一定是由于望远镜有缺陷，因为**决不可能**有新的星体。

他怎么确信它们不存在呢？容易！头部有7个洞孔，即2个眼睛、2个耳朵、2个鼻孔和1个嘴巴，所以天上也一定是7个行星。

看起来，根据人类头部的孔数，有必要命令整个宇宙在天上给出某种永久性的记录。似乎上帝也需要一个抄写本，使他在头脑中记住这个数字，免得他在造人时，在人的头上开错了孔数。（如果这话听起来亵渎了上帝，很抱歉，但我的本意不是这样。亵渎上帝的是那部分人，无论过去和现在，他们都试图使上帝显得像幼儿园里玩数字积木的幼儿一样。)

这样的愚蠢很难消失,实际上从来就没有消失过。

天文学家接受了哥白尼的观念,即星体环绕太阳而不是环绕地球运行,然后认识到太阳系中有两类星体。

直接围绕太阳旋转的星体是行星,1655年,人们认识的行星有6个,即水星、金星、地球、火星、木星和土星。还有一类星体,它们不直接围绕太阳旋转,而是围绕某个行星旋转。这些是卫星,在那时人们认识5个,即我们地球的卫星月亮和伽利略发现的木星的4个卫星(木卫一、木卫二、木卫三和木卫四)。

1655年,荷兰天文学家惠更斯(Christiaan Huygens)发现了土星的一个卫星,他称之为泰坦,即土卫六。就是说,太阳系由6个行星和6个卫星组成。惠更斯是第一流的科学家,是天文学史和物理学史上的巨人,但他没有抵制住6与6对称性的诱惑,宣布总数已满,已没有余留的星体等待发现。

但是,1671年,意大利裔法国天文学家卡西尼(Giovanni D.Cassini)发现了土星的另一个卫星,破坏了对称性。惠更斯是活着见到这件事的,实际上他还活着见到了卡西尼发现土星的另外3个卫星。

然后是开普勒(Johann Kepler),他不满足于仅仅在简单算术的基础上确定天体的数目。他更进一步,试图与简单的几何学相联系,来确定太阳与这些天体间距离的关系。

有5种而且只有5种正多面体。正多面体是各个面都相等、各个角也都相等的多面体(例如立方体即正六面体,是5种正多面体中最常见的一种)。

那么,为什么不这样推理呢?正多面体是完美的,宇宙也是完美的。仅有5种正多面体,有6个行星,因此,行星之间的间隔刚好也是

5个。

所以，开普勒试图安排5个正多面体，使得6个行星按适当的距离关系沿着各个边界移动。开普勒花了很多时间调节正多面体，但最后失败了。(开普勒远比狂想者敏锐的标志是，在失败后，他迅速放弃了那个念头。)

不过，在1966年的最后一个星期，我发现了以前我未曾知道的关于开普勒的一些事情。

那时，我正在参加美国科学促进会举行的会议，倾听宣读天文学史的论文。一篇特别有趣的论文谈到，开普勒曾经觉得一年应当恰好是360日。地球转动得比它应当转动得要快一些，这就把一年的天数变成了$365\frac{1}{4}$日。(如果一日为24小时21分，那么一年刚好为360日)。

按照开普勒的观点，地球过快的转动在某种程度上也带动了月球，使它在围绕地球旋转时快了一些。显然，月球绕地球一周应当用$\frac{1}{12}$年，即差不多$30\frac{2}{5}$日，而它却只需要大约$29\frac{1}{2}$日。

如果地球绕太阳一周用360日，每日为$24\frac{1}{3}$小时(当然，小时及其细分的分、秒应当稍微延长一些，使得稍微变长了的一天刚好等于24小时)，那该多么方便。360毕竟是一个令人愉快的数目，可以被2，3，4，5，6，8，9，10，12，15，18，20，24，30，36，40，45，60，72，90，120，180整除。与它大小相似的数，没有哪个能以这么多不同的方式除尽。

如果每个太阴月等于30日，每日为24小时多一点，则一年恰好是12个太阴月。12这个数可被2，3，4，6整除，30可被2，3，5，6，10，15整除。

这不仅是数字游戏。30日为1个太阴月，12个太阴月为1年，据此可以设计出美观、简单的日历。

我们现在用的是什么呢？大约29 $\frac{1}{2}$ 日为1个太阴月，大约365 $\frac{1}{4}$ 日为1年，大约12 $\frac{3}{8}$ 太阴月为1年。这些杂乱无章的分数，其结果是什么呢？用了将近5000年的时间瞎弄，我们今天所使用的日历**仍然**不方便。

我的思想本来有可能会停留于此，但会议上的讲演者以小数形式而不是分数形式表示了一年的太阴月数。他说："1年不是12个太阴月，而是12.369个太阴月。"*

我立刻惊奇地竖起眉毛。真的吗？一年真的是12.369个太阴月吗？我的头脑开始把一些想法凑在一起。在讲演结束时，我举起手提了一个问题。我想知道开普勒是否尝试了从那个数字得到某个简单的推论。讲演者回答说没有。听起来似乎这是开普勒应该做的，但他没有做。

好极了！好极了！这使我可以自由地沉溺于我自己的一点神秘主义之中。毕竟人人都知道我爱好数字，为了炫耀一流的算术知识，我能很轻易地设计宇宙。另外，碰巧我正醉心于《圣经》，为什么不指出宇宙的设计与《圣经》中某些基本的统计数字有关呢？

[在我之前不乏先例。牛顿就是一位孜孜不倦研究《圣经》的学者，但他没有取得任何值得重视的成果；苏格兰数学家纳皮尔(John Napier)是第一个发明对数的人，他为了解释《启示录》，也想出了一个完全没有价值的系统。]

请允许我赞同开普勒。我们假设地球绕地轴自转的速率、月球绕

---

* 实际上，我认为这是错误的。我能找到的最好数字是1年接近于12.368个太阴月。更精确地说，是12.368 27。但让我们不要因此而损害这篇文章吧。

地球公转的速率、地球/月球体系绕太阳公转的速率，都是为了把漂亮的数字和对称的日历展现给人类。

那么，是什么弄错了呢？上帝谅必知道自己的作为，不会因疏忽造成错误。如果1年多于360日，其中必有原因，一个确切的原因。依简单的思维方式，这错误不是错误，而是设计出来、教导人类的东西。这是神秘主义者在思考上帝的特征时乐于采用的思维方式。

一年$365\frac{1}{4}$日，超出360（“正确的”数目）的部分是$5\frac{1}{4}$，写成小数是5.25。现在必须承认，5.25是一个令人感兴趣的数目，因为25是5的平方。

让我们像神秘主义者那样进行推理吧。5.25是巧合吗？当然不是。它必有含意，其含意必在《圣经》中。（归根结底，上帝是《圣经》围绕的中心，就像太阳是地球公转的中心一样。在围绕上帝的《圣经》中寻找地球公转细节的原因，还有比这更合乎情理的吗？）

按照传统，《圣经·旧约》分为三个部分：律法书、先知书和圣录。所有这三个部分都是神圣的、受神启示的，但律法书是最神圣的部分，它组成了《圣经》中最前面的5卷：《创世记》、《出埃及记》、《利未记》、《民数记》和《申命记》。

那么，为什么在“适宜的”360之外另有5日呢？谅必是为了把5卷律法书标示在地球的运转之中。为什么在5日之外又另有$\frac{1}{4}$日呢？嗨，就是为了使超出部分不单单是5，而是5.25。对5进行平方，并用这一形式对5加以强调，以证明律法不只是神圣的，而且是特别神圣的。

当然有意料不到的复杂情况。一年其实不是准确的365.25日，而是略短一些，即365.2422日。（更精确一点，是365.242 197日，但365.2422肯定足够精确了。）

这是否意味着整个方案是失败的呢？如果这样想你就没有弄明白神秘主义者的头脑是怎样工作的。《圣经》是一部规模巨大、极为复杂的书，几乎任何可想象出来的数字都可以在《圣经》中找到它的意义。唯一的限制是人类头脑的创造力。

例如，看一看365.2422。超出“适宜的”360的部分是5.2422。在小数点右边的数字可以分开为24与22，平均是23。那么，23有什么意义呢？

我们已经确定5代表5卷律法书，余下还有先知书和圣录。这些书有多少卷？答案是34。*

这似乎不是我们所要的答案，但请等一等。有12卷先知书是比较简短的：《何西阿书》、《约珥书》、《阿摩司书》、《俄巴底亚书》、《约拿书》、《弥迦书》、《那鸿书》、《哈巴谷书》、《西番雅书》、《哈该书》、《撒迦利亚书》和《玛拉基书》。为方便起见，古代常把它们归为一卷，称为《十二先知书》。

在《次经传道书》（天主教视之为教规，写于公元前180年左右）中，作者列出了《圣经》历史中的伟大人物。他在单列了主要的先知之后，把次要的先知们归并在一起：

> 《传道书》第49章第10节：向12位先知致追思的祝福
>
> ……

好啦，如果把12位次要的先知归并在同一卷中（这样做有大量的先例），按犹太教/新教徒的计算，先知书与圣录合计有多少卷？唷，23卷。

因此我们可以说，在一年的日数（365.2422）中，360日代表“正确

---

* 按犹太教与新教统计，至少如此。天主教版本的《圣经》还包括被犹太教与新教视为次经的另外8卷。

的"数字,5日代表律法书,0.2422代表先知书与圣录。所以一年的日数就成了对《圣经·旧约》的记录。

这把我们带到了一年的太阴月数目,即12.369,这是首先引起我注意的数目。

如果一年的日数代表《圣经·旧约》,则一年的太阴月数必定代表《圣经·新约》。任何神秘主义者都将告诉你这是不言而喻的。

那么,《圣经·旧约》与《圣经·新约》的核心区别是什么呢?我们可以试着这样回答:在《圣经·旧约》中,上帝被视为唯一的独立存在体,而在《圣经·新约》中,上帝被解释为三位一体。如果是这样,如果一年的太阴月数代表《圣经·新约》,那么,这数目应当与3有某种关系。

看一看,12.369,它被3除得尽。好哇!任何傻子(当然,假如他是个傻子)都能清楚地看出,我们的想法是正确的。

让我们用3去除12.369,得到4.123。这当然是非常有意义的数,它由自然数的前4个数字组成。

自然数的前4个数字与《圣经·新约》有什么关系呢?答案是明显的,它立即跃入我们的脑海。

当然是四大福音!由马太、马可、路加、约翰撰写的4部各自独立的耶稣传。

恰好马太、马可、路加的第一、二、三福音对耶稣持有相同的观点。发生在一部福音中的事,在另一福音中也可以找到,总之,事件的总趋势大体相同。这些是"对观福音书","对观"这个词意指"用一只眼睛"。可以说,第一、二、三福音用相同的眼睛看耶稣。

由约翰撰写的第四福音与其他3部福音十分不同,实际上,几乎在每一点甚至在基本点上都不同。

因此,我们用一年的太阴月数目表示福音,把第一、二、三福音归在一起，而把第四福音分开，这不是很正确的吗？难道这不正是在4.123这样的数目中所表达出来的吗？

如果你以前有过怀疑，难道你现在还不承认我们的想法是正确的吗？

那么，我们可以说，在一年的太阴月数目12.369中，12代表《约翰福音》（4乘以3，3代表三位一体），0.369代表《对观福音》（123乘以3）。

但为什么把第四福音放在最前面？为什么一年中太阴月数目的$\frac{1}{3}$是4.123而不是123.4呢？这是一个合理的好问题，我能回答。如果《圣经·新约》的中心思想是三位一体，那我们必须问，每个福音是怎样论及三位一体的。

上帝同时具有全部三个方面的第一个证据，是在施洗者约翰（当然不是撰写第四福音的约翰）给耶稣施洗礼之时出现的。最古老的《马可福音》这样描述耶稣受洗这件事：

> 《马可福音》第1章第10节：……他（耶稣）看见天裂开了，圣灵仿佛鸽子降在他身上。
>
> 《马可福音》第1章第11节：又有声音从天上来，说道："你是我的爱子，我喜悦你。"

在这里，父、子和圣灵一起显现。但在这一记述中，没有任何东西能让我们必然想到三位一体之外的任何人清晰地见到了这一显灵。例如（如果只考虑马可福音），没有任何东西能让我们去设想，此时在场的施洗者约翰也知道圣灵的降临，或听到从天上来的声音。

《马太福音》第3章16—17节和《路加福音》第3章第22节也有类似的记述。马太和路加都没有说到三位一体之外的任何人知道发生了什么事情。

但在第四福音即《约翰福音》中，圣灵的降临是从施洗者约翰的口中说出的：

《约翰福音》第1章第32节：约翰又作见证说："我曾看见圣灵，仿佛鸽子从天降下，住在他的身上。"

因为第四福音把三位一体的第一次显现描述成了是人清晰见到的，而在第一、二、三福音中都不是这样，所以那数目显然应当是4.123而不是123.4。

谁还能指望更多的呢？

现在，请允许我强调一下，大家都已经很清楚。我仅仅在玩弄数字。这里所写的关于一年的日数和月数是我的脑子拼凑成的，对此我并不认真，还没有像许久以前说阿布·本·阿德罕姆被按字母顺序排列在首位那样认真。

然而，当发现有人禁不住诱惑而把这一无稽之谈当回事时，我就不能不感到有点儿意外了。他们可能怀疑我是否无意中发现了伟大的真理而自己并不知道，即使我认为自己只不过是在做无聊的游戏而已。

我想有些人（甚至可能是同一个人）要说："喂，我敢肯定，阿布·本·阿德罕姆的名字列在首位，因为名单**真的**就是按字母顺序排列的。"

后　　记

由于我对《圣经》、数字以及古怪的学说（有限度的）感兴趣，因此，我偶尔阅读了一些运用非常巧妙的数字，对《圣经》给予各种各样解释的文章和图书。

我常常对那些钦佩这一类事情的人讲，如果有充足的想象力和时间，就可以适当地连结起一串数字，撰写很复杂的文章，用它们来证明任何一件事物。(你早应该去学一学那些人的数学推理,他们认为在莎士比亚的戏剧里有大量的密码,证明真正的作者是别人。只要你的头脑没有首先被弄成一团糟,你肯定会感到十分惊奇。)

无论如何,我常常认为,只要给我一点点时间,就能想出某些荒谬的事情,荒谬得同那些严肃对待这类事情的可怜的傻瓜经过辛苦努力而得来的结果一样。这篇随笔的最后部分就是一个例子。

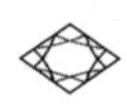

敲打塑料

我特别喜欢的一个故事(肯定是杜撰的,否则我为什么记得住呢?)是关于悬挂在玻尔(Niels Bohr)教授书桌上方墙壁上的马蹄铁。

一位访问者惊讶地注视着它,最后禁不住大声说道:“玻尔教授,您是世界上最伟大的科学家之一,您一定不会相信那个东西能够给您带来好运气吧?”

“呃,不,”玻尔微笑地回答,“当然不,我一点都不相信那样的胡说。只是有人告诉我,无论我信不信它,它都会给我带来好运气。”

而我也有可爱的弱点——我是一个孜孜不倦敲打木头的人。如果我说出的话让我感到过于沾沾自喜、过于自鸣得意,或在任何方面过于自吹自擂运气好,我就会激动地环视四周,寻找木头敲打。

当然,我一点也不真正相信敲打木头可以避开妒忌的恶魔,它在等候那些粗心大意的灵魂,因为他自夸好运而没有适当地抚慰决定好运与厄运的精灵和魔鬼。但是,你知道,我仍然想到了木头,反正敲打敲打也不会损失什么。

我逐渐有些不安,因为在一般建筑中使用的天然木材越来越少,在急需时要找到一块木头越来越难。如果没有听到一位朋友的偶然评论,我的神经可能已经崩溃了。

不久前他说:“我最近很顺。”他一边敲打桌面一边平静地说,“敲打塑料!”

天哪!多么闪光炫目的启示。当然!在现代世界中精灵也现代化了。古老的德律阿得斯树神,居住于林木中,使神圣的小树林变得神圣,并引进了敲打木头*的现代观念;但如今,世界的一大半树林已被放倒做成牙签和新闻纸,他们一定大都失业了。毋庸置疑,他们现在把家安在聚合塑料的反应桶中,热切地回应“敲打塑料”的呼声。我向大家推荐“敲打塑料”。

敲打木头只是一类观念的一个例子。它给人以非常欣慰、非常有效的安全感,以至于人们动不动就会利用它,甚至无缘无故地利用它。

任何可能支持这种“安全信念”的证据,不管它多么脆弱多么荒谬,都会被人抓住不放,紧紧抱在怀里。而每一件可能损害“安全信念”的证据,不管证据多么有力多么符合逻辑,都被弃之不管(实际上,如果损害安全信念的证据十分强而有力,提供证据的人甚至有遭受暴力的危险)。

因此,在衡量任何得到广泛支持的意见时,想一想它是否可以当作安全信念来看待,是十分重要的。如果确实是这样,那它的广泛支持度就没什么意义,就必须用强烈的怀疑眼光去看待它。

当然,这种观点有可能是准确的。例如,美国是世界上最富裕和最强大的国家,在美国人看来,这是令人欣慰的想法。事实上,美国确实是这样。这个特定的安全信念(对美国人来说)是合理的。

然而,宇宙实际上是不安全的地方。按一般原则,安全信念错误的

* 有些人说敲打木头是触摸真正十字架的象征,但我完全不相信。我确信这习俗发生在基督教诞生之前。

可能性比正确的可能性要大。

例如，对世界上烟瘾很重的人做民意测验，结果可能显示，他们中几乎所有的人都坚定相信：肺癌与吸烟有关的说法还没有定论。如果对烟草行业的人进行民意测验，持这种观点的人同样也会是绝大多数。为什么呢？从安慰角度说，相反的信念会给他们带来太多医学上的或经济上的不安全感。

还有，我年幼时，我们小孩子坚定地相信，如果一块糖果落到城市街道极脏的脏物上，只要把糖果接触口唇，再向天上挥一挥（“当着上帝的面亲吻它”），糖果就会变成完全洁净和卫生的了。尽管大家责难说有细菌，我们还是相信这样的做法，因为如果我们不相信，我们自己就吃不到那块糖，它会被真正相信这种做法的人吃掉。

当然，任何人都能提出有利于安全信念的必要证据。“我的祖父每天吸一包纸烟达7年之久，他死的时候肺部是最后才衰竭的。”或者，“杰里昨天当着上帝的面亲吻糖果，今天就在40米短跑中获胜。”

如果祖父在36岁时死于肺癌，或者杰里染上霍乱，那也不成问题，你还可以举其他的例子。

但是，我们可别沉浸于具体的例子。我想出了6个非常广泛的安全信念，我想这些信念已经涵盖了所有的方面——当然欢迎各位读者添加第七个，如果想得出来的话。

第一个安全信念：**存在超自然的力量，可以哄骗它或强迫它来保护人类**。

这里谈谈迷信的本质。

当原始狩猎社会面对猎物时多时少这个客观事实，或原始农业社会看到一年干旱、一年洪涝的情况时，自然而然就臆断（因为缺乏任何更好的想法），是某些超越人类的力量对事物作出了这样的安排。

由于大自然变幻莫测，因此，各种神、灵、恶魔（不管你想怎样称呼他们)本身似乎也是变幻莫测的。人们必须想方设法诱导他们,使他们的狂野冲动服从于人类的需要。

谁说这是容易的事呢?显然,这需要社会中最有智慧、最有经验的人施展全部才能。因此就形成了一个操纵精神的专业化阶层,即神职人员,我们从最广义上使用这一术语。

把操纵精神称为“巫术”(magic)是很公平的。这个字来自“magi”,是给波斯拜火教神职阶层的名字。

这一安全信念几乎绝对受欢迎。某位在科幻小说界有影响的大人物,致力于采用这些安全信念,并谎称自己是某受迫害少数民族的一员。他有一次写信给我说:“除我们之外,每一个社会都相信巫术。为什么我们这么傲慢地认为,除我们之外,任何人都是错误的呢?”

当时我回信说:“除我们之外,每一个社会都相信太阳是围绕地球旋转的,你希望用多数票来解决这件事吗?”

实际情况甚至比那位有影响的大人物所坚持的更糟糕。每个社会,**包括我们自己**,都相信巫术。这并不局限于我们文化中那些无知的或未受教育的人。我们社会中最明智的分子、受过良好教育的人以及科学家,都保留了迷信巫术的糟粕。

马蹄铁悬挂在玻尔的书桌上方(假设真是如此),它是通过“冷铁”的力量,用巫术避开厄运,一个停留在青铜器时代的精神世界。当我敲打木头(或塑料)时,也是从事精神操纵。

但我们是否可以像那位有影响的大人物那样认为,有这么多的人相信巫术,其中必有奇妙迷人之处呢?

不,当然不可。它太吸引人了,不可信。以敲打木头这么简单的办法就能避免厄运,还有比相信这个更容易的吗?如果它错了,你什么也不损失;如果它对了,你获益匪浅。要拒绝这样高的回报率,你的确需要木头般的质朴。

还有,如果巫术不见效,难道人们最终不会看穿它、放弃它吗?

但谁说巫术不见效呢?当然见效——在那些信仰者的心目中。

假定你敲打了木头,没有厄运降临。**瞧见了吧**?巫术见效了。当然,你也可以把时间回溯,不去敲打木头。结果你发现,无论如何也没有厄运降临——但你怎样安排一个这样的对照标准呢?

或者假定你见到一根针,连续10天把它拾起,在其中的9天里,不管怎样都没有发生什么事情,但第10天,你在信中得到一个好消息。记住这第10天而忘掉其他9天是易如反掌的事——无论如何,你还想要什么比这更好的证明呢?

或者,如果你小心翼翼地用一根火柴点燃两支烟,3分钟后你摔倒,跌断了腿。你肯定会认为,如果点燃了第三支香烟,你将要摔断脖子而不只摔断腿。

你必然获益!如果你想相信,你就能够相信!

事实上,巫术确实能够起作用。走钢丝演员偷偷摩擦挂在腰带下方的兔子脚后,就会以强烈的自信向前移动,十全十美地完成演出。一个演员在刚刚有人在他的化妆室吹过口哨之后就走上舞台,会神经紧张念错台词。换句话说,即使巫术不起作用,信巫术也起作用。

那么,科学家怎样去反证巫术无用呢?他们不去反证!因为那是不可能的。无论如何,几乎没有信巫术的人会接受反证。

科学家的做法是,在**假设**"第一个安全信念是错误的"基础上开展工作。他们在对宇宙进行分析时不考虑变幻莫测的力量。他们建立最小数目的一般规律(误称为"自然规律"),并且假定在自然规律之外什么也不会发生,或不能使什么事情发生。知识的增加有时使得改进一般规律成为必要,但一般规律永远保持"可预测性"。

具有足够讽刺意义的是:科学家本身变成了新的神职人员。一些安全信念的信仰者发现,科学家成了新的巫师。现在是科学家在操纵宇宙,使用只有他们才懂得的神秘仪式来确保人类在任何情况下的安全。在我看来,这一信念和先前的一样,毫无道理。

其次,可以对安全信念进行修改,使它具有科学的味道。因此,从前曾经有天使与神灵降临大地介入我们的事务,决定赏罚;现在,有飞碟中的高级生物在做这些事情(根据有些人的说法)。照我看来,其实飞碟神秘性的流行,部分是由于很容易把这些天外来客看作科学的新版天使。

第二个安全信念:**其实,没有死亡这回事**。

就我们所知,人类是能够预见死亡必然性的唯一物种。一个人肯定知道,他或她总有一天一定会死亡,而其他动物却不知道。

这绝对是令人震撼的知识,人们不禁想知道,单单它本身对人类行为的影响有多深,以至于人的行为与其他动物有着根本性的不同。

抑或由于人们十分普遍且十分坚决地不去想它,因此它的影响没有我们所预料的那样深。活着并期盼永远活下去,这样的人有多少?我想我们中几乎每一个人都是这样的。

一种比较明智的否认死亡的说法是:假定家庭是真正活着的独立存在体,只要家庭还存在,个人就不会真正死亡。这是祖先崇拜的基础之一,因为只要有后裔祭拜他,祖先就活着。

既然如此,无子女(特别是没有儿子,因为大多数部落社会不把妇女计算在内)当然是极大的不幸。例如,早期的以色列人社会就是如此,正如《圣经》中所说的那样。《圣经》中明确规定,男人必须娶无子女的兄弟的遗孀为妻,使她生子,算是死者的后裔。

俄南(Onan)的罪行可能和你所想象的不同,那就是他拒绝对死去的兄弟尽这一本分(见《创世记》第38章第7—10节)。

一种更为严密的否认死亡的做法也十分流行。几乎每个我们所知的社会都有些关于"来世"的说法。每个人的身体所留下的永生之物都有去处,阴魂在阴间过着昏暗沉闷的生活,但还是活着的。

更富于想象力的说法是:有一部分人的来世享有天堂之乐,而另一部分人的来世将沦入痛苦之乡。这样一来,永生的概念就同赏罚的概念联系了起来。安全信念也倾向于如此,使一个处于贫困、苦难之中的人增强了安全感,因为他知道他将来要像天上的神明那样生活,而富人将直落地狱。哈,哈,理当如此。

如果人间之外的来世说失效,则可以在尘世安排轮回转世说,或灵魂转生说。

虽然轮回转世说在西方宗教信仰中不是主流,但这样的东西却体现了西方世界安全信念的价值,凡有利的证据都被人们愉快地接受。20世纪50年代出现了一本荒谬的书《寻找布莱迪·墨菲》(*The Search for Bridey Murphy*),它好像暗示了轮回转世的实际存在,一夜之间成为最畅销的书。毫无疑问,它空话连篇。

当然,唯灵论的全部教义、一整批巫师灵媒、击桌显灵术、巫师给的灵物、幽灵、吵闹的鬼,以及许许多多其他的东西,全都坚持人类不死,坚持某些事物是永存的,坚持有良知的人总会以某种方式永世长存。

那么,揭穿唯灵论有用吗?这个做不到。不管有多少灵媒被证明是骗人勾当,热心的信徒还是会相信他遇到的下一个灵媒,甚至更加着魔。对于揭发骗人勾当的证据,他可能认为证据本身就是欺诈,因而加以谴责,继续相信那显而易见的骗人勾当。

科学进展也断言第二个安全信念是错误的。

但科学家也是人,他们中的个别人(不同于抽象的科学)也切望安全感。著名科学家奥利弗·洛奇爵士(Sir Oliver Lodge),由于儿子死于第一次世界大战而忧愁苦闷,想要通过招魂术见到儿子,于是成为"心灵现象研究"的热心人士。

我的朋友，就是那位有影响的大人物，时常举出洛奇以及像他一样的人作为“心灵现象研究”价值的例证。“如果你相信洛奇对于电子的观察，那为什么不相信他对灵魂的观察呢？”

回答当然是：洛奇从电子观察中得不到安全感，而从心灵的观察中则可以得到——科学家也是人。

第三个安全信念：**天地万物是有意向的**。

如果天地万物由一大批神灵和恶魔所掌握，他们的所作所为就不能是毫无目的的。

波斯拜火教教徒制订了一个令人愉快的、复杂的宇宙方案。他们想象天地万物全部从事宇宙战争。善之神率领的无数神灵在光明与善良的旗帜下，跟恶之神率领的同样强大但为黑暗与邪恶而战的军队遭遇。双方力量几乎完全相等，而每一个人都感觉到自己处于力量的平衡之中。如果他们为善而奋斗，他们则在所想象的最大冲突中为“正确的一方”作出贡献。

这样的一些观念逐渐潜入了犹太教和基督教，于是我们有了上帝与魔鬼的战争。然而，依犹太基督教的观点，谁将得胜毫无悬念，上帝肯定会胜利。这样，事情就变得平淡了。

科学认为这个安全信念也是虚妄的。科学在对宇宙起源与最终结局的研究上，不仅不考虑宇宙战争的可能性，而且也不考虑存在任何深思熟虑之目的的可能性。

科学最基本的普遍原理（例如热力学定律或量子理论），假设了粒子的随机运动、随机碰撞、随机能量传递，等等。运用概率论可以假设，大量的粒子在比较长的时间里，基本上肯定会发生某些事件，但对于个别粒子在比较短的时间里，则无法预计有什么事情发生。

也许还没有一个科学观点如此不受非科学家的欢迎。它似乎使一切事物变得“毫无意义”了。

但真的是这样吗？整个宇宙或一切生命都要有意义，这是绝对必要的吗？我们能不能这样考虑：在一个环境中无意义的东西在另一环境中却是有意义的。一本对我来说没有意义的中文书，对中国人来说却是有意义的。我们能不能这样考虑：我们每一个人可以安排一下自己的特定生活，使它对自己、对受影响的人都有意义。这样，对他来说，一切生命、整个宇宙不就全都有意义了吗？

想来必是那些发现自己的生活基本上无意义的人，最卖力地把意义强加给宇宙，以弥补个人的欠缺。

第四个安全信念：**个体有特殊本领，能够无中生有**。

“祝愿将使它变成现实”是流行歌曲中的一句话。啊呀，有多少人相信了它？祝愿、希望与祈祷，比花工夫做一些事情容易得多。

我曾经写过一本书，其中有一节叙述了人口激增的危险性以及节育避孕的必要性。一位评论家看过这一节就在页边写下：“我说这是上帝的事情，不是吗？”

这就像从婴儿手中拿走糖果，还用清晰的字体写上：“天助者自助。”

但想一想广为流传的故事，其中的人物可以把所求的3个愿望变成现实：或得到点物成金的能力，或得到百发百中的梭镖，或得到遇到危险能变色的宝石。

再想象一下，如果我们始终拥有十分惊人的能力却浑然不知，例如通灵术。我们多么热切地想拥有它。(谁没有经历过巧合事件，并立刻喊出“通灵术”呢！)最近发生在别处的事件，我们也是多么乐意相信，因为只要我们刻苦练习，它就将增进我们自己拥有那种能力的可能性。

某些人有预见未来的能力，就是神视。还有一些人通过占星术、数字占卦术、手相术、茶叶渣占卜术或千百种其他古老的骗术得到预测未来的知识。

说到这里，我们开始接近于第一个安全信念。如果我们能够预测未来，那我们就可以用适当的行动改变未来，这几乎相当于精神操纵。

在某些方面科学实现了神话。喷气式飞机比飞马和昔日的神话作者所写的七里靴飞得更快、更远。火箭像托尔（北欧神话中的雷神）的锤子那样寻找攻击目标，而且破坏性更大。我们让徽章而不是宝石，在累积大量的辐射时变色。

但这些并不表示"无中生有"。它们的成功不是超自然力量的赏赐，它们的表现也不是变幻莫测的。它们是遵循宇宙的普遍规律辛勤工作的产物，是由否认绝大部分或全部安全信念的科学所积累起来的成果。

第五个安全信念：**你比别人优越**。

这是一个非常诱人的信念，但常常又是危险的。你对粗暴的彪形大汉当面直接讲这话，就有被他拧断脖子的危险。因此你就用一个替身：你的父亲比他的父亲好，你的大学比他的大学好，你的口音比他的口音好，你的文化群体比他的文化群体好。

这样当然就陷入了种族主义之中。社会、经济、个人等地位越低的人，越有可能成为种族主义诱惑的牺牲品，这根本不是什么意外的事情。

甚至某些科学家在此事上陷入麻烦，也不必惊奇。他们能够据理解释说，一定有可能把人类划分成各种类别，而其中的一些类别在某些方面优于其他类别。例如，某些群体比其他群体的身材高，是遗传所致。那么，某些群体天生比其他群体更聪明、更诚实，难道不可能吗？

一位诺贝尔奖获得者前些时候要求科学家停止回避问题；他们应

该着手确定贫民窟居住者(Slum-dwellers,英语译为黑人"Negroes")是否真的不比非贫民窟居住者"低劣",因此帮助他们是否真的不会枉费心机。

一家报社请我写出对这件事情的看法,但我说,最好事先告诉他们我的观点,以免自找麻烦,写了文章而他们不予刊登。

我说道,首先,那些最热衷于此项研究的人,很可能十分自信已经建立了一个衡量标准,按这个标准贫民窟居住者确实可以证明是"低劣"的。由此,优等的非贫民窟居住者可以摆脱对贫民窟居住者的责任,摆脱他们可能有的内疚心情。

我接着说,如果我讲错了,那么,我觉得这些研究者发现优等少数派的心情应当和发现劣等少数派的心情同样急切。例如,我强烈怀疑,按我们社会中流行的衡量标准,出现的情况将是,"一神论教派"和"主教派"的教徒比其他宗教团体的教徒有更高的平均智商和更好的行为记录。

如果证明真是这样,那我建议,"一神论教派"和"主教派"的教徒应当戴上明显的标牌,被引领到公共汽车的前排就座,被安排在剧院最好的席位,允许使用更干净的公共厕所,等等。

听了我的话,那家报社说:"别再提它了!"反正都一样。没有人想找出比自己更优越的——只想找出更低劣的。

第六个安全信念:**如果有什么事情出了错,并不是自己的过错**。

几乎人人都有一些多疑症。再加上一点习惯,很容易就会让一个人接受历史中的某一阴谋论。

如果你在生意上失败,是由于邻街保加利亚店主施展不公平的欺骗手段;如果你感到疼痛,是由于尼日利亚医生对你搞阴谋活动;如果你转身去看一个女孩时被绊倒,是由于卑劣的锡兰(现斯里兰卡)人在人行道上开出了一条裂缝。知道这些以后,你会感到多么大的安慰啊。

就是在这一点上,终于使科学家卷入得最深,因为当他们站出来全面反对安全信念时,正是这条安全信念转而直接反对他们。

蒙蔽了安全信念信仰者的骗局和蠢事曝光之后,他们受到刺痛,他们最后和最佳的防御是什么呢?哟,原来是科学家搞阴谋反对他们。

我自己就不断地被指责参与这样的阴谋。例如,今天收到一封最强烈、最愤怒的来信,现在从中引述两三句温和的句子吧:

“我们(民众)不仅受政治家愚弄……但现今这些手法也蔓延到了科学。如果你的目的是欺骗别人——不论出于什么动机,那么在这里告诉你,你得不到百分之一的成功。”

我从头到尾仔细阅读了这封信,觉得他似乎读过某杂志的文章,其中反驳了他所珍爱的信念。因此他立即确信,不是他自己可能有错误,而是科学家们搞阴谋反对他,而且科学家是接受了美国国家航空航天局的命令向他说谎。

麻烦的是,他所指的某文章,是别人写的而不是我写的,我根本不知道他说的是什么。

但我确信,理性的力量无论如何都将战胜安全信念信仰者的攻击。(敲打塑料!)

后　　记

针对强烈影响了大多数人的非理性,我已记不住写过多少篇文章强烈地加以讽刺了。我有幸生活在这样一个社会,一个厌恶用拷问和处决来处罚说真话的人的社会,否则我将陷入麻烦的深渊。

即使在我们自己的宽容社会里,我通常也把我的抨击稍稍收敛一点,这是出于一种自然而然的愿望,避免给人们带来太大的打搅,避免收到太多充斥令人作呕的辱骂的信件。

但在撰写这一系列随笔时，我相信我是在向特别开明的读者说话。他们会允许我说话，不会出现唾沫四溅的争吵，即使他们不同意我所说的。

这就使我有可能写出这篇文章，而且在我的心理平衡上创造了奇迹，帮助我保持性情开朗、思想奔放的个性。

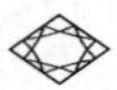

迟疑，腼腆，难以取悦

我读了大量的莎士比亚(Shakespeare)作品，接二连三地有很多发现，其中包括这样的事实：莎士比亚的浪漫女主人公在智力、性格和道德情操等方面，通常要比男主人公优秀得多。

朱丽叶采取了不屈不挠、危险万分的行动，而罗密欧却只能倒在地上痛哭流涕(《罗密欧与朱丽叶》)。鲍西娅担当了困难、积极的角色，而巴萨尼奥却只能站在一旁痛苦地扼腕(《威尼斯商人》)。培尼狄克是个机智的家伙，但也无法与贝特丽丝相提并论(《无事生非》)。同样，俾隆比不上罗瑟琳(《爱的徒劳》)，奥兰多也比不上罗瑟琳(《皆大欢喜》)。某些情况甚至是天壤之别。朱利娅在各个方面都胜过普洛丢斯无数倍(《维洛那二绅士》)，海丽娜也胜过勃特拉姆无数倍(《终成眷属》)。

莎士比亚宣扬大男子主义的唯一作品是《驯悍记》，但它并非仅仅表现了一个强壮男人打败一个强壮女人的故事，其中还包含着深意，这里我就不再赘述了。

尽管如此，我从未听说过有谁以表现女性失实为由而非议莎士比亚，也没听到任何人说："莎士比亚很好啊，可就是不了解女人。"相反，我所听到的，全都是对他笔下的女主人公的赞美之词。

按照人们的共识，莎士比亚以他极具洞察力和客观性的天才见识，抓住了人类最真实、最本质的方面。他告诉我们,如果说男女两性有什么区别的话,那么,女性在所有的重要方面都优于男性。然而,我们当中仍然有那么多人确信女性劣于男性。这是多么不同啊!这里所说的"我们"是没有限制的,因为女性大体上也承认自己的劣势。

你可能想知道我为什么关心这件事。那好,最简单地说说吧,我关心它是因为每件事我都关心。我对它关心又特别因为我是个科幻小说作家;科幻小说涉及未来社会,我希望这些未来社会在对待人类51%的人口时,比我们当今社会更理性。

我相信,未来社会在这方面一定会更理性,我要对我的这一信念给予解释。我将根据过去和现在发生在女性身上的事,对女性的未来进行展望。

首先,我们得承认,男女之间的确存在某些根深蒂固的生理差别(第一个喊出"差别万岁"的人为我们留下了这个认识的机会)。

但是,男女之间是否存在与生俱来的非生理差别呢?在智力、气质和性情上是否存在你所能够**确信无疑的**差别,作为区分男女两性的广泛且普遍的方法呢?我所指的差别适用于所有文化,就像生理差别那样,而且,这些差别也不是早期训练的结果。

例如,我压根也不会被"女性更有教养"这样的说法所打动,因为我们都知道,母亲在女孩人生的初始阶段就会拍着她的小手说:"不,不,不,好女孩不那样做。"

我自己的坚定立场是,文化的影响是我们向来都没有把握的;我们唯一有把握的两性差别,就是生理差别。我认识其中的两种:

1. 大多数男性比大多数女性个大体壮;

2. 女性受孕、生育、哺乳,男性却不。

只根据这两点差别我们能单独得出什么结论呢?我认为,这足以在原始的狩猎社会中把女性置于较男性明显不利的地位,比如说,在公元前10 000年以前全都是这样。

女性在狩猎这样的粗活上毕竟能力不足,而且她们在受孕期必然体态臃肿,必然要分心照顾胎儿,这更给她们增添了障碍。在人们竭尽全力争夺食物的环境中,她每次都会落后。

让某个男人在狩猎结束后负责扔给自己一条动物后腿,进而负责不让其他男人把它抢走,这对女人来说很便利。原始猎人这样做,不太可能是出于人道主义观念,他需要为此收受贿赂。我想,你们都比我先猜到,显而易见的贿赂就是性关系。

我想,石器时期的男女互助协议就是以性易食;这种联合所产生的结果就是抚养了孩子,完成了传宗接代。*

我看不出这与任何高尚的爱情有丝毫的联系。我怀疑石器时代是否存在我们所谓的"爱",因为浪漫主义的爱情似乎是相当近期的发明,即使当今也并非普遍存在。(我曾读过,好莱坞式的浪漫主义爱情观是由阿拉伯人在中世纪发明的,普罗旺斯的游吟诗人把它传到了我们西方社会。)

至于对孩子的父爱,想都不要去想。似乎有确凿的迹象表明,男人几乎到了有史时期才真正懂得性交与孩子之间的联系。母爱可能源自生理(例如,哺乳的快感),但我强烈地怀疑父爱源自文化,不管这种父爱有多真。

虽然以性易食的模式看上去是相当合理的**等价交换**,但实际上决非如此。它是一种极不公平的模式,因为一方可以毁约而不受惩罚,另

---

* 本文发表以后,一位叫库尔什(Charlotte O. Kursh)的人类学家给我写了封招人喜欢的长信,信中很清楚地指出,我相当过分地简化了这里所描述的情形:狩猎并不是食物的唯一来源,地位甚至比性关系更重要。如果用"以地位换食物"来代替"以性易食",她会倾向于同意接下来的结论。所以,当我们继续往下进行之时,根据这个警告,要对我的人类学采取一点保留态度。

一方却不能。假如女方为了惩罚男方而拒绝性活动，男方为了惩罚女方而拒绝供给食物，哪一方会胜出？与《吕西斯忒拉忒》*所描述的情形恰恰相反，一个星期没有性活动比一个星期没有食物容易得多。而且，一个厌倦了这种彼此影响的把戏的男人可以随时动用武力拿走任何他想要的东西，女人却不能。

我认为，由于这种明确的生理原因，最早期的男女联姻绝对是不平等的，其中男人的角色是主人，女人的角色是奴隶。

这并不是说，即使在石器时期，一个聪明的女人不会甜言蜜语地哄骗男人，使男人允许她按照她自己的意愿行事。我们都知道，这在当今肯定行得通。但是，用甜言蜜语哄骗正是奴隶的武器。假如你，我尊贵的读者，作为男人不明白这一点，那我建议你去尝试一下用甜言蜜语哄骗你的老板，让他给你涨工资；或用甜言蜜语哄骗你的朋友，让他允许你按照你自己的意愿行事，看看这对你的自尊会有什么影响。

在每种主奴关系中，主人只做他喜欢做的或奴隶做不了的那部分工作，其余的都留给奴隶。实际上，这些事不但由习俗而且由严厉的社会法律固定成奴隶的职责。按照法律，奴隶的工作是不适合自由人做的。

设想我们把工作划分成"力气型"和"非力气型"两种类型。男人做"力气型"工作，因为他不得不做；女人则去做"非力气型"工作。让我们接受这个事实吧。其实，在通常情况下（并不总是），这对男人很有利，因为"非力气型"工作的数量要多得多。（"男人日出而作日落而息，女人的工作永无尽头。"古语如是说。）

事实上，有时候根本就没有"力气型"的工作可做。这时候，印第安勇士就坐在一旁，观看他的印第安老婆工作。很多非印第安勇士也一

---

*《吕西斯忒拉忒》是古希腊戏剧家阿里斯托芬的喜剧，剧中女主人公吕西斯忒拉忒为达成和平协议而领导了雅典妇女的性罢工，并最终取胜。——译者

样,他们坐着观看他们的非印第安老婆工作。*当然,他们有借口,他们是自豪、强壮的男子,不应该指望他们去做“女人的工作”。

这种男尊女卑的社会机制一直延续到最令人称羡的古代文化中,从未被质疑过。黄金时期的雅典人认为,女人是低等动物,她们的地位可能只比家畜高一点儿,根本没有人权。对有教养的雅典人来说,男同性恋是爱的最高形式,因为那是人类(就是男人)能够平等去爱的唯一方式。这看起来几乎是不证自明的理论。当然,如果想要孩子,他还得求助于女人,但那又能说明什么呢?如果他想要交通工具,他会去找他的马。

至于在古代另一个辉煌文化——希伯来文化中,《圣经》十分明确地承认,男人至上天经地义,甚至这个问题无论如何都没有讨论的余地。

实际上,由于《圣经》引述了亚当和夏娃的故事,它因此而带给妇女的悲惨境遇超过了史上任何一本书。这个故事使得几十代男人可以在任何事情上对妇女横加责备。它让过去许许多多的圣人在谈论女人时,使用了连我这样一个可怜的有过失者在说疯狗时都不情愿使用的措辞。

十诫条文本身就随随便便地把女人与其他形式的财产——有生命的和没生命的,归类到一起。《出埃及记》第20章第17节中说:“不可贪恋人的房屋,也不可贪恋人的妻子、仆婢、牛驴,并他一切所有的。”

《新约全书》也好不到哪里。我可以从中选取很多言论,但这里只给提供一段,它出自《以弗所书》第5章第22—24节:“你们作妻子的,当顺服自己的丈夫,如同顺服主。因为丈夫是妻子的头,如同基督是教会的头,他又是教会全体的救主。教会怎样顺服基督,妻子也要怎样凡事

---

* 当然,如果他们极有武士风度,看不下去女人做全部工作,那他们尽可以一直闭着眼睛。这甚至给了他们睡觉的机会。

顺服丈夫。”

我认为，这一段试图把男女之间的社会关系，从主奴关系转变成上帝与造物的关系。

我不否认，《旧约全书》和《新约全书》中有很多段落是赞美女性的（如《路得记》）。但问题是，在我们这个物种的社会历史中，《圣经》中那些宣扬女性邪恶与卑劣的段落，其影响力要大得多。男人为了自身的利益而拉紧套在女人身上的锁链，除此之外，又增添了最可怕的宗教禁令。

甚至时至今日，这种情况在本质上也没有彻底改变。在法律面前，妇女获得了某种程度的平等，但这也只是20世纪的事，即便在美国。试想，在1920年以前，无论妇女有多聪明，受教育程度有多高，都不能在全国大选中投票；而选举权却随意给予了每一个酒徒、白痴，只要他碰巧是个男性。这是多大的耻辱啊！

不止于此——尽管妇女可以投票，可以拥有财产，甚至可以拥有自己的身体，但所有歧视妇女的社会机制仍然存在。

任何男人都可以告诉你，女人凭直觉而缺乏逻辑，感情用事而缺乏理性，过于讲究而缺乏创意，温文尔雅而缺乏精力。她们不懂政治，不能把一列数字加起来，驾驶技术低劣，一看到老鼠就会被吓得尖叫，等等，等等，等等。

因为女性都是这种人，所以，怎能允许她们在工业、政治、社会这等重要的任务上与男性平起平坐呢？

这种态度也是我们自己造成的。

刚开始时，我们教育少年男子，说他比少年女子优越，这使他感到安慰。他就这样理所当然地处在了人类的上半部，不管他有什么缺点。任何扰乱这一观念的事，不仅威胁到他的个人自尊，而且威胁到他的男子汉气概。

这意味着，假如一个女子碰巧比她所喜欢(因某种不可思议的理由)的某男子聪明，那她永永远远、一生一世都不会揭穿这个事实。否则，异性吸引力就战胜不了他那男子汉自尊心最深处与最核心所受的致命伤，她会因此而失去他。

另一方面，当男子看到女子明显不如自己时，他就感到无限宽慰。正因为这样，笨女人看上去才“可爱”。一个社会的大男子主义越盛行，就越看重妇女的愚笨。

在多少个世纪里，妇女如果想要得到任何一点点经济保障和社会地位，她们就必须想方设法引起男人的兴趣。因此，那些天生不蠢不笨的女人，不得不刻意培养这种蠢笨，直到蠢笨得自然而然，直到她们忘掉了自己也曾聪明过。

我觉得，男女之间全部感情差别和气质差别都是文化所致，它们在维持男女的主奴关系上起到了重要作用。

我认为，对社会历史的任何清晰观察都会揭示这一点；另外还可揭示，每当满足男人的需求成为必要时，女人就必须全力以赴地改变“气质”。

还有什么比维多利亚时期的女性更女性化的吗——柔弱、谦逊、害臊、呼吸上气不接下气、文雅得难以置信、为抵抗可悲的昏厥而必须经常求助于鼻盐来提神？有没有比维多利亚女性形象更可笑的怪物？有没有比这更侮辱智人尊严的事情？

但你能明白维多利亚女人(或与之大致相似的女人)存在于19世纪末的必然性。那个时代的上层阶级中，没有“非力气型”的工作可做，因为那些都让仆人们做了。至于其他选择，要么让她利用空余时间与男人一道去做男人的工作，要么让她无所事事。男人则坚决地让她无所事事(除去刺绣、弹钢琴这类消磨时光的工作)。他们甚至怂恿女人穿上妨碍身体行动的衣服，以至于她们难以走路、难以呼吸。

这样，留给她们的就只有极度的无聊了。这暴露了人性最糟的方面，也使她们变成了极不健全的人——甚至在性上面，因为人们谆谆教导她们说，性是肮脏和邪恶的。这样一来，她们的丈夫就可以到别处去寻欢作乐了。

但就在同一个时代，却没有人想到要把同样的玩具狗特征加在底层妇女身上。她们有大量的"非力气型"工作要做；同时，由于她们没有时间昏厥，没有时间修身养性，因此，女性气质做了必要的调整，并且她们不是通过昏厥，也不是通过修身养性来做到这一点的。

到美国西部拓荒的妇女不仅要整理房间、做饭、一个接一个地生孩子，而且如有必要，她们还要拿起枪杆抗击印第安人。我坚定地认为，在马匹需要休息、拖拉机正在擦亮时，她们还会被拴到耕犁上。而且这正是维多利亚时期的状况。

时至今日，在我们周围也可以看到这一切。有个根深蒂固的信条，那就是妇女连最简单的算术也不会。你知道，那些娇小可爱的人无论如何也算不出支票本上的收支平衡。我小的时候，银行出纳员全都是男性，就是这个缘故。但后来男性越来越难雇到，到现在，90%的出纳员是女性。很显然，她们终究能够把数字加起来，能够结算支票本上的收支平衡。

过去有段时间，护士全是男性。这是因为尽人皆知，对于这种工作，女人过于娇气，过于文弱。当经济条件使雇用女护士成为必要时，结果表明，她们竟没有那么娇气，没有那么文弱。（现在，护士是女性的工作，一个骄傲的男人是不屑去做的。）

一直以来，医生和工程师几乎都是男性——直至发生了某种社会变革或经济变革，这时候，女性气质做了必要的调整，比如在苏联，很多妇女成了医生或工程师。

沃尔特·司各脱爵士(Sir Walter Scott)众所周知的诗句对女人做了最准确的总结：

女人啊！在我们轻松愉快的时候，

迟疑，腼腆，难以取悦，

……

当疼痛和苦恼让我们皱眉的时候，

你就是救死扶伤的天使！

大多数女性认为这是对自己极为动人、极为精彩的赞美之词。但我认为它却毫无掩饰地揭示了一个事实，那就是当男人放松休息时，他需要一只玩具，当男人麻烦缠身时，他需要一个奴隶；而女人恰恰对每一个角色都是随叫随到的。

要是疼痛和苦恼让她皱眉，又如何呢？谁是她的救死扶伤的天使呢？哎，就是临时受雇的另一个女人。

但我们也不要滑向另一个极端。在妇女争取选举权的斗争中，大男子主义者说这将使国家遭到毁灭，因为女人没有政治灵感，只会受她们的男人(或她们的牧师，或任何油头粉面、伶牙俐齿的政治骗子)操纵。

另一方面，女权主义者说，当女性把她们的温柔、文雅和诚实带到投票站时，所有的贪污、腐败、战争都会随之消失。

妇女获得了选举权后，你知道发生了什么事吗？**什么也没发生**。结果表明，女性一点儿也不比男性笨，但一点儿也不比男性聪明。

将来会怎样？妇女会得到真正的平等吗？

如果基本条件继续维持下去——正如自从**智人**成为一个物种后就一直维持下来那样，妇女就不会获得真正的平等。男人不会自行放弃自身的利益。主人从来都不会这样做。有时他们不得不这样做,是因为他们受到了这种或那种激烈革命的逼迫;有时他们不得不这样做,是因为他们明智地预见到了即将到来的激烈革命。

个别男人也会纯粹出于正义感而放弃自身的利益,但这样的人总是少数,整个群体从来不会这样。

实际上,就当前情况来说,要求维持现状最强烈的人就是女性自己(至少是她们中的大部分)。她们充当该角色的时间太久了,以至于除掉束缚锁链会让她们感到手腕脚踝发冷。她们对微不足道的回报(摘下礼帽、伸出手臂、假笑媚眼,还有最重要的——做傻瓜的自由)习以为常,以至于不会拿这些去换自由。对于那些有独立自主心态、公然反抗奴隶制的女人,是谁反对得最厉害呢?当然是别的女人,为男人当内奸的女人。

即便如此,情况也将会改变,因为维持妇女历史地位的基本条件正在发生变化。

男女之间最首要的本质区别是什么呢?

首先,大多数男性比大多数女性个大体壮。

结果呢?如今又表现如何?强奸是一种犯罪,严重伤害身体也是一种犯罪,即使对象只是女性。它虽然没有让这类行为销声匿迹,但它防止了这类行为像过去那样成为男人的普遍游戏。

男人个大体壮在经济层面上有什么意义吗?女人是不是过于弱小,不能谋生?她是不是必须钻到男人提供的保护性脖枷里面,来换取猎物后腿之类的东西,不管这个男人多愚蠢、多讨厌?

无稽之谈!"力气型"工作正在逐渐消失,剩下的只有"非力气型"的了。我们不再用手挖沟,我们只需按动按钮,机器就去挖了。世界正在电脑化,如今根本就没有男人做得到而女人做不到的事情,像做文书、分类卡片、寻找联系人这些工作。

实际上,小巧更难能可贵。细小的手指可能恰恰是所需要的。

女人将渐渐懂得她们只需要以性易性、以爱易爱,再也不用以性易食了。我想象不出还有别的事情比这个变化更能体现性的崇高,更能迅速地消灭有辱人格的、"双重标准"的主奴关系。

我们再来看看第二种区别:女性受孕、生子、哺乳,男性却不。

我常听人说女人有"筑巢"的天性,她们确确实实**愿意**照顾男人,并为男人牺牲自己。在过去的环境条件下,这也许是对的,但现在呢?

随着人口激增越来越成为全人类所关注的问题,我们必须在20世纪内对新生儿问题逐渐形成一种崭新的态度,否则我们的文化就会消亡。

女人不一定生育,将成为常理。贤妻良母这一令人窒息的社会压力将被解除,它比解除经济压力的意义更为深远。由于避孕药的使用,解除生育负担无须放弃性关系。

这不是说女人**将不再**生育,而只是说她们将不再**被迫**生育。

实际上,我认为奴役女性与人口激增是相辅相成的。要把女人保持在从属地位,唯一让男人感到安全的方法就是使女人"赤脚和受孕"。假如女人只有低贱的重复性的苦力可做,那她就会一个接一个地生孩子,以此作为唯一的逃避。

另一方面,如果妇女真正得到了解放,人口激增就会自行停止。几乎没有哪个女性愿意用无数个孩子来换取自己的自由。请先不要急着说"不";女性自由从来就没有真正尝试过,但妇女社会地位最低的地方,出生率却最高,这必须值得我们注意。

我预测,到了21世纪,妇女将在人类历史上第一次获得彻底的解放。

我也不怕作出相反的预测:任何事物都是循环往复的;妇女解放这

一显然的趋势,结果却倒退回一种新维多利亚主义。

结果可以循环往复,这不错;但只有在条件循环往复的情况下,才会发生。目前的基本条件是不可逆转的,除非爆发世界范围的热核战争。

要使单摆重新摆回到女奴制,必须增加只有男性才胜任的"力气型"工作。如果没有男人为女人工作,她们肯定会再次为饥饿而恐惧。说实话,你认为在没有全球性灾难的情况下,当前电脑化与社会安定的大趋势会走回头路吗?

要使单摆重新摆回去,必须对大家庭和众多子女有永不间断的渴望。没有其他方式能让女人高度满意自己的奴隶地位(或让她们忙得不可开交,这也是同样的道理)。考虑一下我们目前的人口激增以及2000年的远景,你真的认为妇女会投身于养育一个又一个孩子中去吗?

所以,妇女走向自由的大趋势不可逆转。

现在这已经开始,已是既成事实。你是否认为,当今时代越来越开放的性自由(几乎遍及世界各个角落)只是暂时的道德败坏,政府稍加干预就可恢复我们祖先纯洁的美德?

请不要相信这个。性和生育已经脱离,而且这种情况还将继续下去,因为性是压制不住的,生育也是不可能被怂恿起来的。把票投给你喜欢的人吧,但"性革命"将继续进行。

或者,考虑一下某些显见的琐事,像男人蓄长发这个新时尚(我自己就刚刚留起了一把绝佳的连鬓胡子)。当然,具体情况会有所不同,但它的确说明了两性之间细微差别的消失。

正是这一点烦扰着拘泥不化者。我听他们一遍遍地抱怨,说某个长发男孩看上去就像女孩一样。他们接着说:"你再也不能把他们区分开了。"

我一直搞不明白，一眼就能辨别男女为什么就那么重要，除非你有什么私人目的，而其中性别很关键。一瞥之间，你不能分辨出某个人是天主教徒、新教徒还是犹太教徒，不能分辨出他或她是个钢琴家还是打纸牌的人，是工程师还是艺术家，是聪明还是愚蠢。

假如相隔几条街一瞥就能辨别性别**果真**非常重要，那为什么不用自然特征呢？自然特征**绝非**长发，因为在每种文化中，两性的头发都大致等长。但另一方面，男人脸上总比女人多毛，有时这种差别还特别大（我可怜的妻子，她即使很努力，也长不出连鬓胡子）。

那么，是不是所有的男人都该留胡子？但恰恰是那些反对男人留长发的拘泥不化者，也同样反对留胡子。任何改变都让他们心神不安。所以，当有必要进行变革时，对那些拘泥不化者必须置之不理。

但是，**为什么**人们盲目崇尚男人留短发女人留长发，以及类似的男人穿裤子女人穿裙子、男人穿衬衫女人穿肥上衣呢？为什么要用一系列的人为特征来夸大自然特征呢？为什么差别的模糊化会使人感到不安呢？

男女两性在衣着和发型上鲜明却华而不实的区别，是不是主奴关系的另一种表现呢？任何主人都不想在任何距离被人误认为奴隶，也不想把一个奴隶错当成主人。在奴隶社会，奴隶总是被仔细地标记起来的（中国清朝时期用辫子*，纳粹统治德国时用黄色的大卫王之星，等等）。我们自己往往忘记了这一点，因为我们最显著的非女性奴隶拥有特别的肤色，几乎不需要用别的东西加以标记。

在即将到来的性别平等的社会，两性间的人为差别将变得很模糊。其实，这种模糊化已经开始。其结果如何呢？某个男孩知道谁是与他要好的女孩，反之亦然；但如果别人不处于这个关系中，他或她又

---

* 作者在此处认识有误。——译者

怎么关心谁是谁呢?

我认为,我们逆转不了这个潮流,所以我们应该加入进去。我甚至觉得,这很可能是发生在人类身上的最美妙的事情。

我认为,希腊人在某种程度上**真的**很正确,平等相爱的确要好得多。果真如此的话,为什么不加快步伐,让我们以最佳方式异性相爱呢?

后　　记

我为上面这篇随笔感到骄傲。1969年,女权运动还处于初始阶段。弗里丹(Betty Friedan)的《女性的奥秘》(*The Feminine Mystique*)1963年才刚刚出版,它是把女权运动推向高潮的主要因素。但我没有等待。我一直在为受压迫的人说话,不论任何种族、任何性别。

我很高兴收到一位女性的来信,她说她抱着最强烈的怀疑态度读了这篇随笔,并等待着我的信念开始软化,但令她惊讶的是,这事从未发生过。

诚然,我就是如此赞美女性的,以至于在那个年代,人们经常指责我把她们当成了发泄性欲的对象,但我总是以痛心颤抖的声音回应说:"那就让她们把我也当成发泄性欲的对象好了,这样我们就实现了两性平等。"

顺便说一句,我从未收到过一封信,反对我写作远离科学主题的科学随笔,就像这篇——但人们也把社会学当成科学,不是吗?

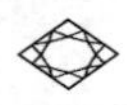

勒克桑墙

你没想到《纽约时报》(*New York Times*)会提到我的科学随笔吧？*嗯,它提到了,我那篇文章写的是,达到或超过光速是不可能的。此文刊出后,出现了大量关于超光速粒子的谈论,我忽然间似乎成了一个思想守旧的人,物理学的进展已经跨越了我错误地以为不可逾越的界限,这搞了我一个措手不及。

至少这是《纽约时报》描述我的样子。更糟糕的是,他们引用了我的真挚老友克拉克(Arthur C. Clarke)**的话,以及他写的一篇题为《是可能的,仅此而已》(Possible, That's All)的反驳文章。从引用的方式来看,似乎他们认为,克拉克比我更有远见。

幸好我是一个宽容的人,没有被这些事情搞得情绪失常,耸耸肩就过去了。再一次见到克拉克时,我们还是最好的朋友,如果不去计较我在他的小腿上踢了一脚的话。

无论如何,我不是一个思想守旧的人,为了证明这一点,现在我对情况进行更详细的解释。

---

* 想一下吧,为什么没有想到?

** 他比我大3岁。我以前曾偶尔提起过。

让我们先从一个方程开始吧！它是荷兰物理学家洛伦兹(Hendrik Antoon Lorentz)于1890年首先提出的。他本来想，这个方程只专门适用于带电荷的物体，但后来爱因斯坦把它融入了狭义相对论，显示它适用于所有的物体，不管它们是否带电。

我**不想**给出洛伦兹方程的通常形式，而是稍加改变，其目的你最终会明白的。改变后的方程如下：

$$m = k\sqrt{1-(v/c)^2} \qquad (1)$$

在(1)式中，m 表示所讨论的物体的质量，v 表示相对于观察者的运动速度，c 是光在真空中的速度，k 是与所讨论的物体有关的常数。

下一步，假设物体以十分之一的光速运动，亦即 $v = 0.1c$。在这种情况下，(1)式右边分数的分母就成为：$\sqrt{1-(0.1c/c)^2} = \sqrt{1-0.1^2} = \sqrt{1-0.01} = \sqrt{0.99} = 0.995$。因此(1)式便成为：$m = k / 0.995 = 1.005k$。

对同一物体逐渐增加速度，比如说，速度为 $0.2c$，$0.3c$，$0.4c$ 等，我们可以用同样的方式进行计算。我不想再用计算使你厌烦，但将计算结果列举如下：

速度	质量
0.1 c	1.005 k
0.2 c	1.03 k
0.3 c	1.05 k
0.4 c	1.09 k
0.5 c	1.15 k
0.6 c	1.24 k
0.7 c	1.41 k
0.8 c	1.67 k
0.9 c	2.29 k

正如你所看到的，如果洛伦兹方程是正确的，它表明，当任何一个物体的速度增加时，物体的质量也持续地增加（而且越来越快）。这一见解最初提出时，似乎完全违背常识，因为质量的这种变化从未测出来过。

然而，未能测出来的原因是基于这样的事实：c值按通常的标准极大，达到每秒约30万千米。如果速度只有光速的10%，物体的质量比速度为每小时97千米（比如这样假设）时的质量增加5‰，这样的增幅，理论上很容易测出来。可是，“只有”光速的$\frac{1}{10}$的速度（$0.1c$）仍然有每秒约3万千米，或每小时超过10 783万千米。换句话说，为了得到可以测得出的质量变化所必须达到的速度，完全超出了19世纪90年代科学家的经验范围。

不过，几年后发现了从放射性原子核中迅速逃逸出来的亚原子粒子，它们的速度有时达到光速的几分之一。它们在不同速度下的质量能够十分准确地测量出来，而且极为精确地符合这个洛伦兹公式。实际上，迄今还没有发现任何物体在任何测出来的速度下违反洛伦兹公式。

因此，我们必须承认，洛伦兹公式在它所描述宇宙的方面，是宇宙的真正代表，至少在进一步报道之前是这样。

现在，我们接受了洛伦兹公式，再让我们问自己一些问题。首先是k表示什么呢？

为了回答这个问题，考虑一下相对于观察者静止的物体（任何有质量的物体）。在这种情况下，它的速度为零。由于$v = 0$，因此$v/c = 0$，$(v/c)^2 = 0$，因而$\sqrt{1-(v/v)^2} = \sqrt{-0} = \sqrt{1} = 1$。

这表明，当物体相对于观察者静止时，洛伦兹公式变成$m = k/1 = k$，所以我们的结论是，k表示相对于观察者静止时物体的质量。通常称它为“静质量”，用符号m_0代表。我们把洛伦兹公式写成它的常见形式：

$$m = m_0 / \sqrt{1-(v/c)^2} \qquad (2)$$

下一个问题是：如果物体的行进速度高于前面表中的最高速度，会出现什么情况呢？假设物体相对于观察者以1.0c的速度行进，换句话说，物体按光速运动。

在这种情况下，洛伦兹公式的分母成为 $\sqrt{1-(c/c)^2} = \sqrt{1-1^2} = \sqrt{1-1} = \sqrt{0} = 0$。对于一个以光速行进的物体，洛伦兹公式就变成了 $m = m_0/0$，如果数学中有一件不允许的事，那就是用零来除。所以，对一个具有质量，并以光速行进的物体来说，洛伦兹公式在数学上是没有意义的。

那么，让我们偷偷地接近光速，而不是突然地达到光速。

在(2)式中，若在0.9c的基础上继续增加v值，但永远保持小于1.0c，则分母的值持续接近于零。这样，m值越来越大，而且没有极限。不管m_0为何值，只要它大于零，这都是千真万确的。(请你自己试一试，计算v等于0.99c，0.999c，0.9999c时的m值，只要你有耐性继续下去。)

我们用数学语言说，对于任何分数$c = a / b$，只要a大于零，在b趋近于零时，则c无限增加。简而言之(严谨的数学家对此不以为然)，$a/0 = \infty$，这里，∞表示无限增大或“无穷大”。

因此我们可以说，任何具有质量(不管多么微小)的物体，当它的速度(相对于观察者)接近于光速时，它的质量趋近于无穷大。

这就表示，物体不能真正达到光速(虽然它可以以无限小的差值接近光速)，也必定不能超过光速。可以用下列两种方式之一进行论证。

一个具有质量的普通物体，要把它从已有的速度提高到更快的速度，我们所知的唯一方法就是施加力，使它产生加速度。然而，在力的大小一定的情况下,物体的质量越大,产生的加速度就越小。因此,当质量趋近于无穷大时,无论施加多大的力,所能达到的加速度都接近于零。所以,当质量为无穷大时,不能使物体行进得比原有速度更快。

第二种论证方式如下:一个运动中的物体具有动能,我们可以设定它等于$mv^2/2$,在这里,m为质量,v为速度。如果把力施加于物体而使它的动能增加,那么,能量的增加可以归因于v的增加,或归因于m的增加,或归因于v和m的同时增加。在普通的、日常的速度下,可测量的全部能量增加都是速度引起的,所以我们(错误地)假设在所有的条件下,质量保持恒定不变。

实际上,虽然施加力的结果,是使速度与质量两者都增加,但是,在通常的速度下,质量的增加极其微小,测量不出来。然而,当相对于观察者速度增加时,施加的力所导致的能量的增加,用于增加质量的比例越来越大,而用于加快速度的比例越来越小。在速度非常接近于光速时,能量的增加几乎全部都以质量增加的形式表现出来,而几乎没有一点以速度加快的形式表现出来。这里所强调的是,物体的速度最终不能达到光速,更不用说超过光速了。

不要问为什么,宇宙就是这样构筑的。

不过,我希望你注意,当讨论物体在光速下质量成为无穷大时,我迫于生活中严酷的数学事实,只好勉强地说道:“不管m_0为何值,只要它大于零,这都是千真万确的。”

当然,构成我们的身体和器具的一切粒子,包括质子、电子、中子、介子、超子等,都具有大于零的静质量,所以,这个限制似乎没有太大的必要。事实上,人们通常说“不可能达到或超过光速”时,用不着明确地讲该物体必须具有大于零的静质量,因为无论如何,几乎一切事物都是如此。

我那篇随笔《是不可能的,仅此而已》(Impossible, That's All)就忽略了对此作出限制，给了别人可乘之机，认为我思想守旧。如果现在把这个限制包括进去，那么，我在文章中所说的一切都是完全正确的。

现在，让我们的讨论继续往下进行，考虑m_0不大于零的物体。

例如光子，一种电磁辐射的“粒子”，包括可见光、微波、伽马射线等。

关于光子，我们都知道哪些呢？首先，光子始终具有一定的能量，能量的大小介于0与∞之间。正如爱因斯坦所指明的那样，能量相当于质量，它们之间的关系，可用$E = mc^2$来表达。这意味着，任何一个光子都可以赋予一个质量值，它的大小可以用这一方程式进行计算，也介于0与∞之间。

关于光子，我们所知道的另一件事是，它们以光的速度（相对于观察者）运动。其实，光有这个速度就是因为它是由光子构成的。

既然我们知道了这两件事，就让我们把（2）式转换为另一种相当的形式吧：

$$m\sqrt{1-(v/c)^2} = m_0 \quad (3)$$

对于光子，$v = c$，现在我们立刻可以看出，这意味着（3）式对一个光子而言成为：

$$m(0) = m_0 \quad (4)$$

如果光子是有质量的普通物体，而且以光速行进，它的质量m将是无穷大。（4）式就变成了$\infty \times 0 = m_0$，在数学上不允许这样的方程式存在。

可是，一个光子可以被赋予一个介于0和∞之间的m值，尽管它以光的速度行进。把0和∞之间的任何一个值赋予m，（4）式中的m_0值都等于零。

这表明,光子的静质量m_0等于零。换句话说,如果静质量为零,一个物体就能够以光的速度运动。

(由此,应当可以解决那些通信者不断问我的问题。他们以为发现了爱因斯坦原理逻辑上的瑕疵,说:"如果无论何物以光速运动,都具有无穷大的质量,那为什么光子却没有无穷大的质量呢?"答案是,对于静质量为零的粒子与静质量大于零的粒子,必须严格区分。但别以为没事了,不管我多么频繁地解释,通信者还将继续问这个问题。)

让我们进行讨论。假设一个光子以**低于**光的速度行进。在这样的情况下,(3)式中平方根下面的数值应当大于零,再被数值大于零的m相乘。两个大于零的数值相乘,它们的乘积(这里为m_0)必定大于零。

这表明,如果一个光子以低于光的速度(不管与光速相差多么微小)行进,它的静质量就再也不会等于零。如果它以高于光的速度行进,不管与光速相差多么微小,结果也是如此。(速度超过光速时,你将看到方程式所表现出的滑稽可笑的形式,但有一件事不能被滑稽所遮掩,那就是静质量再也不等于零。)

物理学家坚称,对于任何给定的物体,静质量必须恒定不变,因为只有这样,他们所测量的一切现象才有意义。光子的静质量为了保持恒定(亦即永远为零),它在真空中必须**始终**按光速运动,不差毫厘。

当一个光子刚生成时,它**立即**(没有任何可测量的时间间隔)开始以每秒大约300 000千米的速度离开原点。这似乎自相矛盾,因为它暗示着有一个无穷大的加速度,进而有一个无穷大的力,但请打住——

把作用力、质量与加速度联系在一起的牛顿第二定律,只适用于静质量大于零的物体,而不适用于静质量等于零的物体。

因此,如果在通常的环境中向通常的物体注入能量,它的速度增加;如果把能量减掉,它的速度降低。但如果把能量注入光子,它的频率(与质量)增加,但速度保持不变。如果把能量减掉,它的频率(与质量)降低,但速度仍然保持不变。

然而,假如这一切都是正确的,那么,把光子和"静质量"联系在一起似乎就是一种拙劣的逻辑,因为这暗示了光子在静止时所具有的质量,但光子永远不会处于静止状态。

比拉纽克(O. M. Bilaniuk)和苏达山(E. C. G. Sudarshan)*提出了另一个术语,叫做"固有质量"(proper mass)。一个物体的固有质量是恒定的质量值,是物体固有的,不取决于速度。对于通常的物体,这一固有质量等于物体静止时能够测量出来的质量。至于光子,它的固有质量可通过推理来确定,而无法直接测量。

光子并不是唯一能够而且必须以光速行进的物体,固有质量为零的任何物体都能够而且必须这样。除了光子之外,人们认为至少有5种不同粒子的固有质量为零。

其中包括基于假设的引力子,它传递引力,于1969年最终可能被发现。

另外4种是各种中微子:1)中微子本身,2)反中微子,3)μ子中微子,4)μ子反中微子。

引力子和所有的中微子能够而且必须以光速行进。比拉纽克和苏达山建议把这些以光速行进的粒子归并在一起,称为"勒克桑"(luxons),它是从拉丁文"光"衍生来的。

所有固有质量大于零的粒子,不能达到光速,必须一直而且永远以较低的速度行进。这些粒子归并在一起,称为慢子或亚光速粒子(tar-

---

* 参见题为《光垒外的粒子》(Particles Beyond the Light Barrier)的文章,发表在《今日物理学》(*Physics Today*)杂志1969年5月号。对于有需要的读者,我将随时提供参考文献。

dyon)。他们进一步提出，慢子始终以亚光速(比光速慢)行进。

现在，我们如果对不可想象的事情进行想象，不妨考虑一下粒子处于“超光速”(比光更快)状态，情况将会怎样呢？1962年，比拉纽克、德什潘德(Deshpande)和苏达山严格遵循相对论原理(与单纯的科幻小说式的猜想相反)，首先完成了这项工作。随着1967年范伯格(Gerald Feinberg)发表类似的讨论文章，这样的工作最终成了重要新闻。(是范伯格的著作激发了《纽约时报》上的讨论。)

假设粒子以2c的速度行进，即两倍于光的速度。这里，v/c就成了$2c/c$或2，$(v/c)^2$成了4。$\sqrt{1-(v/c)^2}$这一项就成了$\sqrt{1-4}$，亦即$\sqrt{-3}$或$\sqrt{3}\cdot\sqrt{-1}$。

由于$\sqrt{-1}$通常用i来表示，并且$\sqrt{3}$大约等于1.73，因此我们可以说，对于以两倍于光的速度行进的粒子，(3)式就成了：(5)

$$1.73\,mi = m_0$$

任何含有i(即$\sqrt{-1}$)的表达式都是虚数的，这是一个拙劣的名称，但无法除去。

如果你随便试举几个例子，你自己就会明白，任何以超光速行进的物体，其固有质量都为虚数。

在我们自己的亚光速宇宙中，虚质量在物理学上没有意义，所以，很久以来我们已经习惯于立即舍去超光速，并且说，比光快的粒子是不可能存在的，因为没有虚质量这样的东西。我以前就曾这样说过。

但虚质量真的没有意义吗？或者是不是说，用mi表示的质量，仅仅是一种用数学方式来表达一组规则的结果，这组规则与我们所习惯的规则完全不同，但**仍然**遵守爱因斯坦狭义相对论的要求？

例如，在运动项目中，诸如棒球、橄榄球、篮球、足球、冰球等，得到较高分数的参赛者就是赢家。然而,从这一点出发,你就能说,得分较低者取胜的运动是不可想象的吗?高尔夫球怎么样?任何比赛技巧的运动,其基本出发点是,在参赛者中谁完成了更困难的工作谁就赢,更困难的工作通常意味着更高的分数,但在高尔夫球,却意味着更低的分数。

同样,为了遵守狭义相对论,一个具有虚静质量的物体的行为,对我们来说一定是荒谬的,因为我们习惯于具有实的静质量的物体。

例如,对于具有虚静质量的物体,如果它的能量增加,则速度**减慢**;如果能量减低,则速度**加快**。换句话说,施力于虚静质量的物体,物体的速度会减慢,而当它遇到阻力时,速度会加快。

此外,这样的粒子在能量、速度减慢时,决不会大幅度地减慢到低于光速。在光速时,它们的质量是无穷大。当它们的能量降到零时,它们的速度可以无限增大。一个具有零能量和虚静质量的物体,将有无穷大的速度。这类粒子的运动,总比光快,范伯格建议称之为“快子”(tachyons,从希腊文的“快”衍生而来)。

好啦,亚光速宇宙是低于光速的,速度的可能范围,是从零能量时的0到无穷大能量时的c;超光速宇宙是高于光速的,速度的可能范围,是从无穷大能量时的c,到零能量时的∞。在两个宇宙之间的是勒克桑宇宙,在任何能量下,可能的速度都只局限于c,不能高也不能低。

我们可以这样认为,整个宇宙被一个不可突破的墙分割为两大部分。一边是亚光速宇宙,另一边是超光速宇宙,在它们之间是无限薄而又无限坚固的勒克桑墙。

在亚光速宇宙中,大多数物体只有很小的动能。高速度的物体(例如宇宙线粒子)有非常小的质量,而大质量的物体(例如恒星)有非常低的速度。

超光速宇宙很可能也是这样。速度相对较慢(仅比光速快一点)因而能量巨大的物体,必定具有非常小的质量,同我们的宇宙线粒子不会有太大的差别。大质量的物体有非常小的动能,因此有极高的速度。例如,超光速的星可能以数万亿倍于光的速度运动。这意味着,星球的质量在极微小的时间间隔内分布在非常大的距离范围。因此,在任一地点任一时间只存在极少极少的部分。

两个宇宙只可能在一个地方互相冲击、互相察觉,这就是勒克桑墙,这就是它们相遇的地方。(两个宇宙的共同之处是它们都有光子、中微子和引力子。)

如果快子充满足够的活力,因此运动得足够慢,那么,它就很可能有足够的能量,并在某处慢慢度过足够长的时间,以产生可检测到的光子爆发。科学家正在等待着光子爆发的机会,但是,只有仪器刚好精确地对准光子爆发的方位,才能观察到持续时间只有或不到十亿分之一秒的光子爆发(还可能非常少见),这样的概率不会很高。

当然,如果不靠加速越过勒克桑墙——这是不可能的(仅此而已),而是采用较为间接的方法,我们想知道是否存在突破勒克桑墙的可能性。能否以某种方法把亚光速粒子转变为快子(可能借助于光子),因此你发现自己从未穿墙而过就突然从墙的一边转移到了另一边呢?(正如合并亚光速粒子而产生光子一样,没有经过加速,突然间就有了以光速行进的物体。)

向快子的转变相当于进入"超空间",一个让科幻小说的作者感到亲切的概念。一旦置身于快子宇宙,一艘宇宙飞船具备的能量原来只够维持它以远低于光的速度运动,这时候发现它本身的速度是光速的许多许多倍(用相同的能量)。它可以在比如说3秒内到达遥远的星系,然后自动回到亚光速粒子宇宙,即我们自己的宇宙。这与我在自己的科幻小说中经常谈论的星际"跳跃"是同一回事。

关于这一点，我有一个想法，据我所知，这想法完全是我的独创。它不是根据任何物理学定律考虑出来的，而纯粹是直觉；它的产生只因为我相信，宇宙压倒一切的特征是对称性。压倒一切的原理是令人惊恐的教旨"你不能赢！"。

我想，每个宇宙都把自己视为亚光速粒子宇宙，而把另一方视为快子宇宙。因此，对于一个来自第三方的观察者（可以说，栖身于勒克桑墙的顶上）来说，好像勒克桑墙把一对完全相同的孪生儿分开一样，真的。

如果我们设法把一艘宇宙飞船转换到快子宇宙，按新的量度，我们将发现自己（我凭直觉感到）仍然在以亚光速的速度行进，而回头看我们刚刚离开的宇宙，那才是超光速的。

如果是这样，那么，**无论**我们**做什么**，快子以及其他一切，包括达到或超过光速，仍是不可能的，仅此而已。

后　记

这是一篇我由于感到懊恼而创作的随笔。在引言中我解释了写作原因，主要是我的好朋友、好伙伴克拉克让我看起来像是一个思想陈旧的老保守。嗯，我不应该作出那样的反应，不应该让自己出于一时冲动去写一篇关于快子的文章，这样做只是为了证明我也是一个赶时髦的活跃分子。

我应该坚定我的信念，快子是数学神话而不是物理现实。毕竟，从人们第一次提出它们存在的可能性起，至今已有20年。在这20年中，没有出现过一丁点儿从可能性转变为现实的证据。更糟的是，它们的存在会推翻因果关系原理，几乎没有科学家愿意承认快子是可能存在的，即使在理论上。

可是我设法挽救了一件事。我猜想有两个宇宙，一个是亚光速粒子的宇宙，另一个是快子的宇宙，而无论你居住在哪一个宇宙，都像是亚光速粒子的宇宙。允许超光速运动，似乎总是另一个宇宙。我意外地接到一封信，寄自快子理论的发明者，他告诉我说，我的直觉的确是正确的，事情就是这样的。

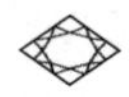

庞培与命运

理性主义者的处境很艰难,因为按通行的观念,他们有义务“解释”一切事情。

其实这不对。理性主义者主张,事情得到解释的正当途径是通过推理——但在某个特定的历史时刻,或根据某些有限的资料,这种方式却不足以保证能够对某一特定的现象作出解释。*

然而,人们曾多少次向我(或任何理性主义者)描述某件古怪的事情,并挑战说:“你如何解释?”其中暗藏的玄机是,假如我不能立即给提问者一个满意的解释,那么就可能使人认为整个科学的框架结构需要推翻。

这样的事情也曾在我身上发生过。1967年4月的一天,我的车坏了,必须拖到车铺去修理。在过去的17年里,我开过各种各样的车,这是我有生以来第一次不得不蒙受拖车的羞辱。

你猜同样的事情第二次出现是在什么时候?——就在同一天,两小时之后,不过那是出于完全不同的原因。

---

* 实际上,神秘主义者才有义务解释**一切事情**,因为他们不需要别的,只需要想象和词语——随机拿出来的任何词语。

17年间从来没有拖过车，然后就赶上同一天接连拖了两次！这个现象你该如何解释呢，阿西莫夫博士？（是莫名小精灵，还是复仇之神，还是外星人的阴谋？）

第二次出故障时，我甚至还大声向沉着的汽车修理工讲述了所有三种可能性。他的理论（他也是个理性主义者）是，我的车太旧了，到该散架的时候了。于是我就买了一辆新车。

这个问题我们可以这样看：对于地球上的每个人来说，每天都发生大量的事件，这些事件有大有小，还有微不足道的，而且它们当中的每一个都有某种发生概率，虽然我们并不总是能够确定每种情况下的准确概率。然而，我们可以想象，平均来说，每1000个事件中的一个只有千分之一的发生机会，每100万个事件中的一个只有百万分之一的发生机会，依此类推。

这意味着，我们每个人经常经历某些概率非常低的事件，这是概率的正常结果。假如有人在相当长的时期内，没有经历过不寻常的事，那才是特别不同寻常的呢。

假如我们不把自己局限于一个单一的个体，而是考虑一下曾经生活过的所有生命，那么，事件的数目就会增加大约600亿倍。于是，我们可以假定，某件事在某时某刻发生在某人身上的不可能性，是该事正发生在另一个特定的人身上的600亿倍。然而，即使这样的事件也无需解释。它是我们正常的宇宙正常运转的一部分。

举个实例？我们都曾听说过发生在某人二表哥身上的偶然事件，那些与非常不寻常的运气联系在一起的偶然事件，以至于我们**必须**承认存在心灵感应、飞碟、撒旦，或者**别的什么东西**。

我也来说一件事吧。这事不是发生在我二表哥身上，而是发生在过去一位著名的人物身上，他的生平事迹有非常详细的文献记载。在他身上发生了某件很不寻常的事情。我在翻阅各种繁杂的相关历史资料时,发现从来没有人专门指出来过。所以,我将着重向你讲述此事,它比我见过的任何事情都更加不寻常,更加匪夷所思。但即使这样,它仍然不能动摇我对至高无上的理性宇宙观的信念。请看——

事件里的人物叫庞培乌斯(Gnaeus Pompeius),对讲英语的人们来说,比较熟悉的名字是庞培(Pompey)。

庞培生于公元前106年,他生命中前42年的特点是始终如一的好运气。噢,我敢说,有时他绊过脚,不顺利时也受过消化不良之苦,还在角斗士赌赛中输过钱,但在他生涯的主要方面,他一直跟胜利沾边。

庞培出生的年代,正是罗马饱受内战和社会动荡折磨的时候。非罗马公民的意大利联盟揭竿而起,反抗拒绝授予他们公民权的罗马贵族的统治。另外,由于罗马当时已经完成了对地中海地区的掠夺,下层阶级因此受到紧缩经济的重压,也起来与占有大部分战利品的元老们进行斗争。

庞培十几岁时,他父亲正想方设法来小心应对这个危险的形势。老庞培曾是共和国的一位统帅,公元前89年担任过执政官,打败了意大利非罗马公民,并举行了凯旋式。然而,他不是贵族出身,还试图与激进派达成妥协。这使他陷入了真正的困境,因为他已将自己置于双方都不信任的境地。公元前87年,他死于蔓延于整个军队的瘟疫。

年仅19岁的青年庞培没了父亲,可在内战的双方中,他拥有从父亲那里继承下来的敌人。

他不得不进行选择,不得不谨慎地选择。当时的罗马是激进派的天下,而远在小亚细亚,保守派统帅苏拉(Lucius Cornelius Sulla)正在同罗马的敌人开战。

由于拿不准哪一方将获胜,庞培表现出低姿态,销声匿迹了。但是,当他听到苏拉从小亚细亚得胜还朝的消息时,便作出了决定。他断定胜者很可能是苏拉，于是立即把那些曾效力于他父亲的士兵纠集起来，匆忙拼凑成一支军队，旗帜鲜明地宣称站在苏拉一边，开始同激进派作战。

那就是庞培第一个突如其来的好运，他支持了该支持的人。苏拉于公元前83年抵达意大利，立即开始取得胜利。到公元前82年，他消灭了意大利境内最后一支反抗力量，马上使自己成为独裁者。此后3年中，他在罗马是绝对的权威。他重组了政府，将元老院贵族们牢牢地掌握在手心之中。

庞培从中得到了好处，因为苏拉原本对他就十分感激。苏拉把庞培派到西西里，接着又派到非洲，去征讨仍然忠于激进派一方的散兵游勇。他顺利地完成了任务，没有遇到任何麻烦。

得胜不费吹灰之力，庞培的手下欢天喜地，以至于拥戴庞培为“大帝”，于是他便被称为格涅乌斯·庞培乌斯大帝——唯一一位冠有绝对非罗马姓氏的罗马人。后来的史书说，他得到这个姓氏是因为他与亚历山大大帝在体格上惊人地相似，但这种相似可能仅存于庞培自己的想象中。

非洲大捷后，苏拉命令庞培解散军队，但庞培抗命不遵，宁可与忠于自己的人在一起。通常，人们丝毫都不敢违背苏拉的意愿，因为即使早餐前下令处死几十个人，他也不会对此有任何形式的懊悔。但庞培进而娶了苏拉的女儿，这件事显然讨好了苏拉，使苏拉不但承认了这个年轻人“大帝”的称号，而且在公元前79年竟然允许他举行凯旋式，虽然庞培还没达到有资格举行凯旋式的最低年龄。

几乎就在此后不久，苏拉认为自己完成了使命，就从独裁者的位置上隐退了。庞培的一生至此还没有遇到什么挫折，他已经有了相当响亮的名声（它建立在轻而易举的胜利基础上）。不仅如此，他还在贪得无厌地攫取更多轻而易举的胜利。

苏拉死后，罗马将军李必达(Marcus Aemilius Lepidus)转而反对苏拉的政策，保守的元老院立即派军队攻打他。元老院军队由卡图鲁(Quintus Catulus)率领，庞培是副将。直到此前，庞培一直都支持李必达，但他又一次及时地把赌注押在获胜的一方。卡图鲁轻松地击败了李必达，庞培想方设法揽到了大部分功劳。

这时候西班牙出了麻烦，因为那里是激进主义的最后堡垒。在西班牙，激进派将军塞多留(Quintus Sertorius)独霸一方。西班牙在他的统治下几乎脱离了罗马的控制，而且还有个开明政府，因为塞多留是个高效且宽厚的管理者。他善待西班牙土著，创立了可接纳土著人的元老院，还开办学校，使他们的年轻人接受罗马式的训练。

几个世纪来以勇猛顽强的勇士闻名于世的西班牙人，自然全心全意地站在塞多留一边进行战斗，击败了苏拉派来的多支罗马军队。

公元前77年，因卡图鲁轻松击败李必达而笼罩在光环下的庞培，自告奋勇去西班牙对付塞多留，元老院自然非常乐意。于是，庞培领军出征西班牙。途经高卢时，他遇到士气低落的李必达残部。此时李必达本人已死，留下的军队由布鲁图斯(Marcus Brutus，其子日后成了一个著名的刺客)统领。

对付这支支离破碎的队伍没有遇到任何麻烦。庞培说，假如布鲁图斯投降，就会给他留下一条活命。但布鲁图斯投降后，庞培马上就将他处死了。又是一次轻而易举的胜利——以欺骗手段获得的胜利，庞培因此声名鹊起。

他继续向西班牙进发。在西班牙，顽强的罗马老将军庇乌(Metellus Pius)在对付塞多留上不成功。庞培怀着极度的虚荣心，自告奋勇接过了这项任务。塞多留是庞培遇到的第一位真正的统帅，他马上就给了这个年轻人沉重一击。要不是庇乌带领援军及时赶到，塞多留不得不退兵的话，此时此地庞培的声誉可能就彻底毁掉了。庞培马上声称这是一场胜利,功劳当然是他的,他的运气因此得以保持。

此后5年,庞培留在西班牙,继续设法对付塞多留,5年中他连遭败绩。但突如其来的好运,就是那种从未让庞培失望过的好运,再次从天而降,因为塞多留被人暗杀了。塞多留死后,西班牙的抵抗运动土崩瓦解,庞培得以迅速取得又一场轻而易举的胜利,并在公元前71年返回罗马时,声称他已经彻底收拾了西班牙的混乱局面。

难道罗马没有注意到他花了5年的时间吗?

没有,他们没有可能去注意。因为庞培在西班牙的整个时期,意大利本身正经历着极为严峻的困难,他们根本没有机会去关注西班牙的局势。

一伙角斗士在斯巴达克(Spartacus)的带领下揭竿而起,很多被剥夺了自由的人,成群结队地加入到斯巴达克的行列。两年间,斯巴达克(他是一个技术高超的斗士)打败了罗马派来对付他的所有军队,吓得贵族们个个胆战心惊。在势力的巅峰期,他麾下有9万军队,几乎控制了整个意大利南部。

公元前72年,斯巴达克向北杀出一条通向阿尔卑斯山区的血路,打算远离意大利,到北部荒蛮之地寻求永久的自由。但是,他的部下被初期的胜利冲昏了头脑,更愿意留在意大利,以便获取更多的财物。斯巴达克不得不回头向南进军。

这时候,元老们把军队交给了克拉苏(Marcus Licinius Crassus)——罗马最富有、最狡猾的商人。在两次战役中,克拉苏设法击败了角斗士军队,而且还在第二次战役中杀死了斯巴达克。正当克拉苏完成了最为艰巨的任务时,庞培带领西班牙军队赶回来,迅速扫清了无心恋战的残部。他立即成功地声称,他才是在刚处理完西班牙的事务后,镇压了角斗士暴乱的人。结果,庞培得到批准举行凯旋式,而可怜的克拉苏却没有得到批准。

然而，元老院开始紧张起来，他们拿不准自己是否信任庞培。他赢得了太多的胜利，他受欢迎的程度也完全太过分了。

他们也不喜欢克拉苏（没有人喜欢他），克拉苏即便拥有那么多财富，也不是贵族家庭的成员。社会高层元老院的轻视怠慢，令克拉苏越来越感到愤怒。他开始讨好地位显赫的乐善好施者，也开始讨好庞培。

庞培一向对讨好有求必应，此外，他对获胜方的嗅觉也从未出错。公元前70年，他和克拉苏同时竞选执政官（每年选出两个执政官），双双获胜。为了削弱元老院贵族在政府中的势力，克拉苏刚一执政，就开始废除苏拉10年前作出的改革措施。庞培，这位曾经全心全意支持苏拉（在当时是明智的做法）的人，改变立场转而顺从克拉苏，虽然他并不总是心甘情愿的。

然而，罗马还存在着纷争。尽管西部地区已经彻底平静下来，来自海上的危险却依然存在。罗马的征讨虽然摧毁了东方比较稳固的旧政权，但还没来得及建立起任何同样稳定并可以替代它们的新政权，致使海盗在整个地中海东部猖獗一时。很少有船只能安全通过那个地区，尤其是罗马自身的谷物供应变得非常不可靠，以至于粮食价格暴涨。

罗马人清剿海盗的尝试不成功，部分原因是受命执行任务的统帅从来没有被授予足够的权力。公元前67年，庞培使用诡计使自己得到这项任务的任命，当然，条件对他非常有利。元老院出于对粮食供应的恐慌，心甘情愿地接受了他的诱惑。

他们给庞培3年的时间，这期间他对整个地中海沿岸并向内陆延伸110千米的范围有独断大权。他们还告诉庞培，在这期间他可以调动整个罗马的舰队去消灭海盗。罗马人对庞培信心爆棚，以至于他得到任命的消息一经公布，粮食价格立即跌落。

庞培非常幸运，他手中有前任罗马人所没有的东西——大量的军队和充足的权限。不过你必须承认，他做得非常好。他只用了3个月而不是3年,就肃清了地中海海盗。

如果说,以前他还只是受人爱戴,那么,此时他就是罗马的英雄。

罗马唯一还有点儿麻烦的地方是东面的小亚细亚。本都王朝在那里已经与罗马交战了20多年,而且还取得了不同程度的成功。苏拉在东方的胜利就是在本都取得的,但本都仍然在坚持不懈地战斗。此时,罗马统帅路库路斯(Lucius Licinius Lucullus)眼看就要大功告成。不过,他强制推行严明的纪律,士兵对他积怨颇深。

公元前66年,当只需最后一战即可平定本都时,路库路斯军中开始出现兵变,他被召回国内,派到东方取而代之的是宽厚的庞培。庞培的声望为他开了路,路库路斯的士兵们疯狂地向庞培欢呼,为庞培做了他们不愿意为路库路斯做的事。他们进军本都,一举击败了敌人。庞培只进行了最后一击,但像往常一样,他索取了整个战役的功劳。

现在,整个小亚细亚或直属罗马,或在罗马扶持的傀儡政权的管辖之下。因此,庞培决意要把东方一举平定。他向南进兵,在安条克(Antioch)附近发现了塞琉西王朝(Seleucid Empire)最后的残余。塞琉西王朝是两个半世纪前在亚历山大大帝死后建立的,眼下由一个叫安条克十三世(Antiochus XIII)的无名小辈统治。庞培废黜了国王,把帝国的土地归并入罗马版图,设立叙利亚省。

再往南是朱迪亚王国,它独立还不到一个世纪,一直由马加比(Maccabean)家族的国王们世代统治。这时,马加比家族的两名成员正为争夺王位开战,其中之一便向庞培求助。

庞培立即进军朱迪亚,包围了耶路撒冷。在正常情况下,耶路撒冷易守难攻,因为它建筑在岩石的突出处,有可靠的水源保障。它还有坚固的城墙,士兵们通常以极大的热情投身到防御之中。

然而庞培注意到,每隔7天,一切都会平静下来。有人向他解释说,犹太人在安息日不打仗,除非他们受到攻击。即便如此,他们打仗时也缺乏真正的信念。要使庞培相信如此可笑的事情,一定费了不少工夫。但一经信服,他就调动攻城器械在几个安息日不停地进攻,终于在另一个安息日攻陷了城池。不费吹灰之力。

庞培结束了马加比王朝的统治,将朱迪亚并入罗马版图,但允许犹太人保留他们的宗教自由,保留他们的圣殿、主教,还有他们那特别而有用的安息日。

庞培此时42岁,成功从未间断过向他微笑。下面我略过庞培生涯中的一桩小事,以一串星号来代表:它很显然是个不重要的细节。

* * * * * * * * * *

庞培于公元前61年回师意大利,绝对春风得意。他极其夸张地吹嘘说,他发现他离开时的国家东部边界,现正处于国家的中央。罗马为他举行了盛况空前的凯旋式。

元老院非常害怕,唯恐庞培成为独裁者,倚重激进派。但庞培没有这样做。20年前他掌控军队时,即使冒着使苏拉不悦的风险,也仍然保留着军队。如今,他却鬼使神差地放弃了军队,解散了军队,设想扮演一个没有一官半职的平民角色。或许他深信自己已经达到了这样的程度:单凭自己名字的魔力,就能掌握整个共和国。

终于,他对正确行动的嗅觉失灵了,而且一旦开始失灵,以后就永远不灵了。

庞培首先提请元老院批准他在东方的全部作为——他所取得的胜利,所签订的条约,他对国王的废黜,以及对各个行省的设置。他还提请元老院给他手下的士兵分配土地,因为他自己曾允诺过他们。庞培相信,只要他开口要,元老院就会给。

根本就不是那么回事。庞培此时是个没有兵权的人,元老院坚持要对每个议案进行单独而严格地处理,至于土地要求则被驳回了。

而且庞培还发现,政府中也没有一个人站在他这边。他莫大的声望突然间好像变得一文不值，因为所有党派都无缘无故地转而反对他。对此，庞培束手无策。肯定出了什么问题，他再也不是公元前64年之前那个聪明的金童庞培了，如今他缺乏信心、犹豫不决、软弱无力。

就连克拉苏也不再是他的朋友。克拉苏找到了另外一个人：一个富有魅力的能言善辩的俊男，一个天才的阴谋家，他的名字叫恺撒（Julius Caesar）。恺撒是贵族的纨绔子弟，克拉苏替这个年轻人还清了巨额债务。作为回报，恺撒很为他卖力。

当庞培与元老院苦苦纠缠时，恺撒在西班牙赢得了一些对付反叛部落的小胜利，并捞足了非法收入（正像罗马的一些将军们通常所做的那样）来偿还克拉苏的债务，使自己在经济上取得独立。当他返回意大利，看到庞培与元老院正进行激烈斗争时，就与克拉苏、庞培订立了一个攻守同盟条约，这就是“前三头政治”。

但从中获益的不是庞培，而是恺撒。恺撒利用同盟在公元前59年当上了执政官。一经执政，恺撒几乎就不可一世地、轻易地控制了元老院，并把另一位保守的执政官软禁在家中。

恺撒为庞培所做的一件事，是迫使元老院贵族们批准庞培的一切要求。庞培的所有议案都得到了批准，他也为手下士兵争到了土地，但庞培自己却没有得益。实际上他蒙受了羞辱，因为非常明显的是，他毕恭毕敬地乞求，而恺撒将自己的恩赐优雅大度地施舍给他。

但庞培也无可奈何，因为他娶了恺撒的女儿朱莉亚。朱莉亚漂亮迷人，让庞培神魂颠倒。由于她的关系，他不能作出任何反对恺撒的事情。

恺撒这时驾驭着一切。公元前58年，他提议由庞培、克拉苏和他自己每人分管一个行省。在这些省份，他们都有取得军事胜利的可能性。庞培负责西班牙，克拉苏负责叙利亚，恺撒负责当时已掌握在罗马手中的南高卢。每人的管辖期限是5年。

庞培高兴得很。在叙利亚,克拉苏将不得不面对可怕的帕提亚王国;在高卢,恺撒将不得不面对作战凶猛的北方蛮人。如果运气不佳,两人都可能以失败而告终,因为他们谁都不是训练有素的军人。至于说庞培,由于西班牙平静无事,他可以坐镇意大利,操纵政府。此时,他还能怎样呢?

按庞培如此推理,看来他好像又找回了旧时对胜利的嗅觉。到公元前53年,克拉苏的军队被叙利亚东部的帕提亚人打垮,克拉苏本人也战败身亡。

恺撒呢?恺撒却没有吃败仗,庞培的好运也没有再来。出乎所有罗马人意料的是,此前似乎只不过是个纨绔子弟及阴谋家的恺撒,到了中年(他出征高卢时44岁)却分明是个一流的军事天才。他同高卢人战斗了5年,吞并了他们居住的广袤土地,成功地指挥了对日耳曼和不列颠的军事进攻。他在为罗马公众所写的《高卢战记》(*Commentaries*)中总结了他的冒险活动。刹那间,罗马冒出来个新的战斗英雄。庞培坐守意大利,寸功未立,几乎死于失望和嫉妒。

但朱莉亚在公元前54年去世以后,庞培就开始肆无忌惮地与恺撒为敌了。元老院贵族们此时对恺撒的恐惧远甚于对庞培的恐惧,于是他们讨好庞培,庞培马上加盟到他们一伙,新娶了元老领袖之一的女儿为妻。

恺撒于公元前50年从高卢回兵时,元老院命令他解散军队,只身一人进入意大利。显然,如果恺撒这样做,他会被捉起来,甚至可能被处死。然而,要是他竟敢违抗元老院的命令,带兵回来,那又该怎么办呢?

"不必害怕,"庞培非常自信地说,"只要我在地上一跺脚,他的大军就会起义,反过来支持我们。"

公元前49年,恺撒渡过象征意大利边界的鲁比肯河,而且是带兵过来的。庞培马上跺脚,但什么也没发生。实际上,那些驻扎在意大利的士兵,反而开始蜂拥到恺撒的麾下,庞培及其元老院联盟被迫耻辱地逃向希腊。

恺撒率军紧追不舍。

到了希腊,庞培设法纠集起一支人数可观的军队。另一方面,恺撒却只能带领人数有限的军队渡海,所以庞培这时占有优势。也许他应该充分利用己方人数上的优势,切断恺撒同根据地的联系;然后,谨慎地与之周旋,避免冒险而进行正面战斗,慢慢地消耗恺撒,迫使他弹尽粮绝而投降。

但事实正好相反,受辱的庞培还做着昔日的美梦,迫切希望以正面决战打败恺撒,向他显示一个**真正**统帅的价值。更糟的是,元老院方面一再坚持进行决战,因此庞培被他们说服了,他毕竟以二比一在人数上占有优势。

战斗于公元前48年6月29日在色萨利平原上的法萨罗展开。

庞培特别倚重他的骑兵队,这是一支由勇敢的罗马年轻贵族组成的骑兵队。果然,战斗刚开始,庞培的骑兵就对恺撒的侧翼展开攻击,大有造成尾翼崩溃使恺撒输掉战斗的架势。然而,恺撒对这种局面早有预料,事先部署了经过选拔的士兵与庞培的骑兵对阵,指示他们不要投掷长矛,而要用长矛直刺骑兵的脸面,他估计贵族们忍受不了面部破相的危险。不出他所料,骑兵阵就这样破掉了。

破了庞培的骑兵阵之后,久经沙场的恺撒步兵突破了庞培人数众多但不堪一击的防线。庞培由于不擅长指挥困境中的大军,就逃跑了。他的整个军事英名也因此毁于一旦。很显然,真正的统帅是恺撒而不是庞培。

庞培逃到一个地中海沿岸国家——埃及,当时它还没有完全处于罗马的控制之下。但埃及此刻正值内战,13岁的少年国王托勒密十二世(Ptolemy XII)正在同他的姐姐克莱奥帕特拉(Cleopatra)开战,因而庞培的到来引出了麻烦。支持少年托勒密的大臣们不敢不接纳庞培,否则就会同这位还有机会翻身取胜的罗马统帅结下永久的仇恨。另一方面,面对恺撒会支持克莱奥帕特拉进行报复的风险,他们也不敢给庞培提供避难场所。

所以,他们就让庞培登陆,暗杀了他。

这就是庞培的结局,终年58岁。

到42岁为止,他清一色的都是成功,他所图谋的事情没有一次失败。42岁之后,他清一色的都是失败,他所图谋的事情没有一次成功。

在他42岁那年究竟发生了什么?本文前段以一串星号代表的时间里所发生的事情,也许可以"解释"这个问题。现在,我们回头再把那串星号的内容补上。

* * * * * * * * * *

我们回到公元前64年。

庞培那时还在耶路撒冷,对犹太人异常的宗教十分好奇。除了纪念安息日以外,他们还做些什么别的怪事呢?于是,他着手收集这方面的情报。

比如说那座圣殿。按罗马人的标准,圣殿相当小,其貌不扬,但它却受到犹太人无限的崇拜。它与世界上其他所有神殿的区别,就在于它里面没有神或女神的雕像。似乎犹太人在崇拜一个看不见的神。

"真的吗?"兴趣盎然的庞培问。

实际上,有人告诉他,在圣殿帏帐的背后,有个最为隐秘的房间,是圣中圣。除了主教之外,其他任何人决不可走到帏帐后面,而且主教也只有在赎罪日才可进去。有人说,犹太人在那里神秘地供奉着驴头,当然犹太人自己一再强调,内室里只有看不见的神。

不为迷信所动的庞培断定,只有一种方法可以查明真相。他要亲自进密室去看看。

主教惊呆了，犹太人爆发出极其痛苦惊慌的呼叫，但庞培决心已定。他好奇无比，周围又都是他的军队，谁能拦住他？他就这样闯进了圣中圣。

犹太人毋庸置疑地确信，他会遭到电击雷劈，要不就会遭到被触怒的神的毁灭。然而他却没有。

他毫发无伤地出来了。**显而易见**，他什么也没有发现。显而易见，在他身上什么也没有发生*。

后　　记

我**喜欢**上面这篇随笔。首先，它让我有机会对文章的题目玩一把特别的文字游戏，没有别的什么事情比特别的文字游戏更让我开心的了。嗯，几乎没有。

其次，它给了我一次机会，让我尽情地沉溺于创作历史题材的爱好之中。毕竟，我写过十几本历史书；而且，我的科学方面的书，很多也都有历史方面的内容。

最后，它让我尽情地沉溺于发现历史偶然巧合事件的爱好之中。我一贯主张，它们只是偶然的巧合，不应以此为借口去寻求某种神秘的、愚蠢的因果关系。庞培命运的急转直下，是我在偶然巧合方面所见过的最美妙的例子。

---

* 要是你以为我自己变得神秘了，请再读一遍本文开头的部分。

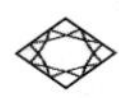

丧失于未翻译

1971年的劳动节周末，在波士顿举行的第29届世界科幻小说大会上，我理所当然地就座于主席台上，这是因为作为科幻小说界的霍普(Bob Hope)*，颁发雨果奖是我多年来的任务。坐在我左边的，是我16岁的女儿罗宾，她金发碧眼、婀娜多姿、美丽漂亮（这最后一个形容词可不是我作为一个父亲自豪的偏爱，不信你可以问问其他任何人）。

我的老朋友西马克(Clifford D. Simak)是大会的贵宾，他以完全恰如其分的自豪感，介绍了他在观众席上就座的两个孩子，以此作为讲演的开端。我发现，一丝忧虑的神色立即掠过罗宾的脸庞。

"爸爸，"她急忙悄悄地对我说，"你也打算介绍我吗？"对于我使人局促不安的能力，她了如指掌。

"那会令你不自在吗，罗宾？"我问道。

"是的。"

"那我就不介绍你了。"我说，同时拍了拍她的手，让她放心。

她想了一会儿，又说道："当然，爸爸，要是你觉得非常有必要说到你漂亮的女儿，随随便便地提一下，那也可以。"

---

* 美国喜剧大师。——译者

所以你可以肯定,我正是这样做的,而她还是把眼睛可爱而羞怯地低了下去。

我不由得想起了人们心目中北欧美女金发碧眼的固定形象。自从15个世纪前,金发碧眼的日耳曼部落开始统治罗马帝国西半部并以贵族自居时开始,这个形象就充斥西方文学作品。

……我还想到了人们如何利用这个形象,对《圣经》中最明确、最重要的段落之一进行歪曲——这对世界尤其是美国目前所面临的严重危机多少要负点儿责任。

为符合我对从头叙事法的爱好,请随我回到公元前6世纪。一帮曾流放于巴比伦的犹太人返回了耶路撒冷,重建70年前被尼布甲尼撒(Nebuchadrezzar)毁掉的圣殿。

流放期间,在先知以西结(Ezakiel)的指引下,犹太人一直牢固地坚持着本民族的特点,他们把对耶和华的崇拜加以修正,使之复杂化、理想化、规范化,形成了现今犹太教的正统模式(事实上,以西结有时被称为"犹太教之父")。

这意味着流放者在回到耶路撒冷时,面临着宗教上的麻烦。这是因为,在整个流放时期,还有一些人一直居住在曾经是犹大的地方,他们认为自己崇拜耶和华的仪式才是正统的、久经考验的。由于他们居住的主要城市是撒玛利亚(耶路撒冷已被毁),因此,回归的犹太人把他们称为撒玛利亚人(Samaritans)。

撒玛利亚人拒不承认回归的犹太人对崇拜所做的新奇修正,犹太人也憎恶撒玛利亚人的老式信仰。于是,他们之间便产生了不可消弭的敌意,只不过敌意的性质被过分夸大了,因为他们信仰上的差别还是相当小的。

当然,在这片土地上,还一起住着供奉其他神的民族,例如亚扪人

(Ammonites)、以东人(Edomites)、非利士人(Philistines),等等。

回归犹太人所受到的压力主要不是来自战争,因为整个地区或多或少地都处于波斯帝国的温和统治之下。压力主要来自社会,也许正因为如此,它才越发强大。由于维持严格的崇拜仪式要与人口占绝对优势的非信仰者对抗,这实行起来很困难,因此,放松仪式的倾向几乎在所难免。另外,回归的青年男子被周围的女子吸引,便形成了通婚。为取悦妻子,仪式自然进一步松弛了。

然而,这时候,最晚可能到公元前400年左右,就是第二圣殿建成整整一个世纪之后,以斯拉(Ezra)来到耶路撒冷。以斯拉是流放时期编辑定稿的《摩西律法》(Mosaic law)*方面的大学问家,他惊骇于信仰的倒退,极力倡导信仰复兴运动。他把人们集合起来,带领他们朗诵《摩西律法》并给他们详细解释,激起他们对信仰的狂热,号召他们承认罪过,重拾信念。

以斯拉要求最严格的一件事,就是要人们离弃所有非犹太族的妻子以及子女。按照他的观点,只有这样才能严格保持犹太教的神圣。我们引述一下《圣经》(为此,我选用的是最新版《新英文圣经》):

"祭司以斯拉站起来对他们说:'你们有罪了。因你们娶了外邦的女子为妻,增添了以色列人的罪恶。现在当向耶和华你们列祖的神认罪,遵行他的旨意,离绝这些国的民和外邦的女子。'会众都大声回答:'我们必照着你的话 行……'"(《以斯拉记》第10章第10—12节)

从那时候起,犹太人开始总体上实行排他主义,有意地远离他人。这是对其固有的独特习俗的深化,但它更进一步强调与他人离绝。所有这一切,使他们在经历即将来临的一切痛苦和灾难的过程中,在经历一切危机的过程中,在经历把他们分散到整个地域的流放与迫害的过

---

* 指犹太教所称《圣经》的首5卷。——译者

程中,保持着自己的本色。

诚然,排他主义使犹太人不为社会所包容,并使他们受到社会高度瞩目,以至于造就了某种条件,使他们被流放受迫害的可能性加大。

但犹太人也并非人人都坚持排他主义政策。他们中也有一些人认为,在上帝面前人人平等,不应只凭人群的特征而将任何人排除到社会之外。

一个持有这种观点的人(但我们从来不知其名)试图以短篇历史小说的形式来体现它。在这个公元前4世纪的故事里,女主人公名叫路得(Ruth),是一位摩押(Moabite)女子。[由于本故事所展现的发生时间是在士师时期,因此传统观点认为它是由先知撒母耳(Samuel)在公元前11世纪写成的。但现代《圣经》学者没有一个认同这一点。]

顺便问一下,为什么是摩押女子呢?

这之前1000年左右,犹太人先后在摩西和约书亚的带领下,首次到达迦南边界。关于这段往事,流放后回归的犹太人看来有他们自己的传说。那个时候,位于约旦河下游和死海东岸的小国摩押,对来自沙漠的强悍侵略者的入侵,自然感到惊恐,于是采取措施与之抗衡。他们不但阻止了以色列人穿越自己的领土,而且据犹太人传说,他们还请来了一位名叫巴兰(Balaam)的预言家,让他以魔力降祸于侵略者,将其消灭。

但魔力并不成功,据说巴兰临走时向摩押国王建议,让摩押女子诱使沙漠侵略者与之私通,以消磨犹太人对使命坚定的献身意志。《圣经》是这样记载的:

“以色列人住在什亭,百姓与摩押女子行起淫乱。因为这些女子叫百姓来,一同给她们的神献祭,百姓就吃他们祭物,跪拜他们的神。以色列人与巴力毗珥连合,耶和华的怒气就向以色列人发作。”(《民数记》第25章第1—3节)

结果,"摩押女子"就成了外界诱惑的典型,她们通过勾引异性,企图颠覆虔诚的犹太人。实际上,摩押及其北方邻国亚扪,在《摩西律法》中被特别提了出来:

"亚扪人或摩押人不可入耶和华的会;他们的子孙虽过10代,也永不可入耶和华的会。因为你们出埃及的时候,他们没有拿出食物和水在路上迎接你们,又因他们雇了……巴兰来咒诅你们……你一生一世永不可求他们的平安和他们的利益。"(《申命记》第23章第3、4、6节)

然而,在后来的历史中,摩押人至少与某些以色列人也偶尔存在友好关系,这可能是因为某个共同的敌人把他们联合到了一起。

例如,公元前1000年之前不久,扫罗王(Saul)统治着以色列。他抵挡住了非利士人,征服了亚玛力人,使以色列国力空前强盛。摩押当然害怕扫罗王的扩张主义政策,从而与反叛他的所有力量交好。犹大勇士,来自伯利恒的大卫,就是这样一个反叛者。当大卫在扫罗的紧逼下逃到一个坚固的山寨时,他就以摩押作为家人的避难所。

"大卫……对摩押王说:'求你容我父母搬来,住在你们这里,等我知道神要为我怎样行。'大卫领他父母到摩押王面前。大卫在山寨住了多少日子,他父母也住摩押王那里多少日子。"(《撒母耳记上》第22章第3—4节)

巧的是,大卫取得了最后的胜利,先是当了犹大国王,后来又成为整个以色列的国王,建立起一个囊括整个地中海东岸的帝国,从埃及一直延伸到幼发拉底河,其间只剩下腓尼基的几个城市还保持独立,但它们也都与大卫联盟。此后,犹太人在回顾历史时,总是把大卫及其儿子所罗门的统治时期称为黄金时代。在犹太人的传奇以及他们的思维中,大卫的地位也是不容置疑的。大卫所建立的王朝统治犹大长达4个世纪之久,犹太人甚至从未放弃过这样的信念:将来某个理想的时间,大卫的某个子孙后代甚至还会回来再次统治他们。

依据《圣经》里大卫用摩押给家人当避难所这段情节,可能会派生出一个故事,其大意是大卫的祖先有摩押人血统。显然,《路得记》的作者决定利用这个故事,以令人深恶痛绝的摩押女子为女主人公,来强调非排他主义的信念。

《路得记》讲述了伯利恒一个犹大家庭的故事。一个男人携妻子和两个儿子逃荒来到摩押。两个儿子在那儿与摩押女子结了婚,但过了不久,3个男人都死了,身后留下3个女人——婆婆拿俄米、两个儿媳妇路得和俄珥巴。

那时候,女人是属于男人的动产,未婚女子假如没有男人占有和照顾,就只能靠别人的赈济勉强过活(因此,《圣经》里经常出现要照顾孤儿寡妇的指令)。

拿俄米决定返回伯利恒,她在那儿有可能找到亲戚来照顾她,因而她极力劝说路得和俄珥巴留在摩押。虽然她没说出原因,但我们可以合理地推测她的想法,就是在仇视摩押的犹大国,摩押女子会过得很痛苦。

俄珥巴留在了摩押,但是路得却决不舍弃拿俄米,她说。“不要催我回去不跟随你。你往哪里去,我也往那里去;你在哪里住宿,我也在那里住宿。你的国就是我的国,你的神就是我的神。你在哪里死,我也在那里死,也葬在那里。除非死能使你我相离,不然,让耶和华重重地降罚于我。”(《路得记》第1章第16—17节)

刚到伯利恒时,两人陷入了极其可怕的贫困,路得心甘情愿地到田里拾麦穗来养活自己和婆婆。那是收割的季节,按惯例,收割过程中掉在田里的麦穗,任凭它们留在那儿让穷人去捡。对于生活贫困的人来说,拾麦穗是一种照顾,但同时也是一项让人精疲力竭的劳动。无论哪个年轻女子,尤其是一个摩押女子,在年轻力壮的收割人身旁干这种活,显然要冒一定的风险。所以,路得的行为简直是英雄般的作为。

那天，路得在犹大财主波阿斯的地里捡麦穗时，碰巧波阿斯来监督收割工作。波阿斯注意到她不知疲倦地劳动，便问她是谁。收割人回答说："是那摩押女子，跟随拿俄米从摩押地回来的。"(《路得记》第2章第6节)

波阿斯友好地跟她交谈，路得说："我既是外邦人，怎么蒙你的恩，这样顾恤我呢?"(《路得记》第2章第10节)波阿斯解释道，他已听说路得如何为了对拿俄米的爱而抛弃了自己的土地，还听说她为了照顾拿俄米必须多么加倍地劳动。

原来，波阿斯是拿俄米过世丈夫的亲戚，这肯定是他被路得的爱心与忠贞所感动的原因之一。拿俄米听说这件事后，有了好主意。在那个年代，如果一个寡妇膝下无儿无女，那么她就有权要求她过世丈夫的弟兄把自己娶过去，给自己提供保护。假如过世的丈夫没兄没弟，这个任务就由别的亲戚来承担。

拿俄米已过了生育期，没资格嫁人，在那个时代，结婚毕竟是以生儿育女为中心的。但路得呢？诚然，路得是个摩押女子，也许这恰好说明了为什么没有犹大人愿意娶她。然而，波阿斯却对她表示了善意。因此，拿俄米教路得如何在夜间去接近波阿斯，如何不使用赤裸裸的诱惑就可求得他的保护。

波阿斯被路得的谦恭和无靠所感动，向她保证要尽自己的本分。但波阿斯还告诉路得，她还有个更近的亲戚。按规矩，那个亲戚应享有优先权。

就在第二天，波阿斯找到那个亲戚，建议他买下拿俄米名下的一块土地，但与此同时，也要担负起另一个责任。波阿斯说："你从拿俄米手中买下这地的时候，也当娶死人的妻子摩押女子路得……"(《路得记》第4章第5节)

也许波阿斯刻意地强调了"摩押"这个修饰词，因为那个亲戚马上就退缩了。波阿斯就这样娶了路得,路得也及时为他生了个儿子。既自豪又幸福的拿俄米把孩子抱在怀里,妇人们对她说:“……他必提起你的精神,奉养你的老,因为是爱慕你的那儿妇所生的, 有这儿妇比有7个儿子还好。”(《路得记》第4章第15节)

在一个极端重男轻女的社会里,犹大女人给路得这个从令人憎恶的国度摩押来的女人所下的定论——“有这儿妇比有7个儿子还好”,就是作者借故事要表达的中心思想: 所有的人群都有其高贵与美德,不应仅凭民族特点而把任何人群事先排除在外,不予尊重。

最后,为了向所有的犹大人——与纯粹的理想主义格格不入的狂热的民族主义者们,证明这个论点确定不移,该故事这样结尾: “邻舍的妇人说:‘拿俄米得孩子了。就给孩子起名叫俄备得。’ 这俄备得是耶西的父,耶西是大卫的父。”(《路得记》第4章第17节)

假如以斯拉当时在场,不许波阿斯娶“外邦妻子”,以色列的命运又会怎样呢?

这给我们什么启示?《路得记》是个令人愉快的故事,这一点没人能否定。人们在谈到它时,几乎总是冠以“令人愉快的恬静”或诸如此类的词语。作为心地善良、品德高尚的女人,路得这个人物的成功塑造是无可辩驳的。

实际上,人人都太喜欢这个故事以及路得这个人物了,以至于故事的完整思想丢失了。按理,这个故事所宣扬的思想是容所鄙之人,爱所恨之人。另外,善有善报。通过人类基因的混合,通过混血的形成,就会产生伟人。

犹太人把《路得记》包括在圣典中,部分原因是故事讲得精彩,但我想,主要原因却是借此来交代伟人大卫的世系血统。对于这个世系血统,严肃的《圣经》史料从未提到过比大卫的父亲耶西更远的祖先,而耶西是从路得传下来的。然而,一般说来,犹太人仍然保持着排他主义的传统,没有领悟到《路得记》所倡导的世界同一的精神。

自此,人们不再把故事的训诫当一回事。他们怎么会那样呢？因为他们的一切努力就是要抹杀这一训诫。从童话到严肃小说,路得的故事已让人讲了无数遍,甚至还拍成了电影。路得本人的图片也肯定成百次地出现在插图中。然而,我所见过的每个插图中,她都被画得金发碧眼、婀娜多姿、美丽漂亮,完全就是我在本文开头所说的那种北欧美女的固定形象。

老天哪,波阿斯有什么理由不爱上她？娶她为妻又有什么功劳？如果那样的女子倒在你脚下,低声下气地求你对她尽职尽责,好心地娶她为妻,你很可能迫不及待当即答应。

当然,她是个摩押女子,但那又怎样呢?“摩押人”这个词对你来说有什么特殊意味吗？它会引起你强烈的反应吗？你熟悉的人里有很多摩押人？最近你的孩子曾被一群讨厌的摩押孩子追打？摩押人使你住宅区的地产贬值了？上一次你是在什么时候听人说“应该把那些臭摩押人从这儿赶走,他们只会用名字填满福利名册”？

实际上,根据路得的所作所为来判断,摩押人都是英国贵族,他们的存在会使地产增值。

问题在于,《路得记》中有个**未加翻译**的词恰恰是关键词“摩押人”。只要它不经翻译,书的完整思想就丧失了,丧失于未翻译。

摩押人这个词的真正意思是“某群体的一成员,这个群体从我们这里得到的、应该从我们这里得到的,只有憎恨和轻视”。怎样把它翻译成一个单个的词,才能使它对于很多现代希腊人来说(举个例子)意味着同样的事呢？……啊,是“土耳其人”。对于很多现代土耳其人来说呢？……啊,是“希腊人”。对于很多现代美国白人来说呢？……啊,是“黑人”。

为了理解《路得记》的本意,我们不妨把路得当成一个黑人女子,而不是摩押女子。

重读一遍路得的故事,每次你见到摩押人时就把它翻译成黑人。想象拿俄米要和两个黑人儿媳返回美国,拿俄米极力劝阻她们不要和她一起走,这不足为奇。奇迹在于,路得非常爱慕婆婆,以至于她愿意去面对盲目仇视她的社会,愿意在蔑视她的收割人面前去冒险拾麦穗。而收割人决不可能会想到,他们应当以哪怕一点点的尊重来对待她。

当波阿斯询问她是谁时,不要把回答读成“是个摩押女子”,而要读成“是个黑人女子”。实际上,收割人更有可能对波阿斯说出这种话的(请你原谅这种语言):“她是个女黑鬼。”

用这种方式想问题,你会发现,摩押人这个词在翻译过来(也只有在翻译过来)时,书的完整思想才能体现出来。波阿斯由于路得品德高尚(而不是由于她是个北欧美女)而愿意娶她为妻的行为,体现了一种高贵的情操。邻居下定论说拿俄米有路得胜过有7个儿子,这一行为就成了只有几乎在铁证如山的情况下,他们被逼无奈才可能会做的事情。故事的最后一笔,即这段通婚的产物不是别人,而恰恰是伟大的大卫,非常激动人心。

在《新约全书》里,我们发现也有类似的情形。有一处,一个律法师问耶稣,他必须怎样做才能获得永生。耶稣反问之后,他自己回答说:“要尽心、尽性、尽力、尽意爱主你的神,又要爱邻舍如同自己。”(《路加福音》第10章第27节)

当然,这些训诫取自《旧约全书》。其最后一点,就是有关邻舍的那一点,源于这一节:“不可报仇,也不可迁怒于亲属;你们要爱邻舍,把他当作如同自己一样的人。”(《利未记》第19章第18节)

(在这里,上面《新英文圣经》的译文听起来比詹姆斯王钦定版的《圣经》更好一些:“你们要爱邻如同自己。”能够完全像体会自己的痛苦快乐一样，真正体会他人的痛苦快乐的圣人，到哪儿去找呢？我们不该问得太多。但假如我们姑且承认，他人就是"如同自己一样的人"，那么，他起码可以得到应有的尊重。恰恰是当我们连这个都不承认，说他人比我们自己低贱时，对他人的轻视虐待才看起来那么自然，甚至值得称赞。）

耶稣认可了律法师的回答，律法师很快又问："谁是我的邻舍呢？"（《路加福音》第10章第29节）毕竟，《利未记》这一节首先说到了要抑制对**亲属**的愤怒与报复，那么，"邻舍"的概念不会仅仅局限于亲属、仅仅局限于他的同类吧？

作为对这个问题的回答，耶稣讲了一个或许是最伟大的寓言。一个人在路上遭遇强盗，强盗动手抢劫了他，还把他打个半死丢在路边。耶稣接着说："偶然有一个祭司从这条路下来，看见他，就从那边过去了。还有一个利未人也来到这地方，看见他，也照样从那边过去了。惟有一个撒玛利亚人行路来到那里，看见他，就动了慈心，上前用油和酒涂倒在他的伤处，包裹好了，扶他骑上自己的牲口，带他到店里去照应他。"（《路加福音》第10章第31—34节）

耶稣接着便问，这个受伤的行人的邻舍是谁，律法师只好说："是怜悯他的。"（《路加福音》第10章第37节）

这就是著名的《善良的撒玛利亚人寓言》。然而，寓言里没有一处把救死扶伤者称为"善良的"撒玛利亚人，而不过称他为撒玛利亚人。

这个寓言的说服力被常见短语"善良的撒玛利亚人"彻底败坏了，因为它对撒玛利亚人究竟是什么样的人作出了误导。在自由联想测验中，如果你说"撒玛利亚人"，接受测验的人可能人人都会回答"善良"。撒玛利亚人善良这个概念在我们头脑里如此根深蒂固，以至于我们理所当然地认为撒玛利亚人本该那样行事，不知道耶稣为什么非要特意提出来不可。

然而,我们忘了,在耶稣时代,撒玛利亚人是什么人!

对犹太人来说,撒玛利亚人并不善良。他们是令人憎恨、轻视、不齿的异教徒,正派犹太人决不会与他们有任何关联。完整的思想由于未翻译,再一次地丧失了。

设想有个白人旅行者在密西西比遭到抢劫,被打个半死。接下来,设想一个牧师和一个执事从旁边走了过去,拒不“上前帮忙”。再设想,停下来照料此人的是一个黑人佃农。

现在请你自问:如果你就是那个需要拯救的人,那么,你肯定去爱的邻舍,就是那个仿佛和你自己一样的人,究竟是谁?

《善良的撒玛利亚人寓言》显然教育我们,“邻舍”的概念没有丝毫狭隘的成分,你不能把你的尊重只局限于你所属的人群,或你所属的种族。全人类,包括那些你最鄙视的人,都是你的邻舍。

我们在《圣经》里找到的两个例子——《路得记》和《善良的撒玛利亚人寓言》,其教育意义都因未翻译而丧失了,而它们对于我们目前的状况极为适用。

整个世界,按种族、国家、经济模式、宗教或属于各种人群的语言来划分的人类群体之间,存在着冲突,以至于相互之间不是邻舍关系。

作为同一生物物种的成员,民族与民族之间这些多少有点儿随意的差别是十分危险的,而且没有一个地方比美国更甚,其最危险的冲突(我无须告诉你)就存在于白人和黑人之间。

除去普遍存在的人口问题,人类所面临的危险没有比这种冲突更可怕的了,尤其在美国。

在我看来,每年都有越来越多的白人和黑人,怀着愤怒与仇恨而使用暴力。我看不出这逐步升级的冲突有停息的时日,它只能导致一场实质上的内战。

在这样的内战中，白人在人数上占优势，在有组织的力量上所占的优势更大，因此他们十有八九会"取胜"。然而，他们要为之付出巨大的物质代价。我想，还有致命的精神代价。

这究竟是为什么？难道认清我们之间的邻舍关系就那么难吗？难道我们双方——是**双方**，就找不到一种方式来遵从《圣经》的教诲吗？

如果说，引述《圣经》听起来太转弯抹角；如果说，重复耶稣的话看上去太过虔诚，那么，让我们换一种方式，一种比较实际的方式：

难道憎恨这种特权是那样宝贵，以至于抵得上一场白人与黑人的内战所带来的物质和精神浩劫？

如果回答真是肯定的，那么，你我就只有绝望了。

后　　记

这些日子，着手处理人类的同胞关系（相对有性别歧视的短语"人类的兄弟关系"，这个词比较笨拙，但它更中肯）这类题材，着实令人为难。

因为在20世纪80年代人们发现，在竞选过程中，当众批评有"L开头的词"（即"自由主义"，如果你不介意我用脏话的话）污点的人，你就会获胜。结果，要是你对可怜的人、贫困的人、下贱的人、悲惨的人表现出同情，那你就会成为有污点的嫌疑犯，成为受人鄙视的对象。

我曾努力地告诫自己要改变认识。我对自己说："要做一个可靠的公民。体谅富有的人和贪婪的人，羡慕雅皮士和自私自利的人，与华尔街做黑幕交易的人和华盛顿哗众取宠的人保持来往，与那些背地里挪用公共基金而表面上高喊爱国的人握手。"

但问题是，我做不到，我不知道怎么做。我仍然是"L开头的词"那种人。1972年，在尼克松时代的泥潭里，我发表了上面这篇随笔，现在，我又将它重印。

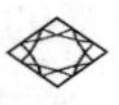

古老与终极

大约3周前（从我写此文时算起），我在纽约州北部参加一个研讨会，会议讨论交流手段与人类社会的关系。会议期间，虽然我只担任一个不重要的角色，但我在那儿呆了整整4天，因此有幸知道所发生的一切。*

就在刚到达的第一天晚上，我聆听了一个非常好的讲演，它是由电视录像带领域一位特别有才智、有魅力的先生作的。我觉得，他以引人入胜且无可辩驳的事例论证了录像带的优势，称它们代表了未来交流手段的潮流，不管怎么说，也是潮流之一。

他指出，如果广告节目打算光顾要价惊人的电视台和极其贪婪的广告商，那么数以千万计的观众绝对是必不可少的。

众所周知，能够有机会取悦2500万到5000万各类人群的广告，是那些谨慎避免得罪人的广告。任何妙趣横生、风格独特的东西，都会因得罪某些人而导致失败。

所以，能幸存下来的恰恰是那些枯燥乏味、空洞无物的节目。这不是因为它取悦于人，而是因为它不提供任何机会让人感到不快。（这样

---

* 唯恐你以为我违背了自己的原则而趁机度假，我还需要告诉你，我随身带上了我的便携式打字机，而且它还派上了用场。

一来，有些人，比如你和我，就不高兴了。但是，当广告大亨把你、我以及与我们类似的人加在一起时，得到的总数只能引起他们阵阵轻蔑的嘲笑。）

然而，满足特殊趣味的录像带只出售内容，无需以虚张声势、造价昂贵的光亮封皮进行包装，或印上高价的娱乐明星照片。一盘关于国际象棋棋艺的录像带，只需展示棋子在棋盘上的移动就够了。要把x盘录像带卖给x个国际象棋爱好者，再也不需要别的什么了。假如每盘录像带的定价足以赚回它的造价（加上合理的赢利），并达到预期的销售量，那么，一切都会很顺利。或许有出乎意料的失败，但也可能出乎意料地成为畅销品。

总之，电视录像带行业和书籍出版业非常相似。

演说者透彻地阐述了这个观点。但当他说到“未来的手稿将不再是一扎拙劣打印的纸，而将是一系列整洁拍摄的图像”时，我不禁感到局促不安。

由于坐在前排，我局促不安的表现可能让我非常惹人注目，因为演说者接着又加了一句：“像艾萨克·阿西莫夫这样的人，将会发现他们自己已经过时，被取代了。”

我不由自主地跳了起来——全场人都因我过时而被取代这个想法而愉快地大笑。

两天后，按日程安排要在晚上作讲演的人打来越洋电话，说他不得已滞留伦敦，不能到会了。主持研讨会的娇媚女士来到我面前，温柔地问我是否可以填补这个空缺。

我自然而然地说我没有任何准备，她自然而然地说，众所周知，我无需准备就能作精彩的讲演。我一听到奉承话自然而然地就动了心，晚上自然而然地走上讲台，自然而然地作了一次精彩的讲演。*所有这

* 反正人人都这样说。

一切都是非常自然而然的。

我不可能原原本本地告诉你我讲了什么，因为像我所有的讲演一样，这次也是未经准备的即兴发挥。但根据我的回忆，讲演的精神实质大致是这样的：

两天前的讲演者谈到了电视录像带，给我们展示了一个非常美好动人的前景，即录像带和卫星在未来的交流手段中将占主导地位。现在，我要以我在科幻小说方面的专长，对此再进一步展望一下，看看如何能使录像带更完善优化，更高级先进。

首先，如讲演者所演示的那样，录像带需要一个体积庞大、价钱昂贵的装置来解码，才能把图像显示在电视屏幕上，把伴音传到扬声器里。

显然，我们希望这种辅助设备更小、更轻、更易于移动，最终我们希望它完全消失，成为录像带本身的一部分。

其次，把录像带储存的信息转换成图像声音，能量是必不可少的，这就增加了环境的负担（一切能量的消耗都会如此。虽然我们不能免于使用能量，但过量消耗却是无益的）。所以，我们希望降低信号转换所需要的能量，最终我们希望它达到零值而消失。

因此，我们可以设想一个完全移动式的、自我解码的录像带。虽然它的制造过程需要能量，但此后的使用则无需能量和特殊设备。它不用接到墙面的插座上，不用更换电池。你可以把它随身带到你觉得最舒适的任何地方观看：床上、浴室、树上、阁楼。

当然，按通常的看法，录像带发出声音，产生光亮。在图像和声音这两方面，它理所当然地应该操作简便。但它会强行吸引别人的注意力，而别人也许并不感兴趣，这是它的缺点。理想的情况是，自行解码的便携式录像带应该只供你自己听、自己看。

目前市场上出售的或不久的将来预期可能出现的录像带，不管多高级,都一定要有控制系统。它们有控制开启和停止的旋钮或开关,还需要有些东西来调节色彩、音量、亮度、对比度以及其他诸如此类的事项。按我的想象,我希望这些控制功能的操作,尽可能不用动手,而由意愿来完成。

我所预想的录像带,在你把眼睛移开时会立即自动停止。这种停歇状态将继续保持下去,直至你把目光又转移回来,而此时它又会立刻开始运转。我还预想,这个录像带可以完全根据意愿,或快或慢地播放,或快进或快退,或跳过某一段,或重复播放。

你必须承认,这样的录像带是个完美的未来梦想:自我解码、便于携带、无能耗、完全个人化、大体上由意愿控制。

不过,梦想是容易的,所以我们还是来得实际些吧。这样的录像带能否存在呢?我对这个问题的回答,当然是肯定的。

接下来的问题是,我们要等多少年才能盼来如此完美的、狂想出来的录像带呢?

这个问题的答案我也有,而且相当明确。我们早在五千年前就有了,因为我所说的东西(也许正如你所料到的)就是书!

我在骗你吗?善良的读者,你是不是觉得书绝不是最终优化的录像带?因为它只展现文字,没有图像,而不含图像的文字在某种程度上是一维的、脱离现实的。由于宇宙存在于图像之中,我们不能单靠文字获得信息。

好吧,让我们来考虑一下这个问题,难道图像比文字更重要吗?

固然,如果我们考虑纯粹的人体活动,视觉是获取宇宙信息最重要的方式。假定在崎岖不平的土地上跑步,是选择蒙上眼睛而保持听觉清晰,还是选择睁着眼睛而让听觉失灵。我当然要选使用眼睛。实际上,要是闭上眼睛,我只能以最谨慎的姿态移动。

但人类在其发展的早期,发明了说话。他学会了如何调节呼出的气流,如何把对声音各种不同的调节,当作大家普遍认同的物体代号、行为代号以及尤为重要的抽象概念的代号。

最终,他学会了如何把调制过的声音进行加码,转换成眼睛看得见、大脑可再解译成相应声音的符号。无须多言,一本书就是储存了我们所谓的“储存的语言”的装置。

正是语言,才代表了人类和其他一切动物之间最根本的区别(海豚可能除外,它可能有语言,但它却没有搞出语言存储系统)。

语言和储存语言的潜在能力,不但把人类同其他一切现存的以及过去曾有过的生命物种区别开来,而且它也是全人类所普遍拥有的东西。所有已知的人类群落,不论他们多么“原始”,都能够说话,而且的确能说话;都能够有语言,而且的确有语言。据我所知,某些“原始的”民族还有非常复杂、非常高级的语言。

不仅如此,所有脑力近乎正常的人,都在年龄很小时开始学习说话。

由于语言是人类的普遍特征,因此,作为社会性的动物,我们通过语言所接触到的信息,要多于通过图像所接触到的。这一点千真万确。

这甚至都没有可比性。语言及其储存形式(书写或印刷的文字)在我们的信息来源中占绝对优势,以至于如果缺少了它们,我们将一事无成。

为了说明我的意思,让我们考虑一下电视节目,因为它通常包含语言和图像两种要素。我们来问问自己,如果缺少其中之一,将出现什么情况。

假如你调暗画面而留下声音,对正在发生的事,难道你不是还有很清晰的印象吗?偶尔也有动作丰富、声音贫乏的情况,黑暗的沉寂会使你感到丧气。但假如事先知道你看不到图像,可加上几行字,你就什么也不会错过了。

实际上,收音机单靠声音来工作,它使用语言和“音响效果”。这意味着在偶然的场合,为弥补没有图像的缺陷,对话是矫揉造作的:“现在哈里走了过来。噢,他没有瞧见香蕉。噢,他向香蕉踩了上去。他就这样……”不过,大体上你会适应的。我不相信,认真收听的听众会因为没有图像而错失了什么。

回头再说说电视机显像管。现在关掉声音而让视觉不受影响——仍有完美的聚焦、丰富的色彩。你从中得到了什么呢?非常少。所有脸部表情的变化,所有充满感情的姿势,还有当镜头聚焦在这里或那里时所使用的一切摄像技巧,都不能让你对正在发生的事有一个比较清晰的概念。

与只使用语言和各种声音的收音机相反,无声电影只使用图像。在没有声音、没有说话的情况下,无声电影演员不得不“表情化”。噢,闪亮的眼睛;噢,把手放在喉头、置于空中、伸向天堂;噢,手指头深信不疑地指向天堂、死死地指向地板、愤怒地指向大门。噢,摄影机拉近镜头来显示地上的香蕉皮、袖子里藏着的扑克老幺、停在鼻子上的苍蝇。这种以最夸张的手法最大限度地展现出来的各种形象化造型,每15秒钟我们从中能得到什么呢?当银幕上闪现文字时,只有动作彻底的停顿。

这不是说我们单用视觉,即用图片化的影像,不能进行交流。聪明的哑剧表演艺术家,如马尔索(Marcel Marceau)、卓别林(Charlie Chaplin)、斯克尔顿(Red Skelton),可以创造奇迹。但我们看他们表演、为他们喝彩的真正原因,却在于他们能够以图片化这样笨拙的手法表达出如此多的信息。

其实,我们有个猜字谜的娱乐活动,就是让某人去猜我们“所做的动作”是哪个简单的词。假如没有非常巧妙的构思,游戏就不会成功。即便如此,游戏表演者也必须充分利用说话的原理(无论他是否知晓),创造出一套套暗号和方案。

他们把单词分成音节,暗示单词的长短,用同义词以及"听起来像……"来提醒。这一切,他们都在以视觉图像说话。假如采用的手段不涉及任何说话特征,单靠姿势和动作,你能否清晰地表达像这样一句简单的话:"昨天,玫瑰红和绿色的落日景象很美丽。"

当然,摄影机可以拍下美丽的落日,这一点你可以指出来。然而,这包含了巨大的技术投入,而且我不敢保证它能否告诉你落日的景色和昨天的一模一样(除非影片要花招,变相使用日历——这也相当于说话的一种形式)。

或者这样考虑:莎士比亚的剧本是为了演出,因此图像是其精华所在。为彻底体会戏剧的特有韵味,你必须观看演员们在做什么。但你去看《哈姆雷特》时,闭上眼睛,单用耳朵听,你会错过多少东西?反之,塞上耳朵,单用眼睛看,你又会错过多少东西?

上面我已经明确表达了我的信念,即有文字而无图像的书,因缺少图像而带来的损失微乎其微,所以,它有充分的理由作为极其高级的电视录像带的典型范例。现在让我变换一下说法,给你一个更为有力的论据。

书非但不缺图像,相反,它**确实**有图像,而且比电视能给你提供的任何图像都好得多,因为它们属于你个人。

你在读一本有趣的书时,难道心中没有图像?在你的心目中,难道没有看到正在进行的一切?

那些图像是你的。它们属于你,而且专属你一个人。对你来说,它们比那些别人强加于你的图像要好上无数倍。

我看过一次凯利(Gene Kelly)演的《三个火枪手》(这是我看过的唯

一一个版本,基本上忠于原著)。影片刚开始时所展现的,以达达尼昂、阿多斯、波多斯、阿拉密斯为一方,5个红衣主教卫士为另一方的斗剑场面,精彩之极。当然那是段舞蹈,我深深地沉醉于其中……但是,不管凯利是多么天才的舞蹈家,他却与我心目中那个达达尼昂的形象恰恰不符。影片自始至终,都不能令我满意,因为它的确违背了"我"的《三个火枪手》。

这不是说,演员恰巧与自己的想象不符是偶然情况。我心中的福尔摩斯恰巧就是拉思伯恩(Basil Rathbone)。但你心中的福尔摩斯可能就不是拉思伯恩,而是霍夫曼(Dustin Hoffman),谁知道呢? 为什么我们所有几百万个观众心目中的福尔摩斯一定要与一个拉思伯恩相符呢?

这样你就明白了,不论多精彩的电视节目,为什么都不能像一本书那样,给你如此多的享受,如此引人入胜,如此满足你想象力方面的极大需求。对于电视节目,我们只需带着一颗空空洞洞的心,麻木不仁地坐在那儿,等待着声音和图像把我们填满。它不要求我们的想象力去做任何事情。如果别人也在看,他们所有的人也都会让一模一样的带有声音的图像,一模一样地给填满。

另一方面,书需要读者的合作,它强调读者对过程的参与。

这样就形成了一种相互联系,它是由读者自己为自己专门定制的东西,亦即最恰当地符合自己特色与特性的东西。

你在读书时,创造了自己的图像,创造了包含各种声音的音响,创造了姿势、表达和情感,创造了除简单文字本身以外的**一切**。哪怕你只有一点点以创造为乐的心理,书就给你提供了电视节目所不能提供的东西。

不仅如此,如果上万人同时读同一本书,那么人人都会创造自己的图像,自己的音响,自己的姿势、表达和情感。书就不再是一本,而是上万本。它也不再是作者个人的作品,而是作者和每个读者单独交流的产物。

这样的话,有什么能够取代书呢?

我承认,书在某些不重要的方面会发生变化。过去它曾是手抄的,现在是印刷的。书的出版印刷技术在上百个方面取得了进步,而且,书在将来有可能会成为电子版的,显示在你家的电视屏幕上。

最后,你将一个人面对印出来的文字,什么能取代它呢?

这是不是一厢情愿的想法呢?是不是因为我以写作为生,所以不愿意接受书可能被取代的事实?我是不是在狡辩,以此来安慰自己呢?

根本不是。我坚信书将来不会被取代,是因为它们过去从未被取代过。

诚然,看电视的人比读书的人要多得多,这不足为奇。读书一**直**都是少数人的活动。在电视出现以前,在广播出现以前,在你想说的任何东西出现以前,都只有少数人在读书。

如我所说,读书对人的要求很高,它需要读者方创造性的活动。不是人人——实际上没有几个人,能符合要求,所以他们现在不读书,**将来也不会**去读。他们不胜任读书,不仅仅因为书在某种程度上难倒了他们,而且这也是天性使然。

其实,还是让我来表明论点吧:读书本身是一件困难的事,极端困难的事。它跟说话不一样。就算只有平均水平一半的儿童,不用经过任何有意识的培训,也能学会说话。在这里,从一岁开始就形成的模仿能力起了作用。

另一方面,读书必须经过悉心指导,而且通常没有多少运气。

问题是,我们误解了我们自己给读写能力所下的定义。我们几乎可以教会任何人(只要我们付出足够的努力且有足够的时间)读出交通信号，辨认标牌上的指令、警告，搞明白报纸的标题。只要印出来的信息短小并且适度简单，再加上他有强烈的阅读动机，几乎每个人都会读。

如果说这也叫做有读写能力，那么，差不多每个美国人都能读会写。但如果你搞不明白为什么这样少的美国人读书（据说，一般离开学校的美国人，甚至一年都不能完整地读完一本书），那你就被你自己所用的“有读写能力”这个术语导入了误区。

按照能够读“禁止吸烟”标志牌这样的标准而被认定有读写能力的人，很少能够对印刷文字非常熟悉。因此，对于用眼睛迅速解码这些代表调制了声音的、小而复杂的符号，很少有人能轻车熟路，以至于他们几乎不愿意接受长篇的阅读任务。比如说，成功地读完1000个连续的词语。

我认为，这也不完全是我们失败的教育体系的问题（虽然它确定无疑是失败的）。假如你教一群小孩打棒球，没有人指望他们全都成为天才的棒球运动员。或者，没有人指望每个学弹钢琴的小孩都成为天才的钢琴家。几乎在每个领域，我们都承认这样的天才观：天才可以激励、开发，但不能创造于无物。

按照我的观点，阅读也需要一种天分，它是一项难度很高的活动。告诉你我是怎样发现的吧。

我在十几岁时，偶尔看看连环画杂志。我最喜欢的人物，如果你想知道，就是斯克卢奇（Scrooge McDuck）*。那时候，一本连环画卖一毛钱。当然，我不用花一分钱就可以从我父亲的报摊上拿过来读。但那时我感到奇怪的是，大家怎么那样傻，非要付一毛钱不可，因为他只需在报摊上把杂志浏览两分钟，就能读到全部内容了。

---

* 唐老鸭的叔叔。——译者

后来，有一天，我在去哥伦比亚大学的地铁上，发现自己身处一个拥挤的车厢，手拉吊带，不便阅读。有幸，坐在我面前的那个十几岁的女孩，正在读一本连环画杂志。有总比没有好，于是我调整了一下自己的姿势，这样就可以往下看到杂志，与她一起读（幸运的是，我读倒写的字就像读右侧朝上的字一样容易）。

过了几秒钟，我开始琢磨了，为什么她还不翻页啊？

最后，她终于翻了过去。她读完两页纸的内容需要好几分钟。当看到她的眼睛从一个画面移到下一个画面，嘴唇认真地咕哝着一个个词时，我豁然开朗。

她的所作所为，正是我在面对用希伯来字母、希腊字母或西里尔字母根据发音拼出的英文单词时同样会做的事。因为我只模模糊糊地知道与英文相对应的字母，所以，我不得不首先认出每个字母，把它们读出来，然后再把这些字母组合到一起，认出一个单词。接下来，我又不得不转到下一个单词，把同样的事情重复一遍。我这样认出几个单词之后，又不得不回过头来，试着把单词连到一起。

可以跟你打赌，在这种情况下我读不到什么东西。我进行阅读唯一的理由就是，在我一眼看到一行印刷物的一刹那，我所看到的全部都是单词。

读者与非读者之间的差距，正在逐年加大。一个读者读得越多，他获得的信息就越多，词汇量增加得就越大，对文学中的各种典故也就越熟悉。他阅读起来会越来越容易，越来越有乐趣。但对非读者来说，阅读会变得越来越困难，越来越没有意义。

结果是，读者和非读者同时并存，而且历来都是同时并存（不管在一个特定的社会里，读写能力是如何定义），其中前者只占极少数，我猜，会少于1%。

我做过估计，有40万美国人曾读过我的某部作品（全国有两亿人口),因此人们认为——我自己也认为,我是个成功的作家。假如某本特定的书,其所有的美国版本能卖出200万册,那么,它将是极其出色的畅销书。然而,这其中的全部意义却是,占全国人口总数仅1%的人才鼓起勇气买了这本书。而且我敢打赌,这个数目中至少有一半的人,为了寻找黄色情节,对其中的某些部分最多不过是磕磕巴巴地读过而已。

那些人们,即那些非读者,那些娱乐活动的被动接受者,极为反复无常。他们把东西换来换去,永无休止地寻求某种装置,企盼它带给他们的尽可能地多,而要求他们的尽可能地少。

从流浪艺人到剧场表演,从剧场到电影,从无声到有声,从黑白到彩色,从留声机到收音机又回到留声机,从电影到电视,再到彩电,再到录像带。

这又有什么意义呢?

然而,不到1%的少数忠实读者,仍然自始至终地坚守着书籍。只有印出来的文字才能要求他们做很多事情,只有印出来的文字才能激发他们的创造力,只有印出来的文字才能量体裁衣地满足他们的需求和欲望,也只有印出来的文字才能给予他们任何其他东西所不能给予的满足。

书可能很古老,但它也是终极,读者不会因为别的诱惑而把它放弃。他们仍将是少数人,但他们会**坚持**下去。

所以,不管那位朋友在关于录像带的讲演中说过什么,书的著作者永远不会过时,也不会被取代。或许写书肯定不能致富(噢,钱是什么东西!),但它作为一个职业,将永远存在下去。

后　　记

在某些程度上,这篇随笔已被证明是我最成功的文章。它重印的次数多于其他任何一篇,而且某些摘录还给印在了书签上,由图书馆免费发放。

我自然被告知,我捍卫书不过是在为自我服务,企图鼓励人们去使用书,因为那是我获取微薄收入的途径。

果真如此的话,我这样做的效果也太差了。假如我关心的唯一问题是如何致富,我就不会绞尽脑汁以写文章来推销书了。我可以去写渲染性爱的性感小说,穿插以暴力和曲折的情节,这样做效果会好得多。或者,我可以去加利福尼亚,涉足电影创作,以网球场和游泳池为特写,那样效果也会好得多。

我没有这样做,而是留在纽约继续写我的随笔,这件事也许能够表明,我喜欢书实际上是由于书自身的缘故,而且我觉得书之所以应该让人读,更多是由于读者而非作者的缘故。

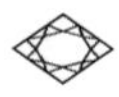

长时间注视猴子

由于我十分努力地把我小说里的人物塑造成乐观的自我欣赏型的人，那些不了解我的人偶尔会把小说中的人物与我本人混为一谈，对此，我有时非常荒唐地敏感。

最近，有个报社记者采访了我，他是个非常令人愉快的家伙，但显然对我知之甚少。所以，我十分好奇地问他为什么决定来采访我。

他毫不犹豫地做了解释："我的老板让我来采访你。"他笑了笑又补充道："他对你抱有两种强烈的、互相矛盾的印象。"

我说："你的意思是，他喜欢我的作品，却认为我傲慢自大。"

"是的，"他说，显然很吃惊，"你怎么知道的？"

"侥幸猜到的。"我说，叹了口气。

你看，这**绝不是**傲慢自大，而是乐观的自我欣赏。每个了解我的人都不难看出其中的区别。

当然，我可以使自己免于这种麻烦，只要我选择其他类型的小说人物，只要我经常练习朴实的谦逊，哪怕在听到别人最轻微的赞扬时，也要学会如何用脚趾搓地面，如何让脸颊带上美丽的红晕。

但这可不行，谢谢你了。我的作品几乎涵盖各种主题，是为各个年龄段的人写的。一旦开始练习那迷人的、风格迥异的东西，我会怀疑自己是否有能力做到,那将是毁灭性的打击。

所以,我还是要沿着既定的路子继续走下去,忍耐在这条路上出现的两种相互矛盾的印象,因为这样一来,我敢保证自己能够写作内容广泛的文章,就像这篇关于进化论的随笔。

我觉得,要是把人类排除在外的话,接受生物进化论绝对不会遇到任何麻烦。*

例如,谁都看得出来,某些动物彼此十分相像。谁能否认狗与狼在很多方面长得很像呢?或者说虎与豹?或者说龙虾与螃蟹?23个世纪前,希腊哲学家亚里士多德总括了各种不同类型的物种,制成"生命阶梯"图,把下至最简单的植物、上至最复杂的动物,按顺序加以排列。当然,人必然被置于最顶端。

有了这个阶梯,我们现代人凭借后见之明会说,人们必然能看到,一类物种已经变成了另一类;较复杂的物种是从较简单的发展而来的;简言之,不仅存在一个生命阶梯,而且还存在一个生命形态赖以沿阶梯向上爬的系统。

不对!无论亚里士多德,还是2000多年以来的后人,都没有把生命阶梯这一静态的概念转化为运动的、进化的概念。

过去人们认为,各种各样的物种是**永久性的**。物种可能有家族和等级,但生命当初就是按这个样子造出来的。相似性在刚开始时就已存在并延续了下来。随着时间的推移,没有哪个物种变得与另一个物种更像或者更不像。

我认为,这种对物种永恒性的执着,至少部分出自某种令人不安的

---

* 读过我的随笔的人都知道,我不但是妇女运动的热心者,而且还非常喜爱英语语言。当我想表达"人"(human being)的意思时,我试图兜圈子说"男人"(man)。但我这样做,有时却不是那么理直气壮。我恳请你接受,本文在一般情况下,"man"包括"女人"。(不错,我知道自己说的是什么。)

感觉，那就是，一旦允许变化发生，人类就会失去其独特性，沦为“只不过是另一种普通的动物”。

当基督教成为西方世界的支配力量时，物种永恒论的地位就更加稳固了。不但《创世记》明确叙述了不同生命物种的创造已存在着区别，即按照物种现在的样子造出来，而且，造人与造其他一切东西是大不相同的，神说：“我们要照着我们的形象，按着我们的样式造人……”（《创世记》第1章第26节）。

没有其他任何一种生物是照上帝的形象造出来的，这就在人与其他所有生物之间设置了一条不可逾越的界限。任何观点，只要能导致产生这样的信念，即物种间的界限一般并非毫无漏洞，都会削弱那个维护人类的、至关重要的界限。

如果地球上所有其他生物都与人类有巨大的差别，不可逾越的界限必然会明显地体现在身体上，那将是最理想的情况。可惜，地中海地区的人们甚至在很久以前就认识了某些我们现在称为“猴子”的动物。

古人所接触到的各种猴子，在有些情况下，长着类似于布满皱纹的小矮人的脸，它们有着明显与人相似的手。像人一样，它们怀着十分活泼的好奇心用手触摸东西。但它们有尾巴，这在一定程度上避免了不幸的发生。人非常明显地没有尾巴，而我们所知道的绝大多数动物却非常明显地长有尾巴，以至于这本身似乎就是人猴之间不可逾越界限的象征。

诚然，有些动物没有尾巴或有很短的尾巴，如青蛙、豚鼠、熊，但这些动物就算没有尾巴，也威胁不到人类的地位。然而——

《圣经》里提到过一种猴子，翻译家给了它一个特殊的词。在叙述所罗门王的贸易投机时，《圣经》说：“……他施船只，3年一次，装载金银、象牙、猿猴、孔雀回来。”（《列王记上》第10章第22节）

通常考证，他施（Tharshish）为现在的塔泰撒斯（Tartessus），是西班牙的沿海城市，坐落在直布罗陀海峡的西侧。它在索罗门时代是个繁荣的贸易中心，于公元前480年被迦太基人所毁。塔泰撒斯对岸的西北非，那时（包括现在）生活着一种猕猴类的猴子。人们所说的"猿"，就指这种猕猴。后来，当西北非成为欧洲人所谓的巴巴里（Barbary）的一部分时，它就开始叫做"巴巴里猿"。

巴巴里猿没有尾巴，所以它比别的猴子更像人。亚里士多德在他的生命阶梯中，把巴巴里猿置于猴类的最高处，只比人低。生活在公元200年左右的希腊医生盖伦（Galen），对猿进行了解剖，发现猿不但外表与人相像，内部结构也相似。

恰恰是巴巴里猿与人长得相似，使它既令古人开心又令古人烦恼。罗马诗人恩尼乌斯（Ennius）在诗中写道："猿猴，动物中最邪恶的，与我们多么相像！"难道猿真是"动物中最邪恶的"吗？客观地说，当然不是。它与人长得相似，以及由此产生的对人类所珍视的独特性的威胁，才使它变得邪恶。

到了中世纪，人类的独特性和至高无上成了人们珍视的教条，猿的存在就更加令人烦恼。人们把它们与恶魔同等看待。毕竟，恶魔是变了形的、坠落的天使，当人以上帝的形象被造出来时，猿也以恶魔的形象造了出来。

然而，再多的解释也无法消除这种不安。英国剧作家康格里夫（William Congreve）在1695年写道："我长时间注视猴子时，总是难以避免地看到特别羞辱的映象。"不难猜测，那些所谓"羞辱的映象"，一定是指这样的意思：人可以被描绘成个子大一点儿的、在某种程度上聪明一点儿的猿。

到了现代，事情就更糟了。骄傲的、以上帝的形象自居的欧洲人，认识了一些到当时为止从未见过的动物，它们甚至比巴巴里猿长得更像人类自己。

1641年发表过描述一只动物的文章,它从非洲运来,养在荷兰奥伦治(Orange)王子的动物园里。从文章的描述来看,它似乎就是黑猩猩。还有报道说,在婆罗洲(Borneo)有种大号的人样动物,那就是我们现在所谓的猩猩。

黑猩猩和猩猩都叫"猿",因为像巴巴里猿一样,它们没有尾巴。过了一些年,人们认识到,黑猩猩和猩猩像猴子的成分少,而像人的成分多,它们就开始被称为"类人"猿。

1758年,瑞典博物学家林耐(Carolus Linnaeus)首次尝试把所有物种完全系统化地加以分类。他是物种永恒论的坚定信徒,故而某些动物与人类非常相似并不令他担心,因为他认为它们就是按照这个样子造出来的。

所以,他毫不犹豫地把各种猿和猴都集中到一起,**同时把人也包括进来**,称这群动物为"灵长类"。这个称呼源自拉丁语的"第一",因为它包含了人。如今我们仍然沿用这一术语。

林耐把猿和猴都放在灵长类的一个亚群里,称之为"Simia",源自拉丁语的"猿"。林耐给人类设置了一个亚群"Homo",是拉丁语的"人"。林耐对每个物种都使用双名(称为"双名制命名法",其中姓排在前面,就像史密斯,约翰;史密斯,威廉),因此人类幸运地有了个自己称心如意的名字"**智人**"(人,智慧)。但是,林耐又把另一个成员放入了这个亚群。读了关于婆罗洲猩猩的描述以后,林耐把它命名为"穴居人"(人,穴居)。

"猩猩"源于马来语,意思是"森林里的人"。马来人就住在当地,他们的叫法更确切些,因为猩猩居住于森林而非洞穴。但无论按哪种叫法,都不能认为它与人足够接近而授之以"人"的称号。

17世纪中叶,法国博物学家布丰(Georges de Buffon)首次描述了长臂猿,它代表着第三种类人猿。每种长臂猿都是类人猿中最小的,最不像人。因此,它们有时被单独放在一边,其余的类人猿则被称为“大猿类”。

随着物种的划分越来越细,博物学家们越来越禁不住要打破它们之间的界限。某些物种与别的物种非常相似,以至于连是否能在它们中间划出界限,都根本不能确定;而且,可以这么说,越来越多的动物有迹象显示,它们正处于变化的过程之中。

布丰注意到,在马腿骨的每一侧,都有两块“夹板”,这似乎暗示那里曾有过3条腿骨,每条腿上长有3个蹄子。

布丰论述说,如果蹄子和骨头可以退化,那么整个物种也可以这样。或许上帝只创造了某些物种,它们不同程度地发生退化而形成其余的物种。既然马可以失去某些蹄子,那为什么某些马不会一直退化为驴呢?

布丰想要对以人为本的自然史的最重大问题进行猜想,因而他提出,猿就是退化了的人。

布丰是第一个提及物种变异的人。此处,他避而不谈最大的危险——作为上帝形象的人曾经是别的什么东西,但他的确说过,人可以**变成**别的东西。即便如此,也太过分了,因为界限一旦在一个方向上出了漏洞,在另一个方向上就很难做到滴水不漏。布丰受到压力,被要求公开撤回其观点,他也的确撤回了。

但物种变异的思想却没有随之消失。英国医生伊拉斯谟·达尔文(Erasmus Darwin)有个写长诗的习惯,诗虽平庸,但他经常在诗中提出有趣的科学理论。他在1796年发表的最后一本著作《动物学》(*Zoonomia*)中,丰富和发展了布丰的思想,提出:物种发生变化是直接受环境影响的结果。

法国博物学家拉马克(Jean Baptiste de Lamarck)把这个思想又向

前推进了一步。他于1809年发表了《动物学哲学》(*Zoological Philosophy*),是第一个提出进化理论的著名科学家。他详细、透彻地论述了进化机理,例如按照这个机理,羚羊有可能一点点、一代代地发生变化,最终变成长颈鹿。(实际上,达尔文和拉马克都因其观点而被当时科学界与非科学界的权威所排斥。)

拉马克有关进化机理的说法是错误的,但他的书使进化这一概念为科学界所熟知,并激励了其他人去探索可能更为合理的机理。*

完成这个壮举的人是英国博物学家查尔斯·罗伯特·达尔文(Charles Robert Darwin,伊拉斯谟的孙子),他花了将近20年的时间收集资料,精炼论据。他这样做,首先因为他天生就是个小心谨慎的人;其次,他知道等待着进化论提出者的命运会是什么,因此他要以铁一般的论据让敌人缴械。

他在1859年发表《物种起源》(*On the Origin of Species by Means of Natural Selection*)时,谨慎地避免讨论有关人的问题。当然,那也无济于事。他是个温文尔雅、品德高尚的人。他就像王国里的任何牧师一样,近乎是个圣人。但就算他杀害了亲生母亲,所受到的攻击也不会比这更恶毒。

然而,支持进化论的证据越积越多。1847年,最大的类人猿——大猩猩,最终进入了欧洲人的视野,它是所有类人猿中最惹人注目的。至少它的体格大小看上去与人最接近,甚至超过常人。

接着,1856年,在德国尼安德特峡谷中首次发现了一种生物体化石

---

* 反进化论者常常诋毁进化论"只是空洞的理论",并旁征博引各种为生物学家所承认的不确定性。在这件事上,反进化论者过于吹毛求疵了。正如任何不平凡的事情一样,进化的发生近乎是个不争的**事实**。不过,关于进化过程所遵循的机理,其准确细节在很多方面仍然停留在理论上。但机理并不是事情本身,所以,尽管很少有人真正懂得汽车运行的机理,那些对机理拿不准的人却不会因此争辩说,汽车本身并不存在。

的残余。这种生物体显然比任何现存的类人猿都高级，也显然比任何活着的人都简单，这就是“尼安德特人”。不但支持生物进化论的证据在稳步增加，而且支持**人类**进化论的证据也在稳步增加。

1863年，苏格兰地质学家赖尔(Charles Lyell)发表了《远古的人类》(*The Antiquity of Man*)，该书以古石器为证据证明，人类的历史远远长于《圣经》给他和宇宙摊派的6000年。他还公开站出来，强烈支持达尔文的进化论。

1871年，达尔文终于在他的著作《人类的由来》(*The Descent of Man*)中，把关于人的论点写了进去。

当然，反进化论者至今仍在我们中间存在，他们强烈地固执己见。由于我从他们那儿收到的信件远远超过我理应收到的份额，所以我了解他们的论点是什么样子的。

他们的论点集中在一点，而且只集中在一点上，那就是人类的由来。我收到的信中，没有一封激烈地争论说，海獭和老鼠**没有**亲戚关系，或鲸**不是**从陆生哺乳动物变来的。我有时觉得，他们根本没有意识到进化论适用于一切物种。他们只是一再顽固地坚持，人类不是、**不是，绝不是**猿或猴的后裔或者亲属。

有些进化论者试图对此加以反驳，称达尔文从未说过人是猴子的后裔；没有哪种现存的灵长类动物是人类的祖先。然而，这些话有些模棱两可。按进化论的观点，人和猿曾有共同的祖先，现今已不存在；但它在世时，长得像原始猿。再往前，各种不同的人类祖先都有显著的猴样外表——至少对非动物学家来说是这样。

作为一个进化论者，我宁愿面对现实，决不退缩。我完全有准备宣称，人**就是**猴子的后裔，这就是我表述我心目中事实的最简单的方式。

并且，我们还必须以另一种方式来坚持人源于猴的观点。进化论者会谈到“早期原始人”、“直立人”、“南方古猿”，等等。我们可以把这些作为人类进化的证据,作为派生出人类的生物体类别的证据。

不过,我怀疑,这还不能够使反进化论者信服,甚至还不足以给他们增加烦扰。他们的看法就像这样:一群自称科学家的无信仰的人,在这儿发现一颗牙齿,在那儿发现一根大腿骨,在别处又发现一块头盖骨,然后把这些东西集中起来拼凑成一种猿人,其实这毫无意义。

从我收到的信件、读过的文献来看,反进化论者的感情冲动归结起来似乎就在人和猴这件事上,再没有别的了。

我认为,反进化论者在对待人—猴问题上不外乎有两种方式。他可以庄严肃立、手抚《圣经》,断言这是神的启示,并宣称,《圣经》说人是由上帝按照自身的形象,在6000年前用地球上的尘土造出来的,仅此而已。假如这就是他的立场,那么他的观点显然不可动摇,没有什么商量余地。我会和这种人谈天气,而不是谈进化论。

第二种方式是,反进化论者试图为其立场找到合理的根据。这种合理性不是建立在权威性典籍的基础之上,而是可以通过观察和实验进行验证,可以合乎逻辑地加以讨论的。例如,某人可以论证,人和其他所有动物之间存在如此根本的区别,以至于把两者联系到一起是不可思议的。假如没有自然法则以外的力量来运作(超自然力的介入是必要的),动物根本就没有进化成为人的可能性。

这种悬殊差别论的典型例子就是人有灵魂,而其他动物没有;并且灵魂是不能通过任何进化过程发展而来的——很可惜,还没有哪种为科学所知的方法能够探测、测量灵魂。实际上,除非参照神秘的权威性典籍,我们甚至还不能定义灵魂是什么。这样一来,论据就落在了观察和实验之外。

在一个较低的层面上,反进化论者会争论说,人有分辨是非的能力,有正义感。简言之,人是有道德的生物体,而动物却不是,也不可能是。

我认为这有讨论的余地。某些动物的行为表明它们很爱护幼仔，有时还为之献身。有些动物在遇到危险时互相合作，互相保护。这样的行为具有生存上的意义，它恰恰就是进化论者希望看到的：一点一滴地进步，最终达到人类的水平。

如果你想辩论说，动物所表现出来的这种明显的“人类”行为，纯粹是无意识的，是不经理解就做出来的，那么，我们又重新回到了仅凭断言进行辩论的地步。我们不知道在动物内心中发生了什么，而且正因为如此，我们根本不敢保证，我们自己的行为和动物有所不同，不是像动物那样无意识——只是在程度上复杂、老练些而已。

过去有段时间，情况比现在简单。那时候比较解剖学才刚刚诞生，有可能让人去设想存在某些显著的生理差别，把人类和其他一切动物区别开来。17世纪时，法国哲学家笛卡儿(René Descartes)认为松果体是灵魂的居所，因为他接受当时通行的理念：此腺体只存在于人体内，其他任何生物体都没有。

哎！这不对。所有的脊椎动物都有松果体，而且在一种叫楔齿蜥的原始爬行动物中，松果体最为发达。实际上，构成人类身体的任何部件，都不是人类独有而其他一切物种所没有的。

假设我们再深入一些，考虑一下生物体的生物化学。这里，与身体的体格形态及其组成部件上的差别相比，生化上的差别就微不足道了。实际上，**一切**生物体的生化过程都惊人地相似——不仅在比较人和猴时如此，就连在比较人和细菌时也一样，以至于假如没有先入为主的概念以及物种中心论的自负，人们会以为进化的事实是自我证明的。

为了找到每个物种的特殊性，我们的确必须十分细致地研究几乎无所不能的蛋白质分子的精细化学结构。然后，根据化学结构上的细微差别，我们可以大致估计一下，两个生物体大约在多久之前从一个共同的祖先分离出来。

通过蛋白质结构的研究，我们没有发现太大的差异。某物种与其他所有物种间的差异还没有大到足以表明，在地球发展的整个历史长河中，没有足够的时间从一个久远的共同祖先来形成这种差异。假使某物种和其他所有物种之间真的有如此巨大的差异，那么，该特定物种肯定来自另一个有原始生命的星球，而不是来自孕育了其他所有物种的地球。它还是经历了进化，还是从比较原始的物种繁衍而来，但它与发源于地球的其他任何生命形态都没有关联。然而，我还是要重复一下，这样大的差异从未发现过，预期将来也不会发现。地球上的**一切**生命都是互相关联的。

当然，人类也没有以某种悬殊的生物化学差异同其他生命形态区别开来。从生化上讲，人出现在灵长类，而且他也不比群内其他成员格外独特。实际上，他似乎与黑猩猩有很近的亲戚关系。蛋白质结构的测定表明，黑猩猩与人的关系比它与大猩猩或猩猩的关系更近。

所以，具体地说，反进化论者恰恰在黑猩猩的问题上维护着我们人类。诚然，如果按康格里夫所讲的，我们“长时间注视猴子”(此处指黑猩猩)，那我们必须承认，我们和黑猩猩最关键的差别仅在于大脑。人类大脑的体积是黑猩猩的4倍！

就连大脑体积这样悬殊的差别，似乎也只是程度上的，我们可以轻而易举地用进化发展的原理予以解释，尤其是，原始人化石的大脑体积介于黑猩猩和现代人之间。

但是，反进化论者可能认为原始人化石根本不值一提。他们进而主张，不是大脑的物质体积，而是在大脑内进行的智力活动的质量才算数。可以证明的是，人类智力远胜黑猩猩，以至于任何认为两个物种互相关联的想法都是不切实际的。

例如，黑猩猩不会说话。教小黑猩猩说话的努力，不管多耐心，技术多高超,用时多久,终归都失败了。黑猩猩由于不会说话,仍然仅仅是动物。它是聪明的动物,但仅仅是动物的聪明而已。人类由于会说话,就攀升到了柏拉图、莎士比亚和爱因斯坦的高度。

然而,我们是不是把交流与语言混淆了?大家公认,语言是人类发明的最有效、最精确的交流方式(我们现代化的装置,从书本到电视机,均通过其他形式传送言语,但仍然是语言)。但语言就是一切吗?

人说话靠的是对喉咙、嘴巴、舌头、嘴唇快速且灵巧运动的控制能力,而所有这一切似乎都是受大脑里一个叫“布罗卡回”(Broca's convolution)的区域支配的。假如布罗卡回由于肿瘤或受强烈冲击而损伤,那么,人就会患失语症,既不能说话也不能明白语言。然而,这样的人还保留着智力,并能想方设法让人理解他的意思,比如说使用姿势。

黑猩猩大脑中那个与人脑布罗卡回相应的部位,还不够大或不够复杂,因而不可能讲出人们所指的那种语言。但姿势呢?在野生状态下,黑猩猩用姿势进行交流——

早在1966年6月,内华达大学的比阿特丽斯·加德纳(Beatrice Gardner)和艾伦·加德纳(Allen Gardner)就挑选了一个一岁半的雌性黑猩猩(他们管它叫瓦休),决定试着教她聋哑语。得到的结果让他们震惊,也让世界震惊。

瓦休轻易地学会了几十种手势,并能恰当地使用手势来表达愿望和抽象事物。它还发明了手势的新变化,而且也运用得当。它还试图把这种语言传授给其他黑猩猩。显然,它很喜欢交流。

还有别的黑猩猩也接受了类似的训练。人们教某些黑猩猩把磁性记号板在墙上排列与重新排列。它们这样做时,表现出考虑语法的能力。即使老师故意造出荒诞的句子,它们也不会上当。

这绝不是条件反射的问题。条条证据都表明黑猩猩知道自己在做什么,这与人在说话时知道自己在做什么,道理是一样的。

诚然,同人类的语言相比,黑猩猩的语言是相当简单的。人还是比它们聪明得太多了。但瓦休所取得的成就,把我们的说话能力与黑猩猩语言之间的差别,变成了程度上的,而不再是类别上的。

"长时间注视猴子"看到了什么? 现在还没有有效的论据,阻止那些建立在神秘的权威性典籍基础之上的谈法,被用来否定黑猩猩与人的表亲关系,否定从非人到**智人**的进化发展。

后　记

支持生命进化论和宇宙进化论,反对把"科学造物主义"实际上当作"宗教神秘主义"高雅代名词(他们希望如此)的那帮人的荒唐主张——在过去的20年里,我深深地以此为己任。

这使我成为激进主义者攻击和指责的主要目标,特别是,我还是美国人文主义者协会的主席。不过,那对我来说很合适。我为我所受指责的性质,以及我所吸引的指责者的类型感到骄傲。

但有一件事让我搞不懂。我认为,基要主义者(fundamentalist)*不会觉得我的任何作品能够动摇他们的信念——《圣经》造物神话是千真万确的真理。他们坚信自己坚定如钢、坚若磐石。他们对教义的忠心,对信念的真诚,雷打不动。

然而,是什么使他们认为我与他们自己不同呢? 他们中有人给我寄来传单、小册子以及各种箴言,以为只要几句幼稚的话,就会令我放弃三个世纪以来谨慎、理性的科学发现。难道他们以为自己垄断了对信念的执着吗?

---

* 基要主义(fundamentalism)指的是第一次世界大战以来,基督教新教一些自称保守的神学家为反对现代主义,尤其是《圣经》评断学,而形成的神学主张。本书第24篇随笔详细谈到基要主义者的观点和主张。——译者

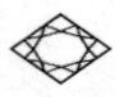

关于思维方式的思考

我刚刚出访英伦归来。*鉴于对旅行的反感（这一点从未改变过），我从来都没想到过我能有幸漫步在伦敦街区，有幸站在史前巨石阵的巨石下。但是，这些都实现了。当然，我来回双程都是坐船越洋，因为我不坐飞机。

这是一次完全成功的旅行。穿越大洋时风平浪静，船上为我准备的食品应有尽有。英国人的友善也无可挑剔，虽然他们会对我五颜六色的衣服多瞟上几眼，还常常打听我的刀状领带是什么东西。

特别令我感到愉快的是门撒（Mensa）国际的宣传主管奥戴尔（Steve Odell）。门撒国际是一个由高智商的人组成的组织，它或多或少地赞助了我的这次访问。史蒂夫陪我四处游览，给我指点各处景观，使我免于坠入沟内或倒在车下。他还时刻保持着他所谓的"英国传统的端庄举止"。

他们所讲的话，绝大部分我都能领会，尽管英国人的谈话方式很有趣。但偶尔一次，有个女孩的话让我难以理解，我不得不请她说慢点儿。她对于我不能理解她的话，似乎觉得很好玩，虽然我理所当然地把

---

* 据作者自传记载，这次英国之行是在1974年5月30日动身的。——译者

这归因于她对语言掌握得不够完善。我对她说:“你,能懂我的意思。”

“我当然懂,”她说,“你讲得很慢,带着美国佬的滑稽(drool)。”

我先偷偷地抹了一把下巴,这才意识到这个可怜的人想说的词是“慢吞吞地说”(drawl)。

不过,我认为这次行程(其中包括3次讲演、3次招待会、无数次各种媒体的采访、在伦敦和伯明翰5个书店的5小时签名售书)中最不寻常的事,是我被任命为门撒国际的副主席。

受此殊荣,我认为自己当之无愧,因为我的智力众所周知。但在乘坐“伊丽莎白二世”号返航的5天里,我又想起了这件事。我清楚地意识到,自己对智力其实知之甚少。我料想我很聪明,但怎样才能知道我聪明呢?

所以,我觉得最好认真思考一下——但哪儿还有比这里、比在各位朋友和读者中间更好的地方呢?

按一般的观念,聪明是与下列情况联系在一起的:第一,善于积累知识性的东西;第二,记住这些东西;第三,一经需要,迅速想起这些东西。

面对像我(举个例子)这样一个具备上述全部特征的人,一个普通人会不假思索地把“聪明”的标签贴在他身上,而且特征表现得越显著,越容易使人这样做。

但这肯定不对。一个人可能拥有上述全部3个特征,却仍会有迹象表明他很愚蠢;另一方面,一个人可能在这些方面表现平平,却会有明白无误的迹象,表明他肯定拥有聪明的因素。

20世纪50年代,有类电视节目在全国泛滥成灾。节目中,一个能够按照要求、对模糊不清的问题给出正确解答(在有压力的情况下)的人,会得到一大笔钱。结果,有些节目并不完全诚实,不过这与本题无关。

千百万观众都以为,脑力的发达象征着聪明。*最令人叫绝的参赛者是个来自圣路易斯的邮局员工。他不像别人那样把自己的专长集中在某一类问题上,而是把所有领域的事实都作为自己的知识范围。他充分显示了他的卓越才能,使全国为之敬畏。更有甚者,就在智力竞赛节目的风气突然平息下来之前,曾经出台过一些计划,打算让他在一个定名为"打败天才"的节目中,与所有有望成功的人对垒。

天才?可怜的人!他的能力勉勉强强才够维持一种贫困的生活,对他来说,准确记住一切细枝末节的技巧甚至还没有走钢丝的本事更有用处。

然而,并不是所有的人都把这种对人名、时间、事件的积累和快速回忆与聪明划等号。实际上,通常所缺乏的一种特性,恰恰与聪明有联系。难道你从来就没听说过心不在焉的教授吗?

按照一种很普遍的模式,所有的教授,所有聪明的人,一般都心不在焉。除非付出极大的努力,他们甚至记不住自己的名字。但这样一来,他们的聪明体现在哪儿呢?

我想,其中的解释可能是,一个知识渊博的人,把智力过多地投到了自己的学科,以至于几乎分不出脑力给其他事情。由于心不在焉的教授在他所选择的领域成就卓著,因此人们就宽恕了他的一切弱点。

但这并非事情的全部,因为我们把知识门类划分了等级,而且把我们的敬佩只保留给了其中的某些门类。只有在那些门类(而且只有那些门类)中的成功戏法,我们才会称之为"聪明"。

例如,设想有个年轻人,他对棒球的竞赛规则、程序、纪录、球员和

---

* 也有人邀请我在这类节目中亮相,但我拒绝了。我感到,即使能够成功地炫耀一下浅薄的脑力技巧,我也不会得到什么。但是,假如我跟常人一样回答不出问题,我就得饱尝不必要的羞辱。

当前的比赛,有着百科全书般的知识。他可能全神贯注于这类事情,以至于在数学、英语语法、地理、历史等方面非常心不在焉。然而,他却不能由于在这方面的成功而让人们宽恕他在某些方面的弱点。他是个笨蛋!另一方面,一个数学奇才,即使在别人给他解释后还搞不清棒球队球童和本垒打的区别,却仍然是聪明的。

在我们的判断中,不知何故,数学与聪明有联系,而棒球却没有。即使在数学的掌握上取得有限的成功,也足以赢得聪明的称号;而棒球知识的最高境界,在这方面却不会给你带来什么(虽然在其他方面,它可能会给你带来很多)。

所以,一个心不在焉的教授,只要他记不住的不过是自己的名字,或今天是星期几,或是否吃过午饭,或是否有约要赴[你应该听说过维纳(Norbert Wiener)*的故事],只要他学习、记住并想起的大量属于与聪明有关的知识门类,那么,他还是聪明的。

这些知识门类都是什么呢?

所有那些只靠肌肉运动或大脑协调功能就能使人出类拔萃的门类,我们都会予以排除。不管一个伟大的棒球手或游泳选手、画家、雕刻家、笛子演奏家、大提琴演奏家在这些领域里多么令人钦佩,多么功成名就,多么受人爱戴,其本身并不象征着聪明。

相反,我们发现,与聪明有联系的是理论。研究木工技术,写一本关于各个历史时期各种木工时尚的书,是体现你聪明的万无一失的方法,即使你每次把钉子钉入木头时都要弄破手指。

即使单单在思想领域,显然我们也更情愿把聪明与某些领域而非其他领域相联系。几乎可以肯定的是,我们对历史学家表现出的尊敬

---

* 诺伯特·维纳(1894—1964),控制论之父,是名副其实的神童。9岁就上了学生平均年龄为16岁的中学,14岁大学毕业,18岁获哈佛大学哲学博士学位。——译者

要比对体育专栏作家多,对哲学家比对漫画家多,等等。

依我看,我们关于聪明的概念,是从古希腊时代直接继承下来的遗产,这一结论似乎是必然的。那时候,技术学科受到轻视,它们只适合工匠和奴隶去做。只有"人文"(源自拉丁文"自由人")学科才是可敬的,因为它们没有实际用处,这才适合自由人去做。

我们对聪明的判断如此不客观,以至于我们可以看到判断标准在我们的眼皮底下改变。就在不久前,年轻绅士的正规教育还主要包括粗暴地灌输(如有必要,还要用体罚)伟大的拉丁语作品。任何不懂拉丁文的人,都被严肃地取消进入聪明排行榜的资格。

当然,我们可以指出,"受过教育"和"聪明"之间是有区别的。装腔作势、可笑地讲拉丁文,最终只能说明他是个傻瓜。但是,那只是在理论上讲的。实际情况是,未受过教育的聪明人总是被贬低或低估,最好的情况也不过称赞他有"朴素的智慧"或"精明的常识"。没受过教育的妇女不懂拉丁文,这说明她们不聪明,进而这又成为不让她们受教育的借口。(当然,这是循环推理,但循环推理一直都被用来支持历史上所有的特大不公。)

我们来看看事情是如何变迁的。聪明的标志,在过去是拉丁文,如今却是科学了。我是这个变化的受益者。除去我那粘蝇纸般的心无意记住的那一点儿拉丁文之外,可以说我根本就不懂拉丁文,但我拥有广博的科学知识。所以,在没有改变一个脑细胞的情况下,在1775年是个笨蛋的我,到了1975年却变成了聪明绝顶。

你可能说,重要的不是知识本身,更不是特别时髦的知识门类,而是对知识的运用。你可以争论说,是知识的表现方式及处理方式,还有智慧、创意、创造力,这些投到实际应用的东西,才是重要的。毫无疑问,必然有聪明的衡量标准。

诚然，教学、写作、科研经常被当作与聪明相关的职业，但我们都知道，也会有特别愚蠢的教师、作家和研究人员。在他们身上，创造力或者说聪明（假如你喜欢用这个词）荡然无存，只剩下一种机械的本能。

但是，即使创造力重要，它也只在人们认可的、时髦的领域中才重要。一个没受过什么教育、没有什么学问、不识谱的音乐家，也许能够把音符和节拍组织起来，才华横溢地开创一个全新的音乐流派。然而，这件事本身却不会给他赢得“聪明”的赞誉。他只不过是那些无法解释的、怀有“上帝的馈赠”的“造物奇迹”之一。因为他不知道自己是怎样做的，做完之后也不能进行解释。*所以，怎么能够认为他聪明呢？

评论家事后对他的音乐进行研究，费尽九牛二虎之力终于得出了结论：在老规则下，它只是令人不快的噪音；但在某些新规则下，它却成了伟大的成就——有什么理由说他聪明呢？（可你会用多少评论家去换一个阿姆斯特朗呢？）

但在同等条件下，为什么人们却认为一个杰出的科学天才聪明呢？难道你以为他知道自己的理论是如何得来的，或者，他能够完完整整地给你解释事情的原委？难道一个大作家能解释他如何进行创作，你就可以做到他所能做的吗？

根据我所看重的任何标准，我自己都不是个伟大的作家，但我有我自己的看法，而且我本人对解释这种情况有些价值——因为人们普遍认为我聪明，我可以从自身来观察这个问题。

人们之所以称我聪明，其最明确、最显而易见的原因就是我作品的实质，即这样的事实：我以复杂且清晰的文笔，写下了涵盖很多领域的很多本书，这表明了我极好地掌握了大量的知识。

---

* 据报道，伟大的小号演奏家阿姆斯特朗（Louis Armstrong），在应邀解释爵士乐的某些问题时曾说（翻译成习惯性的英语），“假如你一定要问，那你永远都不会知道。”真乃金玉良言啊！

那又能说明什么呢?

从来没有人教过我写作。我在11岁时,就已成功地领悟了写作的基本技巧。当然,对其他人来说,我从来解释不了那种基本技巧会是什么。

我敢说,某个文学理论素养远胜于我的评论家,如果他愿意对我的作品进行分析,对我的写作方法及其原因进行解释,那么,他得到的结果可能会远胜于我自己能够得到的结果。这难道就说明他比我聪明吗?我猜,很多人可能会认同这一点。

总之,我所知道的定义聪明的方法,全都是建立在主观和时尚的基础之上的。

现在,我们讨论一下智力测验问题,即"智商"或IQ的测定。

如果按我坚决主张与坚定信奉的观点,即世上不存在智力的客观定义,所谓的聪明只不过是文化时尚和主观偏见的产物,那么,在做智力测验时,我们所测的到底是什么呢?

我不愿抨击智力测验,因为我是它的受益者。在做智力测验时,我总是常规性地达到160那一侧的远端。即便如此,我也肯定被低估了,因为我完成一个测验所用的时间几乎总是短于规定的时间。

实际上,我出于好奇搞到了一本简装书,内含大量不同类型的测验题,用以测定一个人的智商。每个测验的时限是半小时,我尽可能诚实地完成每个测验,有些问题能马上答出来,有些需要做些思考,有些需要猜测,有些什么都不需要。当然,我也会答错某些问题。

答完题目后,我就按照说明算出得分。结果,我的智商是135。但先别忙!我没有用完给我的半小时时限,而是在15分钟内就完成每个测验,接着做下一个。所以,我把分数加倍,认定自己有270的智商。(我确信,把分数加倍没什么道理,但270这一数字,让我乐观的自我欣赏之心得到满足,所以我打算继续使用这个数字。)

然而,不管这一切多么抚慰我的虚荣心,也不管我对能够担任门撒国际(一个凭智商才能被接纳为会员的组织)的副主席是多么感激,凭良心说,我必须承认它没有任何意义。

除去那些与测验设计者的智力有关的技巧之外,这种智力测验究竟测的是什么呢?由于那些设计者受制于文化上的压力与偏见,他们被迫得出的智力定义是带有主观性的。

例如,在任何智力测验中,很重要的一项内容就是测试一个人词汇量的大小。但那些要求你进行解释的词,恰恰就是你在阅读被认可的文学作品时,轻易就能找到的词。没有人会叫你解释"二垒打"(two-bagger)、"骰子掷出的两点"(snake eyes)、"爵士乐的即兴重复"(riff),原因很简单,那些测验设计者们根本就不懂这些术语。假如他们懂得这些,他们反而会为自己感到害臊。

数学知识、逻辑推理、目测形状以及所有其他方面的测验,情况也都类似。它考的是文化时尚,是有文化的人所认可的智力的评判标准,亦即是否与他们自己的思想相一致的评判标准。

整个过程就是一个永无休止、自我推进的装置。控制主流社会思想的人们首先把自己定义为聪明人,然后设计了这些测验。测验是一系列巧妙的小门,它只允许那些与他们自己的思想保持一致的思想通过。这为他们提供了更多"聪明"的证据以及更多"聪明人"的实例,所以,他们就更有理由去设计更多的同类测验。多么高级的循环推理!

一旦某人根据此类测验和判据被冠以"聪明"的称号,他的任何愚蠢行为就再也没有重要意义了。要紧的是称号,而不是事实。我不愿意诽谤别人,所以我只给你举两个有关我自己的例子,它们都是我做出来的十足蠢事(假如你愿意,我可以给你提供200个这样的例子)。

例一:某个星期天,我的车出了点儿毛病,搞得我不知所措。幸好我弟弟斯坦(Stan)就住在附近。他是个众所周知的热心人,所以我给他打了电话。他马上就来了,了解情况后,他就开始使用电话和黄页号码簿试图与服务站取得联系,而我却站在一旁无所事事。斯坦费尽力气白白折腾了一番,最后,他带着一丝懊恼对我说:"艾萨克,以你的聪明,怎么会这样缺心眼,不加入美国汽车协会呢?" 听了他的话,我说道:"噢,我是汽车协会会员。"并给他出示了会员卡。他以奇怪的眼光盯了我好半天,然后给汽车协会打了电话。半小时以后,我又重新坐到车子上了。

例二:最近一次科幻大会期间,我坐在博瓦(Ben Bova)的屋里,非常焦急地等我妻子回来。门铃终于响了,我双脚跳起,兴奋地喊道:"珍妮特来了!" 猛地推开一扇门,一头闯进了壁橱。正在此时,本打开房门,珍妮特走了进来。

斯坦和本很喜欢讲这些关于我的故事,这对我倒没有什么不利影响。由于我有 "聪明" 的称号,本来这些不折不扣的愚蠢,到我身上却成了一种可爱的古怪。

这给我们提出了一个严肃的问题。最近几年里有种论调,说智商有种族的差别。包括诺贝尔物理学奖得主肖克利(William B. Shockley)在内的一帮人说,测试结果显示黑人的平均智商远远低于白人,这引起了相当大的轰动。

很多根据这样或那样的理由早就断定黑人是 "劣种" 的人,现在高兴地找到了 "科学的" 根据来认定,黑人所处的不利地位,归根结底是他们自身的缺点造成的。

当然,肖克利否认他有种族歧视(坦白地说,我确信他有)。他说,假如我们出于政治动机而忽视确定不疑的科学发现,那么,我们就不能明智地处理种族问题。我们应该深入细致地探讨这个问题,并研究人类智力发展的不平衡性。这种情况不只存在于白人和黑人之间，某些白人群体的智商与其他白人群体相比，也显然低得多，等等。

但我认为整个鼓噪是个大骗局。因为智力是主观定义的东西（如我所信奉的），主流社会里最有势力的知识分子自然而然地以一种为自我服务的方式给它下了定义。所以，当我们说黑人的平均智商较白人低时，我们所说的到底是什么意思呢？我们说的是，黑人的亚文化与白人的主流亚文化有巨大的差别，而且黑人价值观与白人主流价值观的差别，大到足以使黑人在应付由白人精心设计制作的智力测验时，表现得不如白人好。

黑人为了做得大体上和白人同样好，他们必须为了白人而放弃自己的亚文化，从而对智商测验形成比较好的适应性。他们可能不愿意这样，但即使愿意，环境也不容许他们轻易地实现这个愿望。

我们尽量把事情简化吧：美国黑人已经有了一个主要由白人的行为给他们创造的亚文化，而且也主要由白人的行为将他们约束其中。那种亚文化的价值观被定性为劣于主流文化的价值观。这样，黑人的智商就被设定在较低的水平，而较低的智商反过来又被当作借口，使低智商赖以产生的那种环境得以继续维持下去。循环推理？当然是。

但我不想当一个理性暴君，也不想顽固地认为我的话一定是真理。

让我们说我错了，让我们说智力的客观定义的确存在，说智力可以准确测量，说黑人的智商水平总体上的确比白人低。这不是由任何文化差异所致，而是由某些内在的、基于生物学的低下智力所致。现在怎么样？白人应该怎样对待黑人？

这是个难以回答的问题，但也许我们可以从相反的假设中找到答案。假如我们对黑人进行测试，多少令我们惊讶的是，我们发现他们表现出来的智商总体上比白人高，那情况又会怎样呢？

那时，我们该如何对待他们呢？在选举中给他们算两票？在工作机会上（尤其是政府部门的）给他们优先权？在公共汽车上、剧院里让他们占最好的座位？给他们用的厕所比白人用的干净？给他们的平均工资水平比白人的高？

我相当有把握地说，对于上述每条建议以及任何类似的建议，我的回答都将是果断、强烈、亵渎神明的否定。我料想，一旦有报道说黑人的智商水平比白人高，大多数白人马上就会情绪激昂地宣称，智商是不能准确测量的，就算能，它也没有什么意义；一个人就是一个人，与读书、花哨的教育、长单词，以及其他胡说八道都无关；简明朴素的常识就是我们所需的一切；在美好的昔日美国，人人都是平等的，那些该死的左派教授及其智商测验只会将它动摇——

当我们自己处于社会等级的低端时，我们就忽视智商，那为什么当他们处于低端时，我们却如此虔诚地重视呢？

但先别急，可能我又错了。对于主流社会如何对待高智商少数人群，我又知道多少？毕竟，我们对知识分子和教授的尊敬到了很可观的程度，不是吗？我们现在正在谈论被压迫的少数人群，一个高智商的少数人群首先是不会被压迫的，所以，我虚构出来的伪称黑人得高分的情形，只不过是个稻草人，推翻它也没有什么意义。

真的吗？让我们想一想犹太人。大约两千年来，只要其他民族觉得生活枯燥乏味，就会对犹太人横加虐待。这是因为犹太人是个智商低下的群体吗？——你知道，我从来没听说过有谁那样认为，不管他是多么激进的反犹主义者。

我认为，犹太人也不是个智商显著偏高的群体。我一生中遇到过的愚笨犹太人数不胜数，但这并不是反犹主义的观点，因为按照反犹主义者的老观念，犹太人具备极高的、危险的智力。虽然犹太人占全国人口的比例可能还不到0.5%，但他们始终“处于主导地位”。

既然他们智商高，难道这不应该吗？噢，不应该。因为那种聪明只不过是"精明"、"低级的狡猾"或"不正当的诡诈"。真正重要的是,他们缺少基督徒、斯堪的那维亚人、日耳曼人或者你所具有的其他方面的优点。

总之,在权力的游戏里,如果你是接受方,那么,为了把你固定在那里,任何借口都成立。如果发现你智商低,那你就会让人轻视,并因此而被固定在那里;如果发现你智商高,那你就会让人害怕,也因此而被固定在那里。

不管智商可能会有什么重要意义,现阶段,它在被心胸狭窄的人当作游戏来玩。

现在,让我向你表白我自己的观点以结束此文。我们每个人都是数目众多的群体的一部分,与众多群体相应的是众多细分的人类传统。在每个传统中,某一特定的个体可能会比群体里的其他成员优秀,也可能低劣,或其中之一,或两者兼有,这取决于定义方法和环境因素。

正因为如此,"优秀"和"低劣"没有什么实际意义。客观地讲,真正存在的是"不同",我们每个人都是不同的,我不同,你不同,还有他、她、他们……

正是这种不同,才是人类的光荣,也才最有可能拯救人类,因为某人不能做的事,别人能做;在某人不能兴旺发达的地方,别人利用广泛的条件却能够兴旺发达。我认为,我们应该从整个人类物种的角度出发,把这些"不同"视为人类的主要财富。千万不要从个人的角度出发,试图用它们把我们的生活搞糟。

后　记

我在《古老与终极》一文的后记里曾指出,我对读书识字的捍卫可能让人怀疑我在为自我服务。

现在，我高兴地指出，在这篇文章里，我显然丝毫没有为自我服务。我是智商系统的终身受益者，在我做过的测验中，每次都得到高分，我的脑力让人以各种各样奉承的方式加以描述，即使描述者不是我本人。

然而，我一直在嘲笑智商系统。对于抽象智力测试的重要意义，我也一贯地予以否定。我真的遇到过太多高智商的人，可我却认为他们是白痴；我也遇到过太多明显低智商的人，但他们却以极高的聪明才智打动了我。我宁可与后者来往，而不是前者。

实际上，尽管我还担任着门撒国际的副主席，但13年来，我却很少出席门撒国际的会议。虽然有些门撒国际成员是我深深爱戴的好人，但其余的人嘛，没有他们也行。*

---

* 关于智力、智商和思维方式的讨论，本书第21篇和第26篇也有涉及。——译者

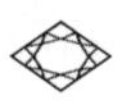

全速倒退

在越来越自怜的心境中,我越来越感到好像只有我自己在孤立地捍卫着科学的堡垒,反击新野蛮人的疯狂进攻。所以,虽然我可能会重复我在过去的文章里所做的零零碎碎的声明,但我还是希望把这一篇专门用于这一捍卫行动——我告诫你,这将是绝对不妥协的捍卫。

事件一:你可能会想,在《新科学家》(*New Scientist*,一份优秀的英国周刊,专门刊登有关科学进展的文章)这样的出版物中,不太可能会有版面刊登荒唐的、反科学的白痴论调吧。——非也!

在1974年5月16日出版的这一期里,该杂志的招牌作家之一,在非常语无伦次地发表了一些为维利柯夫斯基(Velikovsky)辩解的议论之后,接着写道:"科学在它200年的航程中的确创造了某些巧妙的窍门,比如,罐头食品和密纹唱片,但老实说,它还创造了其他什么对人60岁的寿命真正有价值的东西吗?"

我立即写了一封信,信中谈到:"……其中一件你会觉得真正有价值的东西,就是人的60岁寿命……在大部分历史时期,它一直是30岁左右。我们可不可以期待你对生命的其余40年表现出一点点感激之情呢?因为它让你有机会享受生活。"

这封信发表了。紧接着，在1974年7月11日出版的一期杂志里，刊登了一位来自赫里福德郡(Hereford-shire)的先生对它的猛烈抨击，我就管他叫B先生吧。他显然认为长寿有其弊端，比如说，它助长了人口激增的发生。他还说："……阿西莫夫先生所提到的平均寿命远低于70岁的蒙昧时期，还的确设法造就了沙特尔大教堂、丁顿修道院、拉斐尔(Raphael)和莎士比亚。现代社会与之相当的是什么呢？难道是中央塔楼、奥利机场、沃霍尔(Andy Warhol)和科幻小说?"

我注意到他对科幻小说的挖苦并猜出了他的攻击目标，所以，我觉得我有充分的理由除去温情的面纱。我在回信中谈到："B先生继续指出，在过去几个世纪里，短寿的人创造了艺术、文学和建筑上的杰作。B先生是把这看作偶然巧合呢，还是在宣扬过去的文化进步出自人的短寿?"

"如果B先生果真憎恨寿命的延长（是科学使之成为可能），并发现它对人性具有破坏作用，那么，他有什么建议？抛弃科学进步，让污水渗入饮用水源，远避消毒手术，终止抗生素的使用，眼睁睁地看着死亡率上升到一定的高度，来促成另一个莎士比亚的迅速诞生（根据B先生的独到论点），这些毕竟不难做到。"

"如果B先生果真乐意接受这些，那他是否会建议，把死亡率升高的好处只提供给其他国家愚昧的异教徒，即肤色较深的弱小民族，因为他们的高死亡率有可能使赫里福德郡的人觉得地球更舒适？或者，他刻板的公正感是否会促使他建议，包括他自己的国家在内的所有国家，都应该加入到这一高尚行动的行列中去？他是否真的打算从我做起，勇敢豪迈地拒绝借助科学延长自己的寿命?"

"B先生实际上是不是已经意识到，要解决科学和医学的进步所导致的人口激增，方法之一就是降低出生率？或者，不巧他发现降低出生率与他的道德观相冲突，因此他是不是宁愿以瘟疫和饥荒的魔力来解决人口过剩问题?”

那封信也刊登了,但接下来没有回音。

事件二: 偶尔,我收到的私人信件会表达出一个人对科技化、现代化世界的不满,主张全速倒退,回到工业化前高贵幸福的世界。

例如,最近我收到了某教授(记不清他是哪个专业了)的一封信,他为自己搞了个农场,自给自足种粮食吃。他兴奋地告诉我,在摆脱了所有可怕的机器以后,一切都变得那么美妙,他感到何其健康幸福。不过,他承认他的确还开着汽车,并为此道了歉。

但他没有为使用打字机而道歉,而且这封信能到达我的手里,靠的是我们现代化的运输系统;他也没有为使用电灯、电话而道歉。所以,我假定他借助烧木头的火光阅读,借助旗语传达信息。

我坦率地回了张礼貌性的卡片,祝愿他享受中世纪农民的一切欢乐,没想到这却招来了一封异常愤怒的回信,其中还附寄了他对我的书《阿西莫夫批注〈失乐园〉》(*Asimov's Annotated "Paradise Lost"*)所做的批评。[啊,是的,我现在想起来了,他是弥尔顿(Milton)专家,我猜他在抗议我对他神圣势力范围的侵犯。]

事件三: 有一次,在我作完讲演后的问答时间里,一个年轻人问我是否真诚地相信,科学在为人类造福上曾作出过贡献。

“假如你生活在古希腊时代,你认为你还会这样幸福吗?”我问道。

“是的。”他坚定地回答。

“难道你喜欢在雅典的银矿里做奴隶?”我笑着问,他便坐下来,思考这件事去了。

或者想想这种情况。某人曾对我说:“要是我们生活在100年前,轻易就能找到仆人,那该多快活啊!”

“那将非常可怕。”我马上就答道。

“为什么呢?”他惊愕地问。

我非常实事求是地说:“因为我们都将是仆人。”

有时候我很想知道,诋毁科技现代化世界的人,是否恰恰就是那帮一贯安逸富足的人,那帮理所当然地认为如果没有机器,就会有大量人力(当然是其他人)取而代之的人。

也许正是那些从来不干活的人,才完全愿意以人力(但不是他们自己)来代替机器。他们梦想建造沙特尔大教堂——自己是建筑师而不是应招拖石头的民工;他们幻想古希腊式的生活——自己是伯里克利(Pericles)而不是奴隶;他们向往快乐的老英格兰及其栗色啤酒——自己是诺曼底贵族而不是撒克逊农奴。

事实上,我很想知道,上流社会对现代化技术的抵制,是不是很大程度上出于对下面事实的强烈不满:地球上那么多卑贱的人(比如像我这样的)现在都开上了汽车,拥有了全自动洗衣机,还看上了电视——所谓卑贱的人与有教养的贵族之间的差别缩小了,因此他们悲叹科学没有给任何人带来幸福。这削弱了他们自负的理由。的确是这样。

几年前,有一份名叫《知识分子文摘》(*Intellectual Digest*)的杂志,是由一些很正派的人主办的,可惜它只存在了不到两年。在刊登了几篇诋毁科学的文章以后,他们觉得也许有必要刊登一篇拥护科学的,于是就请我给他们写一篇。

文章我写了,他们也买了,付了钱,但从未发表。我猜(但我并不知道),他们觉得这样会冒犯他们的读者——其中大多数可能是温和理性主义流派的成员,这些人把对科学的一无所知当成明智之举。

那些读者也许会对格雷夫斯(Robert Graves)的一篇文章印象深刻。该文在1972年4月号的《知识分子文摘》上重印。他在辩论中,似乎赞成对科学实施社会控制。*

格雷夫斯是个古典主义者,他是在第一次世界大战前的岁月里,在英国上流社会传统的熏陶下成长起来的。我确信,他对公元前古希腊文化的了解,要远胜于对工业化之后科学知识的了解。这就使他在科学发现问题上的权威性令人怀疑,然而他却这样说道:

“在古代,科学发现的应用由于社会原因而被严密地防范着,如果不是被科学家自己,就是被他们的统治者。例如,埃及在托勒密时代发明的、用来把水抽到法洛斯岛上那座著名灯塔塔顶的蒸汽机,很快就被废弃了,这显然是因为它助长了奴隶的懒惰——从前他们是沿着灯塔的台阶把水袋扛上去的。”

当然,这纯粹是无稽之谈。埃及托勒密时代发明的那个“蒸汽机”只是一个小玩具,还不能把水压高一尺,更别说送到法洛斯灯塔的顶部了。

但对此你不必介意。格雷夫斯这个劝诫性的故事虽然在细节上是错误的,但在本质上还是对的。希腊化时期(公元前323—前30年)的确出现过某种类似于工业化的苗头,但这种进步却戛然而止,至少在部分原因上可能是因为奴隶劳动力非常丰富,以至于没有对机器的强烈需求。

实际上,甚至可能会有人搬出人道主义的理由来反对工业化,其大意是,假如机器代替了奴隶,你如何处理所有过剩的奴隶?是让他们饿死,还是杀死他们?(谁说贵族不人道?)

格雷夫斯及其同道似乎在声称,古代对科学施加社会控制,其目的

---

* 这我也赞成,只要这种控制由懂得点儿科学的人去实行。

就是为了维护奴隶制。

这难道是我们所希望的吗？所有反科学的理想主义者们，难道会在“拥护奴隶制”的旗帜下勇敢地投入战斗？或者，既然大多数反科学的理想主义者都把自己扮成艺术家、乡绅、哲学家，或者诸如此类的人，却从不把自己当成奴隶，那么，旗帜上是不是应该写明“为他人拥护奴隶制”？

当然，某些深思熟虑的人会反驳说，现代化技术造就的那种工厂式的生活比古代奴隶的命运好不到哪里去。例如，在美国南北战争前，就有人以这种论调指责自由州里废奴主义者的伪善。

这并非十足愚蠢的论调，但我不信，任何一个马萨诸塞工厂的工人会觉得两种职业相当，因而自告奋勇地去做一个密西西比农场的黑奴；或者反过来，一个密西西比农场的黑奴会拒绝成为一个马萨诸塞工厂的工人，因为他觉得那比奴隶制没有什么进步。

《模拟科幻小说》(*Analog Science Fiction*)杂志主编约翰·坎贝尔(John Campbell)曾经更出格。他认为（也许他在假装认为）奴隶制有其优点，而且无论如何，人人都是奴隶。他对我说：“艾萨克，你是你的打字机的奴隶，对不对？”

“是的，约翰，”我回答说，“假如你在使用这个名词时，把我的情形当作比喻，而把1850年棉田里黑人的情形当作现实的话。”

他说：“你的工作时间就像奴隶一样长，而且不休假。”

我说：“但没有工头手拿皮鞭站在身后，来**确保**我不休假。”

我从未能够说服他，但我肯定说服了我自己。

有人认为，科学是非道德的，它不进行价值判断，对于人类最深层的需要，它不但不予关注，而且完全不相干。

让我们讨论一下汤因比(Arnold Toynbee)的观点。像格雷夫斯一样，汤因比也是英国上流社会人士，也是在第一次世界大战前度过了性格形成期。他在1971年12月号《知识分子文摘》的一篇文章里说："按我的信念，科学技术不能满足人的精神需求，而这些需求正是各种宗教所努力提供的。"

请注意，汤因比还挺诚实的，他使用了"努力"一词。

那么，你喜欢下面哪种情况呢？是一个从不标榜自己致力于精神问题，却无论如何解决了问题的机构，还是一个不断谈论精神问题，却从不做任何事去解决问题的机构？换言之，你想要的是行动还是高谈阔论？

想一想人类社会的奴隶制。这个问题的确在考验那些对人类精神需求感兴趣的人。一个人是奴隶主而另一个是奴隶，这对吗？公正吗？道德吗？这个问题的确不是出给科学家的，因为它不是通过研究试管反应就能解决的问题，也不是通过观察分光光度计表盘上指针的转动就能解决的问题。这个问题是出给哲学家和神学家的，众所周知，他们有充裕的时间去思考。

贯穿整个文明史，直至现代社会，相对少数人的财富与繁荣，都是建立在动物般的苦役以及对大多数悲惨的农民、仆役、奴隶进行剥削的基础之上的。我们的精神领袖们对此都说过什么？

在西方文明中，我们精神安慰的主要来源至少有《圣经》。然而，从头到尾读一遍《圣经》，从第一篇《创世记》到最后一篇《启示录》，全书你找不到一个词谴责奴隶制。《圣经》里有大量的关于爱与博爱的概括总结，但关于政府对穷人和不幸者的责任，却没有任何可行的建议。

翻遍以往伟大哲人的所有著作，连谴责奴隶制的窃窃私语你都不会找到。亚里士多德似乎还非常明确地表示，有些人从性情上看，就适合于做奴隶。

实际情况恰恰相反。精神领袖们往往联成一气，直接或间接地拥护奴隶制。他们中间不乏其人，为强行拐骗非洲黑人并使之变成美洲奴隶的行为进行辩护。说这样一来，就把他们改造成了基督徒，对其灵魂的拯救远远补偿了对其身体的奴役。

另外，宗教满足了奴隶和农奴的精神需求，使他们相信其尘世地位是上帝的意志，并向他们保证，只要他们不因违背上帝的意志而犯下罪过，死后就会得到永恒幸福的生命。这时候，谁是最大的受益者？是由于向往天国而对现实生活忍耐力增强的奴隶，还是对改善被压迫人民悲惨命运的关注减低了很多、对奴隶暴动的担忧减轻了很多的奴隶主？

那么，是什么时候人们开始认识到奴隶制是一种不合理的制度，一种严重的罪恶？什么时候奴隶制走向了终结呢？

对了，就是工业革命曙光出现，也就是机器开始代替人力时。

就此而言，是什么时候广泛的民主有了实现的可能？就是在工业化时代，当交通工具和通信手段使代议制立法体制有可能在广大地区实行时，当机器制造的各种廉价商品大量涌现，把"下层社会"转变成值得悉心照顾的、尊贵的顾客时。

假如我们现在摒弃科学，你设想会出现什么情况？假使年轻高贵的一代放弃实利主义的工业（它所关心的是物质而非理想），全速倒退，回到一个人人呻吟爱与博爱的世界，那将会怎样呢？哎，如果没有实利主义工业的机器，我们必然会倒退到奴隶制经济，但我们可以用爱与博爱使奴隶们安分守己。

哪一个好？是终结了奴隶制的非道德的科学，还是高谈阔论了数千年却无所作为的精神？

奴隶制也不是我们立论的唯一根据。

工业化以前，人类不断遭受传染病的侵袭。父母全部的爱，教堂会众全部的祈祷，哲学家全部的高深归纳，都不能阻止孩子死于白喉，也不能阻止一个国家半数的人死于瘟疫。

正是"科学人"客观的好奇心——它不进行价值判断,才放大并研究了裸眼看不见的生命形态,搞清了传染病的病因,证实了卫生、干净食物与水源以及有效排污系统的重要性。正是它,才研制出了疫苗、抗毒素、化学特效药、抗生素;也正是它,才拯救了亿万生命。

同样,也正是科学家们,才取得了与病痛斗争的胜利。在祈祷和哲学都束手无策时,是科学家们发现了如何减轻身体的痛苦。面临手术,没有多少病人会提出请求,要以精神安慰来代替麻醉剂。

难道**只有**科学才值得称道吗?

较科学古老得多的艺术、音乐、文学,它们所取得的辉煌成就,谁能否定?科学给我们提供什么才能与这些美好的东西相媲美?

首先我们可以指出的是,现代科学家以四个世纪谨慎的工作,使我们对宇宙有了比较清晰的认识,其美丽与壮观程度(对那些不辞劳苦去看的人来说),大大超过了所有人类艺术家所有作品的总和;或就此而言,甚至远远超出了神话作者的一切想象。

此外,在现代化技术出现之前的岁月里,人类智慧与艺术的精华实际上被少数贵族和富人垄断。正是现代科学技术,才提供了丰富廉价的读物;也正是现代科学技术,才使艺术、音乐、文学向全体人民开放,甚至把人类心灵的奇迹带给了最卑贱的人们。

然而,科学技术不也给我们带来了各种不良的副作用吗——从核战争的危险,到半导体收音机播放早期摇滚乐的噪声污染?

是的,但这并不是什么新鲜事。每项技术进步,无论多原始,都随之带来了某些人们不希望看到的东西。石刃斧头给人类带来了更多的食物,但它也使战争变得更加致命;火的应用给人类带来了光明、温暖、更多更好的食物,但它也增加了纵火失火的危险性;语言的产生造就了人类,但它同时也造就了说谎者。如此等等,无一例外。

然而,善恶的选择却在于人——

1847年,意大利化学家索布雷罗(Ascanio Sobrero)第一个制成了硝化甘油。他加热了一滴硝化甘油,结果迸溅一地。索布雷罗惶恐地意识到了它用于战争的可能性,因此立即停止了这个方向的一切研究工作。

这当然无济于事。别人把这项工作接着做了下去,不到半个世纪,硝化甘油连同其他高级炸药,都用到了战争中。

难道这就使高级炸药一无是处了吗?1866年,瑞典发明家诺贝尔(Alfred Bernhard Nobel)学会了如何把硝化甘油同硅藻土混起来制成一种混合物,使用起来十分安全,他称之为"达纳炸药"。有了达纳炸药,开采土石方的进度远远超出了以往全部历史时期镐刨锹铲的成效,而且不再需要残酷地强迫劳工出苦力。

正是达纳炸药,在19世纪最后几十年中为修建铁路铺平了道路;也正是达纳炸药,帮人们建筑了水坝、地铁、地基、桥梁,以及其他成千上万的工业化时代的大规模建筑物。

归根结底,用炸药搞建设还是用炸药搞破坏,选择权在于人。如果他选择了后者,那么,错误并不在炸药,而在于人的愚蠢。

当然你可以认为,炸药能提供的一切好处都抵不上它可能造成的危害。你还可以认为,人没有扬善避恶的能力,所以,为了这一群傻瓜,必须将炸药全盘否定。

针对这种情况,让我们回想一下医学的进步。它始于1798年詹纳(Jenner)推行接种疫苗,19世纪60年代巴斯德阐明了细菌致病学说。医学进步将人类的平均寿命翻了一番,这是它有益的一面,但同时它也带来了人口激增,这是它有害的一面。

就我所知,几乎没有一个人反对医学进步。即使当今有那么多人为科技进步带来的种种危险而担忧,我也几乎没听到过任何声音,抗议对关节炎、循环系统疾病、先天性缺陷以及癌症的病因与治疗方法的研究。

然而,人口激增是人类所面临的最紧迫的危险。假如人口激增继续得不到控制,即使我们避免了核战争,消除了污染,学会了合理使用自然资源,并在各个科学领域都取得了进步,那么,我们还是会在大约几十年内遭受灭顶之灾。

在人类所有的愚行当中,最愚蠢的莫过于使死亡率降低的速度快于出生率降低的速度。

据此,有谁会赞成废弃医学进步,重新回到高死亡率?有谁会在"拥护传染病"的旗帜下前进?(当然,你可以认为在其他某个大陆上流行传染病是可以接受的,但传染病有个四处蔓延的坏习性。)

那我们可不可以挑选一下呢?我们可不可以保留医学进步和其他少数几个优秀的科学进步,摒弃其余的技术?我们可不可以隐居到农场,生活在无可挑剔的美丽农村,忘掉邪恶的城市和机器?

但农场绝对不能使用机器,包括动力驱动的拖拉机、收割机、割捆机和其他一切机械;农场绝对不能使用人工合成的化肥农药,因为它们都是先进技术的产物;农场绝对不能使用灌溉机械、现代化的水坝,等等;农场绝对不能使用高级遗传品系,因为它们需要充足的化肥和良好的灌溉。事情必须得是这个样子,否则你又会受到整个工业化机器的折磨。

在那种条件下,全世界的农业大约只能养活地球上的10亿人,而目前地球上的总人口刚好有40亿。*

假如我们要造就一个幸福农民的行星,至少有30亿人必须从地球上除掉。有志愿者吗?逼迫别人充当志愿者是不公道的,有没有谁自

---

* 2012年,地球人口已突破70亿。——译者

愿把自己除掉？——我曾经这样想过。

在前面引述的同一篇文章，即汤因比谈论精神需求的文章中，他还说："科学在解决问题方面的确很成功，其原因在于，这些问题不是最重要的问题。科学从来没有考虑过宗教的基本问题，即使考虑过，也没有得出真正科学化的解答。"

汤因比教授想要的是什么呢？通过科学进步，我们结束了奴隶制；通过科学进步，我们给更多人提供了比科学之前所有年代的梦想还要更可靠的安全感、更高的健康水平和更多的物质享受；通过科学进步，我们使艺术和悠闲成为亿万人民的活动。这一切都是在解决"不是最重要的问题"时得到的结果。这大概很对吧，教授？我是个谦恭的人，如果这些就是不重要的问题带来的结果，那么，我认为这些不重要的问题非常之好。

而宗教是如何回答自己的"基本问题"的呢？其答案又是什么？是不是因为有了宗教的存在，人类在总体上变得更有道德、更善良、更正直、更仁慈了？或者更确切地说，目前人类的状况是否就是几千年空谈善行道德失败的证明呢？

无论现在还是过去，是否有迹象表明，信仰某特定宗教的某特定的人类群体，与信仰其他特定宗教或在这方面没有特定宗教信仰的其他人类群体相比，更有道德、更善良、更正直？我从未听说过任何这样的迹象。假使科学所取得的成就没有超过宗教，科学早就已经消亡了。

皇帝没穿衣服，但盲目的敬畏似乎阻止了真相的揭穿。

现在让我们总结一下——

或许你不喜欢现代科学技术所走的路，但除此之外别无他路。

我可以告诉你的是，你所提出的任何宇宙间的问题，虽然科学技术有可能解决不了，但其他任何东西也是不可能解决的。所以，你有两个选择：要么坚持科学技术的可能的胜利，要么摒弃科学技术的注定的失败。

你要哪一个?

后　　记

因为遇到了困难而对科学和科学家横加指责,近来非常盛行。比如说,正是科学家发现了核裂变,因此,原子弹及核战争危险使科学家遭到非难;同时,也正是科学家制成了不能生物降解的塑料、污染世界环境的毒性气体和有毒化学物质,等等。

但在1945年夏天,恰恰是科学家由于对原子弹的恐惧,恳请不要用原子弹投掷城市,而恰恰是政客、将军一再坚持说应该使用,并最终取得了胜利。*之后,很多科学家怀着厌恶的心情离开了核物理领域,还有人不得不与自杀的冲动做斗争。然而,我却从未听说哪个政客、将军对自己的决策有过一夜的失眠,这是为什么?为什么科学家被当成恶棍,而政客、将军被当成英雄?

当然,我认为有些科学家**的确**是恶棍,有些政客、将军**的确**是英雄,但在这两种情形下,他们所代表的都是整体中的少数。所以,这篇随笔如果看起来有些辛辣,我希望你不要见怪。

---

* 参见《原子弹秘史——历史上最致命武器的孕育》,理查德·罗兹著,江向东、廖湘彧译,上海科技教育出版社,2008年。——译者

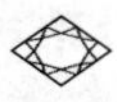

最微妙的差别

由于我写的这些随笔涉及诸多方面的主题,并总是使用令人难以容忍的博学与权威的口气,因此,就可能留下很多把柄让各位读者不时地迫使我坦白承认自己的愚蠢。其实,这样我很高兴,因为我有很多事例可以举出来。

比如大约两周前,我坐在听众席上听一个私人侦探讲述他的职业生涯。他年轻、英俊、聪明,而且还是个相当不错的演说家,听他讲演很开心。

他讲述了如何帮助重罪犯逃脱惩罚,那就是拿出证据,表明警察进行了非法调查。他解释道,想方设法使那些毋庸置疑的罪犯不受惩罚,他觉得完全正当。这是因为:第一,宪法赋予了他们尽可能最好的辩护;第二,假如起诉手段有缺陷,罪犯在上诉后总是会被释放的;第三,我们在细节上坚持正当的程序,就是在保护每个人(甚至包括我们自己)免遭政府的侵犯,因为假如缺乏经常性的监督防范,一个政府特别易于走向专制。

我坐在那儿频频点头。我想,他讲得不错。

后来,他把话题转到幽默故事上。其中一个故事说到,某自由职业者与妻子分居而与秘书同居。后来,此君想甩掉秘书,就请侦探跟踪秘书，还要设法使秘书发现有人在盯梢她。这样一来，秘书就会告诉情人，说有人在跟踪她，这时候此君就会说："噢，天哪，是我妻子在盯梢，我们必须分手。"

尽管侦探尽其所能让秘书发现自己，秘书却不为所动，这个小小的计划便因此失败了。

这时候我举起手，出于绝对的愚蠢，提了一个可笑的问题。我说："我理解有关为罪犯一方工作的宪法条文。然而，帮某人对一个可怜的女人玩弄肮脏卑鄙的伎俩，其宪法条文又是什么呢？你为什么做这种事呢？"

侦探莫名惊诧地看着我，说道："他**付钱**给我。"

所有的观众都在窃笑，互相用肘轻推对方。我意识到，自己是现场唯一一个愚蠢到不得不需要别人对此进行解释的人。

实际上，人们如此明显地笑话我，以至于我连问下一个问题的勇气都没有了。假如我敢说出来，这问题将是："如果说当私人侦探使你难以抵御金钱的诱惑而去做不光彩的事，那你为什么不选择其他职业呢？"

我想，这问题也会有明确的答案，而我却笨得不知道。

上面我已经把我在理解简单问题上的无能预先提醒了你们每一个人，现在，我要提出一个确实很难回答的问题：生与死的问题。坦白地说，我的任何言论都无须作为权威，那只不过是我自己的观点而已。所以，如果你不同意，请别多虑，继续坚持下去就是。

什么是生？什么是死？我们怎样去区别生和死？

假如我们所比较的是一个活人和一块石头，问题就不存在了。

人体是由某些与生命现象密切相关的化学物质构成的，如蛋白质、核酸等，而石头则并非如此。

其次，人体还表现出一系列的化学变化，以此构成人体的“新陈代谢”。这些化学变化把食物和氧气转化成能量、人体组织以及排泄物。结果，人就生长繁殖，把简单的物质转化成复杂的物质——这在表面上违背了热力学第二定律。石头做不到这一点。

最后，人表现出“适应行为”，即努力保全生命、避免危险、寻求安全，这是通过有意识的意志与无意识的生理生化机能两者共同完成的。石头做不到这一点。

然而，人与石头的对比所显示出来的生死之别过于简单，以至于没有什么价值，也无助于我们解决问题。我们应该选择更为复杂的例子。让我们不去考虑并对比人与石头，而是谈谈活人与死人吧。

事实上，我们不妨把情况考虑得尽可能困难一些。试问，一个人在死亡前后的短暂时间里，比如说在死前5分钟与死后5分钟的时间里，有什么本质的差别呢？

在那10分钟里发生了什么变化呢？

所有的分子俱在，包括所有的蛋白质和所有的核酸。然而，**某种东西**的确已不复存在，因为死亡前人体中一直在进行的新陈代谢和自我适应行为（不管多微弱），死后就不再进行了。

某种生命的活力业已消逝，它是什么呢？

对这一问题早先有一种推测，认为是血液。不难想象，血液和生命之间有着某种特殊的联系。这种联系较之人体其他细胞组织与生命之间的联系更为密切和内在。失去血液终归会使人越来越虚弱，直至死亡。因此，血液或许就是生命的本质，抑或事实上就是生命本身。

这种观点的痕迹可在《圣经》里找到，其中有多处直截了当地把生命和血液同等看待。

例如，洪水退后，上帝曾教导那次大灾难中人类唯一的幸存者诺亚及其家人，什么东西可以吃，什么不可以吃。作为营养学训练的一部分，上帝告诫说：“唯独肉带着血，那就是它的生命，你们不可吃。”（《创世记》第9章第4节）。

关于食物的另一段，摩西转述上帝的话，说得更明确：“只是你要心意坚定不可吃血，因为血是生命。不可将血与肉同吃。”（《申命记》第12章第23节）。类似的提法还可在《利未记》（第17章第11节和第14节）里找到。

显然，生命是上帝的恩赐，所以不能食用。然而，一旦排除了血液，余留下来的实质上就是尸体，而且永远都是死的，因此就可食用了。

按照这个观点，没有血的植物，并没有真正地活着，也没有真正的生命，只能作为人类食物的来源。

例如，《创世记》（第1章第29—30节）引述了上帝对他刚造好的人类所讲的话：“看哪，我将遍地上的一切结种子的菜蔬，和一切树上所结有核的果子，全赐给你们作食物。至于地上的走兽和空中的飞鸟，以及各种爬在地上有生命的物，我将青草赐给它们作食物……”

上帝把植物说成“结种子”，“结有核的果子”，但动物却“有生命”。

当然，如今我们已不再做这样的区分了。植物和动物一样，也是有生命的，植物的体液发挥着和动物的血液同样的功能。但即使单纯就动物而言，血液论也站不住脚。虽然大量失血必然导致生命的终结，但反之却不然。不失一滴血，也完全有可能让人死去。实际上，这样的事情经常发生。

很明显，既然在不失去任何物质的情况下死亡也会发生，那么，生命的活力就必须到比血液更微妙的东西中去寻找。

那是不是呼吸呢？所有的人，所有的动物，都要进行呼吸。

只要想一想呼吸，我们就会发现，把呼吸看作生命的本质要比血液恰当得多。我们不间断地呼气和吸气，无法把气吸入体内无一例外会导致死亡。如果一个人吸气受阻——或因气管受压迫，或因骨头堵塞喉咙，或因没于水中,那他就会死去。丧失呼吸能力如同失血一样,无疑也是致命的,而且会更快地置人于死地。

此外,对于血液来说,失血会导致死亡,反之却并非如此(人不失血也可以死去),但对呼吸来说反过来的情况**是**成立的。只要不失去空气,人就不会死亡。活人都进行呼吸,不管呼吸多么微弱,也不管他离死亡有多近。但人死后就不再呼吸了,这是颠扑不破的真理。

而且,呼吸本身非常微妙,既看不见,也摸不着。古人认为呼吸是非物质的,但这类东西恰恰是一种反映着并理应反映着生命本质的物质,因而也反映着生死之间的微妙差别。

例如,《创世记》(第2章第7节)是这样描述上帝造亚当的:"耶和华神用地上的尘土造人,将生气吹在他鼻孔里,他就成了有灵的活人。"

希伯来文里表示"呼吸"的词是"*ruakh*",相对应的词译成英文通常是"灵魂"(spirit)。

从"呼吸"到"灵魂",乍一看似乎引申过分了,其实全然不是如此。从字义上看,这两个词是相同的。拉丁文中,*spirare* 的意思是"进行呼吸",*spiritus* 的意思是"一次呼吸"。希腊文中表示"呼吸"的词 *pneuma* 也用来指"灵魂"。此外,"ghost"(灵魂)这个词是从古英语里一个意思为"呼吸"的词派生出来的。虽然"soul"(灵魂)这个词的来源不甚清楚,但假如我们果真知道的话,我相信它也会追溯到呼吸。

我们英语中有一种倾向,就是在使用拉丁文和希腊文的派生词时,忘却了那些传统单词的本意,而把原本不属于它们的概念强加上去。

我们常说"死者的灵魂"(spirits of the dead),假如我们把它说成"死者的气息"(breath of the dead),则其意思完全相同,只是后者缺少一点感染力罢了。而"Holy Ghost"和"Holy Spirit"完全是同义语*,其本意都是

---

* 均为"圣灵"的意思。——译者

"上帝的气息"。

有人可能认为,词汇字面上的意思并不具有什么意义,最重要、最深奥的概念须以最普通的词汇来表达,而且这些词汇要从概念中推测出它们的含意,而不是相反。

假如有人相信知识完全来源于超自然的启示,那他也许会接受这种说法。但我认为,知识来源于尘世,来源于观察,来源于简单质朴的思考。这种思考首先建立起比较初级的概念,然后随着知识的日积月累而逐渐复杂化、抽象化。由于**原始**思想如今已被几千年的深奥哲学所掩盖,因此,词源学就成了它的线索。我想,人们最初是以一种十分质朴和直接的方式注意到了呼吸与生命之间的联系,而哲学和神学上一切关于精神和灵魂的深奥概念都是后来才产生的。

人的灵魂是不是同赋予它名称的呼吸一样,无定形也没个性?所有死者的灵魂是不是都混杂在一起,形成了一个均匀统一的生命体?

这是很难令人信服的。毕竟每个人都是独特的,人与人在各种细枝末节或不那么细微的方面是不同的。似乎可以自然而然地设想,每个人的生命本质也必然以某种方式有别于其他所有的人。这样,每个灵魂都会保持那种差别,并能以某种方式让人联想到那个它曾依附过且由它赋予了生命特性和个性的躯体。

假如每个灵魂都保留着赋予了躯体特征的那种特性,那我们不禁要设想,灵魂以某种微妙、轻盈、飘逸的方式保持了它所依附的人体形态和模样。梦见已故的人仍然健在,这一常见事实可能有助于形成上述看法。在人类早期,人们把梦看作来自另一世界的信息,因而对梦十分重视(就此而言,现代也一样)。这似乎就是一个有力的证据,证明灵魂同它所离开的躯体很像。

为庄重起见,假如没有特殊的原因,这样的灵魂通常被描绘成身裹形状不定、似乎由闪亮的云彩或夺目的光辉构成的白色长袍。或许，这自然而然就产生了连环漫画中身裹尸衣的幽灵和灵魂。

进一步自然可以设想，灵魂是不朽的。生命的真正本质怎么能死去呢？一个由物质构成的实体，可以根据它是否具有生命的本质而确定其生或死，但生命的本质却只能是活的。

这与海绵的道理类似，一块海绵可以是湿的也可以是干的，这取决于它是否含有水分，但水本身只能是湿的；或者说，一间屋子可以是亮的也可以是暗的，这取决于阳光是否通过房间，但阳光只能是亮的。*

如果各种永生不灭的灵魂真的存在，它们能进入刚刚诞生的物质并赋予它生命，而后又能离开它让它死亡，那么，灵魂的数目肯定是巨大的，每个曾经活过的人，每个将要降临人世的人，都会有一个。

如果其他各种生命形态也有灵魂，那么，这个数目还会进一步增加。如果灵魂可以循环使用，就是说，灵魂在脱离了一个死去的躯体后，能转移到一个新出生的躯体上，那么，这个数目就会减少。

上述两种看法都有其信徒，有时又彼此结合起来。所以，有些人相信，灵魂可以在整个动物界转世轮回。一个作恶多端的人可能会转世为一只蟑螂；反之，一只非常优秀和高尚的蟑螂也可能转世为人。

无论如何解释，无论灵魂是局限在人类范围还是遍及整个动物界，也无论灵魂的转世轮回是否存在，都必定存在数目可观的灵魂，来达到引发生命和终结生命的目的。那么，这些灵魂都待在哪儿呢？

换句话说，一旦接受了灵魂的存在，就必须假定有一个完整的灵魂世界。这个灵魂世界可能在地下，也可能高高在上，或在另一个世界、另一个“层面”。

---

* 你可能对以上两点有异议。你会说，水在足够低的温度下以固态的冰存在或水以气态存在时，它不是湿的；而阳光中的紫外线与红外线，外观上并不亮。然而，我试着要像一个哲学家而不是像一个科学家那样进行辩论，至少在本段中是这样。

最简单的设想是，死者的灵魂就聚集在地下，这或许是埋葬死者的古老习俗给予的启示。

人们认为，灵魂最简单的地下聚居地，便是那个使人但愿忘却的灰色世界，如希腊人的冥界哈得斯（Hades）或希伯来人的阴间希耳（Sheol）。那里的情形几乎就像是处于永远的休眠。《圣经》是这样描写阴间希耳的："在那里，恶人止息搅扰，困乏人得享安息。被囚的人同得安逸，不听见督工的声音。大小都在那里，奴仆脱离主人的辖制。"（《约伯记》第3章第17—19节）斯温伯恩（Swinburne）在《普罗塞耳皮娜的花园》（*The Garden of Proserpine*）里描写的冥界哈得斯是这样开头的：

> 这里的世界静悄悄，
> 这里所有的烦恼就像
> 逝去的风和精疲力竭的浪
> 骚动在模模糊糊的梦之梦里

对许多人来说，这样的虚无似乎还不够分量。于是，由生命的不公平引发的怨恨情绪，诱使人们想象了一个死后备受折磨的地方，让他们所讨厌的人在那儿承受应有的惩罚，这就是希腊人的塔尔塔洛斯（Tartarus）和基督徒的地狱。

按照对称原则，还要有一个极乐世界，给他们所喜欢的人居住，那就是基督徒的天堂、希腊人的极乐岛、凯尔特人的阿瓦隆（Avalon）、美洲土著的极乐猎场、北欧人的瓦哈拉（Valhalla）殿堂。

末世学这一切庞大的架构，都基于这样的事实：活人呼吸而死人不呼吸，并且活人都极力**要**让自己相信，他们不会真的死去。

当然，今天我们已经了解到，呼吸与生命本质的联系并不比血液密切多少。这就是说，呼吸像血液一样，仅仅是为生命服务的。呼吸既不是无形的，又不是非物质的。它并不神秘。跟身体的其他部分一样，呼吸也是物质的，它由原子构成，而且这些原子并不比任何其他原子更神秘。

尽管如此，人们仍然相信死后有灵，甚至那些了解气体、原子以及氧气作用的人也不例外。为什么会这样呢?

最重要的原因在于，人们不管有没有证据，仍然愿意去相信，并且正因为这样做了，就产生了一种即使知道荒谬也偏要去相信的强烈欲望。

《圣经》谈到了精神、灵魂和死后有灵。其中一段是说，扫罗王居然命令一名女巫把已故撒母耳王的灵魂从阴间请来(《撒母耳记上》第28章第7—20节)。对于大众来说，这已经足够了。但是，在我们世俗观念甚重并怀疑宗教教条的一代中，很多人并不真的情愿不加区分地接受这些出自古代犹太人传奇和诗集里的说法。

当然，有目击者的见证。我想知道，有多少人说过他们曾见过幽灵和灵魂? 也许成千上万。没有谁会怀疑他们这样说过。但任何人都可以怀疑，他们是否真的看到过他们所说的目睹的东西。我不能设想，一个有理性的人会接受这些传言。

一些唯灵论(spiritualism)的狂热信徒声称，巫师能与灵魂世界取得联系。这种活动曾经风靡一时。尽管无数大骗局已经被戳穿，但受它诱惑的不仅有那些未受过教育的、愚昧无知的和头脑简单的人，甚至还包括像柯南道尔(A. Conan Doyle)* 和奥利弗·洛奇爵士(Sir Oliver Lodge)** 这样一些非常聪明、颇有思想深度的人。然而，绝大多数有理

---

* 柯南道尔(1859—1930)，英国小说家，因成功塑造了侦探人物福尔摩斯而成为侦探小说历史上最重要的小说家之一。——译者

** 奥利弗·洛奇爵士(1851—1940)，英国物理学家、作家，英国皇家学会会员。他的实验影响很大，促进了无线电报的发展。——译者

性的人根本就不信招魂术。

还有，20多年前出版了一本名为《搜寻布莱迪·墨菲》(*The Search for Bridey Murphy*)的书，书中设想一个女子被一个死去已久的爱尔兰妇女的灵魂所占据。在女宿主处于催眠状态时，人们可以同那个爱尔兰妇女进行交流。有那么一段时间，这也被提出来作为死后有灵的证据，但现在已经没有人把它当回事了。

然而，是否有**哪个**死后有灵的证据可以认为是科学的、理性的呢？

就在目前，有人声称存在着死后有灵的科学证据。

有位名叫库布勒-罗斯(Elisabeth Kübler-Ross)的医生一再就此发表言论，说她从躺在停尸床上的人那里收到的信息，似乎暗示着死后有灵的存在。有关这方面话题的书，目前正大量地印刷出版，每一本自然都能保证在轻信者中有很好的销路。

按照目前出现的一些报道上的说法，许多看起来曾在一段时间内处于"临床死亡"状态的人，仍然尽力紧抓生命不放，设法恢复过来，然后再设法给人们讲述他们在"死亡"时的亲身经历。

显然，他们那时还保留着知觉，感到平安幸福。他们从上方俯视自己的躯体，穿越黑暗的隧道，遇到已故亲朋好友的灵魂。在某些情况下，他们还能碰见热情友好、浑身发光的灵魂，想把他们指引到什么地方去。

这样的说法能有多高的可信度呢？

依我看，一点儿都没有！

我们也没必要假定"死过"的人在谎报他们的经历。一个濒临死亡、被判"临床死亡"的人，其神智已经失常。那时，神智会产生幻觉，这同其他因素引起的神智失常如出一辙，例如酒精、麦角酸二乙基酰胺*、缺

* 一种麻醉药，简称LSD。——译者

乏睡眠,等等。因此,濒临死亡的人就会经历他所希望经历或想要经历的种种情景。(顺便提一句,没有一则报道说过地狱或恶魔。)

死后有灵论者反驳说,世界上各种不同信仰的人,就连非基督徒的印度人,都讲述相似的故事,这使他们相信其中必然含有客观真理。我不会接受这个说法,理由有二:

第一,关于来世的传说遍及全世界。几乎所有的宗教都相信来世,而且基督教传教士和西方通信技术已经把**我们的**来世说传遍了世界各个角落。

第二,无论经历过哪种幻觉,刚恢复过来的人仍然很虚弱,也许还处于迷糊状态。但他们不得不叙述自己的体验,而要以某种取悦提问者的方式来叙述自己的体验又是何等的容易,更何况提问者往往又是热衷于死后有灵论的人,他们会热切地诱导出他们所需要的信息。

无数法庭审讯案件的所有经验都非常清楚地表明,即使一个人具备最高程度的诚实,甚至在发过誓且有惩罚威胁的情况下,也会记错事、自相矛盾、胡乱作证。我们还知道,一位聪明的律师通过适当的提问,就能从一个正直、诚实、明智的证人口中,套出几乎任何一种证词。这就是为什么有关证词和询问的法规必须严格执行的原因所在。

毫无疑问,要让我对一个垂危病人在某个忠实信徒热切提问下所诱发出来的话予以任何重视,那是非常困难的事情。

但如此说来,我自己在前面所做的论断,即人在从生到死的转变过程中必然发生了某种变化并导致了某种差异,而这种差异又跟原子和分子无关,又该如何解释呢?

这种差别既不涉及血液又不涉及呼吸,但它必然涉及**某种东西**!

情况确乎如此。人活着的时候有着某种东西,死后就没有了。这种东西是无形的,它导致了一种微妙的差别——生死之间最微妙的差别。

活的组织不但由复杂的分子构成,而且那些复杂的分子还要进行**复杂的有序排列**。如果那种有序排列开始紊乱,人就生病了;如果变得完全混乱,人就死亡。这时分子虽然一一俱在并保持原样,但生命却终结了。

让我介绍一种类似的情形。假设有个人用成千上万块小砖建造了一个复杂的建筑物。它采用中世纪城堡的模式建成,外有塔楼、胸墙、吊门,内有坚固的堡垒,等等。任何人站在远处观看竣工后的建筑物时,都不会看到一块块小砖,而只是看到了城堡。

现在,设想有只巨手从天而降,推翻了构筑城堡的所有砖块,把一切都还原成一堆排列无序的东西。所有的砖块还都在,一块儿也不少;所有的砖块也无一例外地保持原状,未受损坏。

但城堡哪儿去了呢?

城堡只存在于砖块的有序排列之中。有序排列被破坏,城堡就消失了。城堡也没跑到别的什么地方去,它根本就没有自身的存在。当砖块按顺序排列时,城堡就被凭空造了出来;当砖块的有序排列被搅乱时,城堡就消失得无影无踪了。

根据我的观点,我体内的分子,再加上一些其他分子所形成的整体,以一种独特的方式排列成越来越复杂的形式,它完全有别于其他任何曾经活过的生命体中的有序排列。在此过程中,我一点一点地发育着,直到发展成一个有意识的、被我称为"我"的东西。它只存在于分子的有序排列之中。当这个有序排列永远消失时,即出现我死亡时将出现的情况,这个"我"也就不复存在了。

这对我来说,真是太合适不过了。依我看,我所听到过的一切构想,不论是地狱还是天堂,都不适合于一个文明而又理智的心灵。我宁愿死后一切都不存在。

后　记

就连谬论似乎也会形成时尚。我在这篇随笔里提到过库布勒-罗斯及其论调，她说停尸床上的人所体验到的知觉可解译为天使下凡带他们进天堂——或诸如此类。

一时间，这种新形式的来世谬论，在一些**听起来**模模糊糊好像是科学的东西支持下，似乎大有取得支配地位并掀起一场关于天堂地狱的神秘主义轩然大波的趋势。我写此文的部分原因，正是要与这种可能性作斗争。

然而，这种特定形式的谬论现在好像已经消亡，这令人感到十分欣慰。但一般说来，谬论不会自行消亡。这几乎就像是存在着一个谬论守恒定律，即谬论不能被消灭，它只能改变形式。所以，库布勒-罗斯谬论只不过改变了形式，天灵灵地灵灵，摇身一变就成了麦克莱恩(Shirley MacLaine)谬论。

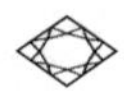

漂浮的水晶宫

上个月(当时我正在写这篇随笔),我和夫人珍妮特乘坐“伊丽莎白女王二世”号轮船横越大西洋,在南安普敦停留了一天,然后就立即返航了。

我们这样做有好几个原因。我在每个航程都要作两次讲演,珍妮特十分迷恋轮船,而且我们俩都觉得好像身处一个平静的岛上,远离了尘世的烦恼。(实际上,我设法在船上写了本小书,但那是另一回事儿了。)

不过,在这次特别的航行中,我在某个方面却保持着清醒的头脑。我心里一直有个模糊的假定,在任何船上有一个词绝对应该是禁忌。你可以说某东西“很大”、“巨大”、“极大”、“庞大”,但你**千万不能用**那个以“t”开头的形容词。

我错了。在船上的某天晚上,一个插科打诨的喜剧演员说:“诸位,我希望大家明天都来参加我们的大型宴会。我们要举行‘泰坦尼克’号的周年纪念。”

我非常惊讶!天晓得,我那些即席创作的幽默,其品位是否从来没人指摘过,但我想这次他也太过分了。假如事先知道这个喜剧演员要说这些话,我也许会设法成立一个委员会,把他从甲板上扔下水,去喂那些可怜而又该奖赏的鲨鱼。

别人也有同感吗？

非也，先生！他的话引来了大家的一致大笑，只有我自己（据我所知）投了弃权票。

他们为什么笑呢？在思索这个问题的同时，一篇文章在我的脑海里油然而生。请看——

让我们从公元6世纪爱尔兰修道士圣布伦丹(St. Brendan)开始吧。

当时的爱尔兰可以名正言顺地宣称他们是西方世界的文化领袖。当时，虽然罗马帝国的西欧各省在黑暗中没落分裂了，但知识的火焰却照耀着爱尔兰（它从来都不是罗马帝国的一部分），希腊人的知识在爱尔兰而不是在西方其他任何地方保留了下来。直到9世纪维京人以及后来英格兰人的入侵熄灭爱尔兰之火为止，岛上持续了三个世纪的黄金时期。

在这个黄金时期，爱尔兰人进行了一系列卓越的探险活动，到过冰岛甚至可能更远的地方。（爱尔兰人在冰岛的殖民地大概存在了一个世纪之久，但到9世纪维京人在那里登陆时，却已经消失了。）我们所能知道的探险家之一就是圣布伦丹。

大约在公元550年，圣布伦丹沿爱尔兰西岸向北航行，完成了对苏格兰北部沿岸岛屿的探险，其中包括赫布里底群岛、奥克尼群岛和设得兰群岛。他有可能往北走得更远，到达了法罗群岛——距爱尔兰岛最北端大约750千米。在当时，这几乎肯定是人类由海路所到达的最北端的纪录。

圣布伦丹的航行在那个时代非同凡响，但后来的传说却把它夸大了。公元800年，他的航行被虚构成小说，很受人们欢迎。在某种程度上，这是一篇原始科幻小说，因为作者自由发挥了他的想象力，只不过很小心地利用航海家的故事形成结构性框架(就像现代科幻小说家利用科学原理来达到同样的目的一样)。

例如,故事中描写圣布伦丹看见了一座"漂浮的水晶宫"。

在海洋探险中,有没有什么东西能让人产生如此特别的幻想呢?

当然有。一座冰山。假如这种解释是恰当的,那么,这是世界文献中第一次提到冰山。

几百年后,人们系统地探险了北部大洋,冰山就司空见惯了。那么,它们是从哪儿来的呢?

诚然,极地附近的海水一般都会结冰。冬季,北冰洋不同程度地被连续的冰层覆盖。然而这种海冰不厚,平均厚度才1.5米,某些最厚的地区最多才达到4米。

可以想象,当春季来临、天气转暖时,一块块海冰脱落下来,向南漂移。但这些冰块不太可能引人注目,因为它们都是些平平的冰片,高出海平面只有大约40厘米或更少。

与此形成对照的是,北冰洋冰山的顶部可高出海平面30米。据报道,冰山的最高记录是高出海平面170米,几乎是帝国大厦高度的一半。算上没于水下的部分,那块冰从上到下可能有1.6千米高。

这样巨大的冰块只能在陆地上孕育形成。

在海洋中,冰层底下的液态水相当于热源,即使在最冷的极地冬天,它也能阻止冰层过度增厚。而在陆地上,由于固体地表的热容比水小,又没有流体把暖物质从别的地方带过来,因此地表温度降到冰点以下,不会产生融化效应。年复一年,降雪不断堆积,就形成了很厚的冰。

永久性冰冻在全球的高寒地带形成并不断加厚。它也形成于低海拔的极地地区。在完全处于极地的北冰洋中,最大的一块陆地是格陵兰,也就是在这个巨岛上,冰的分布最广,也最厚。

格陵兰冰层覆盖了全岛的内陆部分,从南到北长约2500千米,从东到西最宽可达1100千米。

格陵兰冰层的面积超过180万平方千米——那可是一整块冰。换言之，它大约是得克萨斯州面积的2.6倍。在冰层最厚的地点，其厚度大约有3.3千米。然而，沿着海岸线的大部分边缘地带，却是裸露的土地，某些地方最宽可达300千米。

（就是在格陵兰西南部边缘的裸露地上，维京殖民者从公元980年到1380年顽强坚守了四个世纪。）

每年，越来越多的雪降落在格陵兰冰层上，即使在温暖的月份也几乎不融化（融化的部分一般也会在下个冬季重新冻结）。但冰层却没有永无止境地增厚，你知道，冰在压力下是有塑性的。

随着冰层的增厚，它自身的重力往往会将自身压平，向四周扩张。在高压的作用下，冰被推动着以冰川的方式移动——如同缓慢流动的固体河流，沿着山谷进入海洋。格陵兰冰川的移动速度最快可达每天45米，与普通高山冰川（压力要小得多）相比，这可谓神速了。

当格陵兰冰川到达海洋时，冰不会显著地融化。无论格陵兰的阳光，还是环绕格陵兰的冰冷海水，都不可能提供足够的热量使它们融化。冰川的前端直接断裂（“崩解”）后，巨大的冰块“扑通”落入海中，就形成了冰山。（顺便提一句，iceberg中的“berg”，是德语中的“山”。）

北冰洋水域每年崩解出16 000座冰山，其中大约90%产生于“流入”巴芬湾的格陵兰冰川（巴芬湾环抱着格陵兰岛的西岸）。

世界上最大的洪堡冰川，位于格陵兰西北部的北纬80度地带。虽然它抵达海岸时的宽度有80千米，但因天气寒冷，很难以创纪录的速度崩解出冰山。由此向南，在格陵兰岛长$\frac{2}{3}$处的西海岸，亚科普斯豪恩冰川每年能崩解出1400座冰山。

由于冰的密度是0.9克/立方厘米，因此，冰山的绝大部分没于水下。水下部分的具体大小取决于冰的纯度。冰山内通常含有大量的气泡,使其外表呈乳白色,而不是像纯冰那样透明,这减小了冰的密度。另一方面,冰川在向海洋移动的过程中,很可能夹带一些砂砾岩石并保留在冰山里,使冰山的总体密度增大。总之,冰山水下部分的体积介于80%到90%之间。

只要冰山停留在北冰洋水域,它们就能继续存在下去,不会发生太大的变化。北冰洋冰冷的海水不会显著地将它们融化。在格陵兰西海岸生成的冰山会在巴芬湾滞留很长一段时间,但最终开始向南移动,通过戴维斯海峡,进入格陵兰以南、拉布拉多以东的水域。

大多数冰山被束缚在荒凉的拉布拉多海岸,在那里碎裂并缓慢融化,但还是有一些能存留下来,大体上保持原状,一直向南漂到纽芬兰。完成这3000千米的旅程,最长需要3年的时光。

一旦到达纽芬兰,冰山的命运就注定了。它漂过纽芬兰岛,进入墨西哥湾暖流的温暖水域。

每年平均有大约400座冰山越过纽芬兰,进入北大西洋航道。多数冰山在温暖湾流的环绕下两周内就融化了。但是,1934年6月2日,有人在创纪录的北纬30度这样的低纬度,即北佛罗里达的纬度,看到了一个大冰山的残存部分。

可是,冰山在其旅程最后阶段的初期,还是庞大而有威胁的,而且它比表面看上去更危险。因为其主体部分没于水中,还有可能在水下横向伸出来,使冰山与驶来船只的实际距离,比水面上可见部分所显示的距离要近得多。

在无线电发明之前,轮船完全与世隔绝,根本无法知道水平线以外究竟有什么,因此冰山实在是危险之极。例如,从1870年到1890年,与冰山相撞致使14艘轮船沉没,40艘受损。

接下来便轮到了"泰坦尼克"号。"泰坦尼克"号在1911年下水时,是世界上最大的轮船。船全长270米，总排水量46 000吨。它的船体被分隔成16个密封舱，即使其中的4个裂开，轮船也不会沉没。其实，人们认为这艘船永远也不会沉没，而且它也是这样被公之于世的。1912年4月，它满载着富豪和社会名流，从南安普敦出发，做处女航到纽约。

4月14日到15日夜间，它在纽芬兰东南方大约500千米处发现了一座冰山。此前，该船无视冰山出现的可能性，正在超高速行驶，企图创造越洋时间的世界纪录。结果，当它发现冰山时，再想避免碰撞为时已晚。

碰撞后，船的右舷开了一条90米长的口子，5个致命的密封舱被切开。即使这样，"泰坦尼克"号仍然不屈不挠地坚持着，整个沉没过程持续了将近3个小时。

在这么长的时间里完全有可能搭救乘客，然而船上没有演练过救生船的使用。就算演练过，全部救生船加起来也只能搭载总共2200多名乘客的一小半。

当时，轮船已经配备了无线电，"泰坦尼克"号也发出了求救信号。另一艘船，"加利福尼亚人"号，也配有信号接收装置，而且整晚都离"泰坦尼克"号很近，可以迅速前往营救。但这艘船上只有一个无线电操作员，而一个人每天都需要睡觉。这样，当信号到达时，没有人在值班。

"泰坦尼克"号的沉没夺去了1500多条生命。鉴于沉船悲剧、众多死亡人数以及诸多死者的社会地位，这次灾难彻底改变了航海准则。此次悲剧发生之后，所有的客船都被要求携带能容纳全体人员的救生船，每次航行都要进行救生船使用的演练，无线电接收器要每天24小时运转，操作员要在耳机旁实行轮班制，等等。

此外，1914年还开始了国际冰区巡逻，并一直保持至今，以监测这些海中无生命巨人的位置。它得到了19个国家的支持，由美国海岸警备队执行。这个巡逻给人们提供在北纬52度以南出现的所有冰山的连续性信息，以及对未来12小时每座冰山运动趋势的预测。

最终，空中监视及雷达探测都用到了巡逻中。在巡逻设立以来的几十年间，被监视区域内没发生过一起冰山导致的沉船事故。固然，现代客轮都航行在远离冰山的区域，以至于乘客从来都不会在水平线上发现冰山。所以，当有人大煞风景地提到"泰坦尼克"号时，"伊丽莎白女王二世"号上的乘客还能笑得起来，这也就不足为怪了。

格陵兰西部的冰川是世界上最危险的冰山的发源地，但它们并不是最大的冰川。它们绝对不可能最大，因为格陵兰冰层虽然是世界第二大冰层，却是微不足道的第二大。

世界上最大的冰层是南极洲冰层。它是个近似圆形的大冰块，直径大约4500千米，海岸线长度超过2万千米。它的面积大约是1400万平方千米，差不多相当于格陵兰冰层的7.5倍、美国国土面积的1.5倍。南极洲冰层的平均厚度约2千米，最厚地方的厚度有4.3千米。

南极洲冰层的总体积大约是3000万立方千米，占世界冰总量的90%。

这个近似圆形的大陆有两个很深的内向缺口，它们就是罗斯海与威德尔海。当南极洲冰层被自身压平并向四周扩张时，首先抵达这两个海。然而，南极洲冰层不像西格陵兰冰层那样发生崩解。相反，由于南极洲冰层实在太厚，它完整地向外扩张，悬在海上而形成两个冰架。

冰架伸入海中，能在远至1300千米的距离内保持完整，形成厚冰板。冰板在刚离开陆地的地方厚约800米，向海一侧的边缘也还有250米厚。罗斯冰架是两个冰架中较大的一个，其面积相当于法国的领土面积。

当然，冰架并不是无限地向北延伸。冰板向海一侧的边缘最终会断裂，形成巨大的“平顶冰山”。平顶冰山的顶部平坦，露出海面的部分最高可达100米，其长度可用几百千米来衡量。

1956年，人们看到过一座平顶冰山，长330千米，宽100千米——只这么一块自由漂浮的冰就有马萨诸塞州面积的一半。

大多数情况下，南极冰山在南冰洋中环绕着南极洲反复漂流，徐徐向北移动，并缓慢融化。虽然南极冰山的总质量远远超过每年溜出纽芬兰的400座格陵兰冰山，但它们却很少引起人类的关注，这主要是因为它们离世界的主要海洋贸易线非常遥远。在南半球，没有任何地方的航线像北大西洋那样密集。

偶尔也有个别南极冰山向北漂得很远。1894年，在南纬26度的南大西洋西部，也就是巴西里约热内卢以南不远的地方，人们看到过一座冰山最后的残余。

冰山并非一无是处。巨大的南极洲冰层以及它所产生的巨大冰山，充当着世界空调器的角色。而且，它使深海保持低温，海洋生物因此得以繁荣昌盛。

除此之外呢？好，我们开始讨论另外一个论点。

按每天喝8杯水计算，一个美国人平均每年的耗水量是0.7立方米。另外，他还要用水洗澡、洗盘子、灌溉草地，等等。因此，一个美国人平均每年在家里要消耗掉200立方米的水。

再者，美国人还需要用水养牲畜、种庄稼、发展工业。例如，炼制1千克钢需要200千克水，生长1千克小麦则需要8000千克水。

在美国，每人每年的用水量合起来达到2700立方米。

世界上某些地区，工业几乎可以忽略不计，农业生产方式也很简单，因此每人每年的用水量只要900立方米就够了。从全世界范围来讲，平均每人每年的用水量只有1500立方米。

这个数字与世界的水供应量相比，情况如何呢？

如果现在把世界上全部的水等量分配给地球上的40亿人，那么每人可分到3.2亿立方米。听起来好像很充裕。假如能高效再生利用，这些水足以供养21万倍于世界目前的总人口。

但且慢！地球的总水量中，足足有97.4%是海洋中的盐水。然而，人类并不使用盐水——既不拿它来饮用，也不拿它来洗东西，更不把它应用于工农业。上面所说的每人每年1500立方米的水专指淡水。

如果现在就把地球上的全部**淡水**等量分配给地球上的40亿人，那么每人可分到830万立方米。情况还不坏。假如能高效再生利用，淡水的供应量足以供养5500倍于世界目前的总人口。

但且慢！地球上的全部淡水中，足足有98%以冰的形式被锁定起来（主要在南极洲冰层），人类还不能够利用。人类所能利用的水，只有**液态**的淡水，它存在于河流、池塘、湖泊和地下，并不断地被雨水和融化的雪水所补充。

如果现在就把全部**液态**淡水等量分配给地球上的40亿人，那么每人每年可分到16万立方米。情况还不严重。假如能高效再生利用，它足以供养100倍于地球目前的总人口。

但且慢！再生利用并不是百分之百的高效率。我们每年的用水量，还不能超过由每年的降雨和最终融化的降雪所提供的液态淡水。如果现在就把全部**从天而降的**液态淡水等量分配给地球上的40亿人，每人每年可分到3万立方米。这足以供养20倍于世界目前的总人口。

但且慢！地球上的液体淡水并**不是**按世界人口平均分布的。降水量无论在空间上还是在时间上都分布不均。结果，世界上有些地区的降水过多，有些地区却严重缺水。热带雨林与沙漠并存，有时发生严重的洪灾，有时发生严重的旱灾。

此外，地球上的绝大部分淡水重新注入大海，人类根本没有合适的机会加以利用。而我们能够利用的淡水却经常遭受污染，污染的程度也总是越来越严重。结果,我们吃惊地发现,在我们这个被水浸泡的行星上,我们正在迅速进入一个灾难性的、全球范围的缺水状态。

那么,我们应该做些什么呢?

第一,显然最重要的一点是,我们必须控制人口。如果把世界总人口乘以20(假如我们致力于此的话,那我们能在150年内做到这一点),那么,我们对水的需求量将超过总降水量。

第二,我们绝对不能做任何破坏现有淡水的事情。我们必须把污染降到最低限度,必须杜绝盲目的农业生产活动,因为它降低土壤的储水能力,从而毁坏土壤,加速沙漠的蔓延。

第三,我们必须把浪费降到最低限度,必须更高效地利用我们的淡水资源。例如,世界上最大的亚马孙河,每年向海里注入的淡水达7200立方千米,它足以长期满足当今世界全部人口的用水需求,但人类对它几乎一点也没有加以利用。另一方面,我们也不能过度消耗淡水。例如,我们抽取地下水的速度不应超过水的补充速度,因为地下水位的降低或盐水的侵入可能是毁灭性的。

第四,我们必须把水当作全球的资源来看待,必须努力把水从过剩的地方运输到缺乏的地方,就像我们常规性地运输食物和燃料一样。

关于对我们现有水资源的利用,我就谈这么多。有没有办法增加水的供给呢?试看——

办法之一:在裸露的水表,铺一层某些固体醇的单分子膜或多层小塑料球,就可以将蒸发造成的淡水损失减至最低程度。但这样的蒸发屏障难以维持,因为风浪很轻易地就把它们破坏掉。就算**果真**维持下来,它们也可能会干扰水的氧合作用。

办法之二:降在海洋里的雨水彻底浪费了,最好能让这些雨降在陆地上——无论如何，水都会流回海洋的，但在流经途中我们却有机会加以利用。我们所能发明的任何天气控制方法，只要能把降雨从海洋转移到陆地，都是有益的。

办法之三：由于雨水的最终来源是太阳能作用下的海水蒸发，我们可以在这方面发挥人的力量，利用人工海水淡化来取得淡水。这不是什么不切实际的计划，如今它已成为常规性的实践了。巨轮利用的是由海水淡化取得的淡水，能源丰富而淡水短缺的国家，如科威特和沙特阿拉伯，也是这样做的，它们还计划在将来扩建此类设施。然而，这种办法**确实**耗能巨大。我们目前所用的设备还不够先进，这才导致了如此巨大的能耗。还有别的办法吗？

如前所述，地球上98%的淡水资源以冰的形式存在。冰只需融化而无需蒸馏，冰融化所消耗的能量比海水淡化要少得多。

最大的困难在于，冰主要集中在格陵兰岛和南极洲，这两个地方都不易到达。

然而，有些冰漂在海里。我们能否在不把费用增加到无法接受的程度下，把冰山拖到缺水的地方呢？

北大西洋中的北极冰山距离地球上大部分最缺水的地区非常遥远。例如，要达到中东地区，冰山必须绕过非洲，而要达到美国西部，又必须绕过南美洲。

但南极洲巨大的平顶冰山呢？我们可以把它们直接向北移到干旱地区而无需绕过大陆。即使这类冰山中较小的一个，也相当于一亿立方米的淡水，或者说相当于67 000人一年所需的用水量。

要把冰山向北缓缓拖到中东，途中必定经过温暖的热带海洋。冰山需要修理成船形以减小水的阻力，需要将两侧和底部进行绝热处理以减缓融化速度。一旦到达中东水域，需要将冰山切断、融化，把水储存起来。

在保证冰山水的成本不超过淡化水的前提下,这一切能否实现呢? 有些专家认为可以,我也期待着看到人们的尝试。

归根结底,为了替"泰坦尼克"号复仇,除了把冰山投入到如此至关重要的应用之外,有没有更好的办法呢?

后　　记

写这些随笔给了我多种快乐。

其中之一便是从一件非常简单而且众所周知的事情写起,把它贯穿全文,直至触及一个惊人的当代事件,甚至科学幻想的事件。

我喜欢上面这篇随笔,就是因为它带给我的正是这种快乐。

但我必须承认,向赤道方向拖运冰山作为淡水来源的事,最近我没怎么听说。再者,巨型工程项目也有时尚性,反反复复。一代人以前,关于在英吉利海峡建海底隧道的谈论有很多很多。然后呢——什么也没发生。现在,虽然没有大张旗鼓地宣扬,隧道实际上却正在建设中。*

另外,还曾有过一个大胆的计划,就是钻通地壳而进入到地幔,直接对地球的深层物质进行采样。后来,人们觉得这个项目的花费太大,也太困难,就销声匿迹了。但有一天(谁知道呢)这个构想也许会复活并付诸实施。

也许,有一天人们还会喝上冰山水呢。

---

* 英吉利海峡海底隧道已经于1994年5月6日通车,正式名称是"欧洲隧道"。它横穿英吉利海峡最窄处,西起英国东南部港口城市多佛尔附近的福克斯通,东至法国北部港口城市加来,全长50.5千米,其中海底部分长37千米。——译者

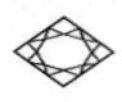

噢，科学家也都是人啊！

我做博士研究工作时的设备还十分简陋，那时我接触到了一个新生事物。我的指导教授道森(Charles R. Dawson)规定使用一种新型的数据记录本，一本就得花好些硬币在大学的书店里购买。

它是由标有相同页码的双页纸订成的。每组双页中，一页是白色的，被牢固地缝入装订线；另一页是黄色的，在装订线附近打上很多小孔，可以整齐地撕下来。

记录实验数据时，你在白黄双页之间放一张碳复写纸。每天工作结束后，你就撕下复写的黄页交给道森。大概每周一次，他会和你详细地把它们讨论一遍。

这种制度让我周期性地陷入了尴尬境地，因为，说句实话，各位读者，我在实验室里真的不灵光。我的双手欠缺灵巧，有我在场，试管会掉在地上，试剂也拒绝执行它们惯常的任务。后来时机成熟时，我轻易地就在写作和搞科研之间选择了写作为终身职业，这便是其中的原因之一。

刚开始做研究工作时，我最初的任务之一就是学习那些我们小组的各项研究都要用到的实验技术。我改变实验条件，做了大量的观察，然后把结果绘在坐标纸上。从理论上讲，这些数据应该落在一条光滑的曲线上。但实际上,它们却分散到了整张坐标纸,就像猎枪开火打在坐标纸上似的。我画了一条理论曲线穿过杂乱无章的点,标名为“猎枪曲线”,就把复写的那页上交了。

当教授看到这页纸时,他笑了。我向他保证以后会做得好一些。

我做得是好了些——但只是一点点。接着战争就爆发了,等我再回到实验室,已经过了4年。道森教授还保留着我的猎枪曲线,并把它拿给别人看。

我说:“道森教授,你不该那样取笑我。”

他却非常严肃地说:“我不是在取笑你,艾萨克。我是在褒奖你的诚实。”

我感到困惑不解,但没有表露出来。我只说了声“谢谢你”,就离开了。

此后,我时时冥思苦想,试图搞明白他的话是什么意思。他有目的地建立起双页体系,是为了准确掌握我们每天都做了什么。哪怕我的实验技术被证明是令人绝望的业余水平,我也别无选择,只好把这一事实在复写纸上展现给他。

获得博士学位9年后的某一天,我又想起了这个谜,突然意识到我当时根本没有必要把数据直接写在记录本上。我可以先把数据保存在任何一张碎纸片上,然后再井井有条、干净整齐地把这些观察结果**转抄**到双页记录本上。那样,我就可以舍弃任何看上去不理想的数据。

实际上,既然事后进行分析而得出如此结论,我还想到,为了看上去更美观而改变数据,或为了证明某论点而编造数据,**然后**再转抄到双页上,甚至也是极为可能的。

我突然明白了,为什么道森教授认为我把那张猎枪曲线交给他体现了我的诚实,这使我十分沮丧。

我愿意相信我是诚实的,但那张猎枪曲线却不是证据。要说它证明了什么,它只证明了我缺乏圆滑的手段。

我感到沮丧还有另外一个原因。我为想出谜底而沮丧。自猎枪曲线事件以后的全部岁月里,学术上的不正当行为,对我来说简直是不可想象的,但现在我可以想象得出了,我觉得自己有点儿不光彩。事实上,我那时正处于向专业作家的转变过程中,因此我对这个转变的发生感到宽慰。既然现在我已想到过弄虚作假,我还能再信任自己吗?

为了尽力摆脱这种情绪,我创作了我的第一部纯推理小说。小说中,一个搞研究的学生篡改他的实验数据,作为直接的后果,他被谋杀了。小说起初以平装本发行,书名是《死亡交易者》(*The Death-Dealers*,艾文出版社,1958年),最终它以精装本再版,书名是我自己起的《死亡的一息》(*A Whiff of Death*,沃克出版社,1967年)。

最近,这个问题又引起了我的注意……

从理论上说,科学本身是自我完善、寻求真理的工具。由于数据不全或数据错误,科学也可能会出现谬误或误解,但它总是从正确度较低向着正确度较高的方向发展。*

然而,科学家不是科学。不管科学多么荣耀高贵,多么不可思议的纯洁,科学家却都是人。

虽然假设一个科学家可能不诚实不够礼貌,偶尔抓住一两个弄虚作假的也的确很恶心,但这却是不得不重视的问题。

科学上的观察结果在被独立地验证之前,是绝对不允许载入学术出版物的。这是因为每个观察者、每台仪器都有其内在的缺陷和误差,就算观察者绝对地诚实,得到的结果也有可能不可靠。如果另一个观察者使用另一台仪器,在有另类缺陷和误差的情况下,也得到同样的结

* 万一有人问我“什么是真理?”我会把“真理”的标准定义为:一个概念、理论或自然定律与我们所观察到的宇宙现象的吻合程度。

果,那么,这个观察结果就有相当大的机会含有客观真理。

然而,独立验证的必要性也考虑到了一个事实,即百分之百诚实这个假定可能不成立。它有助于我们消除学术上可能出现的弄虚作假。

学术上的弄虚作假表现为不同程度的唯利是图,有些几乎是可以原谅的。

在古代,知识界弄虚作假的一种形式,就是把自己的成果冒充为从前某伟人的成果。

其中的原因可以理解。在只能以费力的手抄方式进行书籍的制作和复制的情况下,并不是每篇作品都能变成书的。向公众展示你工作成果的唯一方式,也许就是冒充它是由摩西、亚里士多德或希波克拉底(Hippocrates)写的。

假如冒充者的工作没有价值、愚蠢可笑,那么,把它冒称为从前伟人的作品,在真相大白以前,会混淆学术,搞乱历史。

不过,特别具有悲剧色彩的是,一部伟大作品的创作者却因此永远失去了应得的荣誉。

例如,历史上最伟大的炼金术士之一,是个名叫阿布·穆萨·扎比尔·伊本·海扬(Abu Musa Jabir ibn Hayyan,721—815)的阿拉伯人。他的著作在翻译成拉丁文时,其名字被音译成贾比尔(Geber)*,通常人们在提及他时,用的就是这个称呼。

贾比尔制出了白铅、醋酸、氯化铵、稀硝酸以及其他一些物质。最重要的是,他非常仔细地叙述制备过程,因此开创了一个先例(虽然并不总是被人遵循),使别人有可能重复他的工作并目睹其观察结果的正确性。

---

* 参见《寻求哲人石——炼金术文化史》,汉斯-魏尔纳·舒特著,李文潮、萧培生译,上海科技教育出版社,2006年。——译者

大约在公元1300年,另一个炼金术士作出了炼金术史上最重大的发现,他首次描述了硫酸的制备。硫酸是目前使用的最重要的单一化工产品,但它在自然界中并不存在。

这个人们陌生的炼金术士为了使自己的成果能够发表,就把自己的发现归功于贾比尔。文章发表时,其署名便是贾比尔。结果呢?我们只能说他的名字叫冒牌贾比尔。对于作出如此伟大发现的人,我们却不知其姓名、国籍,甚至性别——因为发现者也可能是女性。

更糟的是与此相应的罪过,你因他人的贡献而得到了荣誉。

一个经典的例子就是意大利数学家塔尔塔里亚(Niccolo Tartaglia,1500—1557)作出的牺牲,他是第一个研究出三次方程通式解的人。那个时代,数学家们以互相提问的方式进行挑战,他们的声望就建立在解决这些问题的能力之上。塔尔塔里亚可以解决有关三次方程的问题,同时他也可以把三次方程作为问题提出来,这是他人解决不了的。因此在当时,人们自然而然地会保守这类发现的秘密。

另一位意大利数学家卡尔丹(Girolamo Cardano,1501—1576),在庄重发誓要保守秘密的条件下,把解题方法从塔尔塔里亚那儿哄骗出来,然后就发表了。卡尔丹的确承认解题方法取自塔尔塔里亚,但说得不够响亮明确,因而时至今日,这个三次方程的求根方法仍然叫做卡尔丹法则。

在某种意义上,卡尔丹(他凭自身的学问就是一个伟大的数学家)的行为是有道理的。总的来说,已被人知而未发表的科学发现,对于科学没有什么价值。目前,公开发表被认为是至关重要的,而且按照比较一致的看法,荣誉应归第一个发表者,而不是第一个发现者。

这个原则在卡尔丹时代还不存在,但如果把它往前追溯,卡尔丹无论如何都应该得到这一荣誉。

(由于其他原因而不是发现者的过错所导致的发表延误,自然会造成巨大的荣誉损失，这样的例子在科学史上比比皆是。但这是一个总体上的好原则所不可避免的副产品。）

较之卡尔丹的食言，你更容易找到他发表文章的合理性。换言之，科学家假如真的在学术上弄虚作假，他一定会在某些与学术有关的事情上玩弄阴谋诡计。

例如，英国动物学家欧文（Richard Owen）强烈反对达尔文的进化论，这大概是因为达尔文以随机变化为出发点，而随机变化似乎否定了生物在宇宙中存在的目的。

持有与达尔文相左的见解是欧文的权利，以讲话、写文章来反驳达尔文的学说也是他的权利。但是，在这方面写下多篇匿名文章，并在文中以肯定和推崇的语气引用自己，却是肮脏的。

当然，引用权威总能给人留下深刻的印象，而引用自己却远远不是这样。表面上做前者而实质上在做后者，是欺骗行为，即使你自己是公认的权威。这有一种心理上的差别。

欧文还向煽动家们灌输反达尔文主义的论点，把他们派到争斗中去，借以表达一些他自己难以启齿且情绪化或侮辱性的观点。

另一种缺点源自这样的事实：科学家们特别容易沉湎于自己的想法。不得不承认自己的错误在感情上总是一种痛苦。在一般情况下，一个人为了维护自己的理论，总会使出浑身解数，甚至在其他所有的人都摒弃了之后，他还顽固地坚持。

如果是这样，人性的缺点就太明显了，我们毋须多加评论。但是，一旦该科学家变得年迈、声名显赫、受人崇敬，这种缺点对学术的影响就变得特别重要了。

这方面最好的例子莫过于瑞典人贝采利乌斯（Jöns Jakob Berzelius，1779—1848）。他是历史上最伟大的化学家之一，但在晚年成了学术保守主义的强权人物。他曾提出一个有机结构的理论,自己对此坚信不疑,其他化学界的人士也因惧怕他的威严而不敢越雷池一步。

法国化学家洛朗(Auguste Laurent,1807—1853)于1836年提出了另一个学说,我们现在知道它更接近于事实。洛朗收集了有力的证据来支持自己的学说,另一位法国化学家杜马(1800—1884)是他的支持者之一。

贝采利乌斯对洛朗发起了猛烈的攻击。由于不敢把自己置于伟人的对立面,杜马撤回了从前对洛朗的支持。但洛朗坚定不移,继续收集证据。他为此付出了代价,被禁止出入任何稍有名气的实验室。由于工作在取暖条件差的偏远实验室里,据猜测他得了肺结核,因而刚到中年就逝世了。

贝采利乌斯死后,洛朗的学说开始盛行起来。虽然杜马早年撤回了自己起初给予洛朗的支持,但这时候他要争取的荣誉却远远多于他应得的份额。他在向世人表明自己是个不折不扣的胆小鬼之后,再一次表明自己是个非常不诚实的人。

要使新思想的价值得到学术权威的承认,常常困难到如此程度,以至于德国物理学家普朗克(Max Plank,1858—1947)曾抱怨说,科学上革命性的进步要得到承认的唯一途径,就是等待所有的老科学家都死去。

还有一种情形,就是过分渴望得到新发现。科学家即使具备最可信赖的诚实,也可能为之心动。

以金刚石事件为例。石墨和金刚石都是纯净碳的存在形式。石墨在极高压力的作用下,其原子排列可以转变成金刚石的构型。假如提高温度,使原子间的移动与滑动变得容易,那么,压力就不需要那样高了。但是,怎样才能得到高温高压的适当组合呢?

法国化学家莫瓦桑(Ferdinand Fréderic Moissan,1852—1907)承担了这个任务。他发现,碳在液态铁里有一定的溶解度。如果让熔融的铁(当然在相当高的温度下)固化,那么,铁就会在固化时产生收缩效应。处于收缩过程的铁会对溶解于其中的碳施以高压,在高温高压的共同作用下,就有可能实现由石墨向金刚石的转化。把铁熔解以后,你就会在残渣中找到小块金刚石。

如今,我们已经详尽地知道了石墨转化为金刚石的条件。我们也知道,毋庸置疑,莫瓦桑的实验条件还不足以达到这个目的。他根本就没有造出金刚石的可能性。

除非他真的造出来了。

1893年,他展示了几颗微小且不纯的金刚石,以及一颗亮晶晶、长度超过半毫米的无色金刚石,他说这些就是他由石墨制造出来的。

那怎么可能呢?莫瓦桑难道在撒谎?这对他来说又有什么意义呢?没有人能够验证这个实验,而且他本人也应该知道自己撒了谎。

如果真是这样,那可能是因为他对这个课题有些痴迷。但大多数科学史家宁愿猜测是莫瓦桑的某个助手故意放入金刚石,跟老板搞恶作剧。莫瓦桑上当后就立刻宣布了,而开玩笑的人此时已经无法挽回。

还有一个更特别的例子,涉及法国物理学家布隆德洛(René Prosper Blondlot,1849—1930)。

1895年,德国物理学家伦琴(Wilhelm Konrad Roentgen,1845—1923)发现了X射线,并于1901年获得了第一个诺贝尔物理学奖。同一时期人们还发现了其他一些陌生的射线,包括阴极射线、阳极射线和放射性射线。这类发现给科学家带来了学术上的荣誉,而布隆德洛也渴望得到一些,这是可以理解的。

1903年,布隆德洛宣布了"N射线"的存在(他如此命名,是为了纪念他就职的南锡大学)。他通过对固体物质(如淬火钢)施以张力而产生这种射线。据布隆德洛称，由于N射线可以使涂有磷光涂层的屏幕发光——其实磷光屏幕本身就有微弱的光亮，因此，人们可以对射线进行探测和研究。布隆德洛声称他可以看见发光，其他一些人也说可以看见。

这里的主要问题是，照片没有显示发光现象。因此，除去热切的人眼之外，没有较为客观的仪器支持发光的结论。有一天，当布隆德洛正在使用仪器时，一位旁观者把仪器上一个必不可少的零件偷偷地装进了自己的口袋。布隆德洛并不知情，仍然能够看见发光，还在给人"演示"他的实验现象。最后，旁观者出示了那个零件，愤怒的布隆德洛伸手就想揍他一顿。

布隆德洛是个有意的骗子吗？不管怎样，我认为他不是，他只不过是不顾一切地想要相信某件事。他的确是这样。

实际上，过分渴望发现或证明某事，很可能会导致篡改数据的行为。

我们以奥地利植物学家孟德尔(Gregor Mendel，1822—1884)为例。他创建了遗传学，相当正确地总结了遗传的基本规律。这些成就是他通过对豌豆品系进行杂交，并对后代的各种特征进行记数而取得的。例如他发现，一个显性特征与一个隐性特征进行杂交，在第三代形成三比一的比例。

然而，根据后来的知识，他得到的数字似乎有点儿太理想化了。数字的分散度应该更大一些才对。所以，有人认为，他找借口修正了那些与他的一般规律偏离甚远的值。

但这并没有影响孟德尔发现的重大意义，相反，遗传学的主旨却贴近了人类的心灵。较之金刚石、不可见射线以及有机化合物的结构，我们对于自身与祖先的关系，兴趣要强得多。

例如,某些人急于把人类个体或群体的特征归因于遗传,而另一些人则急于归因于环境。一般地说,贵族和保守派倾向于遗传说,而民主派和激进派则倾向于环境说。*

人的感情极有可能在这里深深地介入了,以至于到了这样的程度:相信某观点**理应**如此,不管它是否真的如此。显然,一旦你开始那样想问题,得到的数据似乎一点儿都靠不住了。

设想某人是个极端的环境论者(比我本人强烈得多),因此,遗传在他看来就成了微不足道的东西。无论你继承了什么特征,都可以通过环境的影响加以改变,传给子孙;子孙还可以再进行改变,依此类推。生物对环境的这种极度适应性称为"获得性状遗传"。

奥地利生物学家卡默勒(Paul Kammerer,1880—1926)就相信获得性状遗传。在1918年之前,他以蝾螈和蟾蜍的研究试图证明这一点。例如,某些水生品种的雄性蟾蜍长有深色的拇指垫,而陆生的产婆蟾却没有。卡默勒试图强行引入环境条件,使雄性产婆蟾长出那些深色的拇指垫,尽管产婆蟾没有经过遗传得到过。

卡默勒声称他培育出了这种产婆蟾,并在文章里进行了描述,但他不允许其他科学家对他的产婆蟾进行详细检查。不过,科学家们最终还是设法弄到了几只,并证实拇指垫其实是用印度墨水染黑的。卡默勒作出这种事,很可能是受了试图"证明"自己的构想这一极度欲望的驱使。事件曝光后,他就自杀身亡了。

试图证明与此相反的观点,也有同样强大的动力。例如,有人想要证明,人的智力是由遗传得来的,因而通过教育和文化熏陶来启蒙一个笨蛋不会有什么效果。

---

* 因为我从不自诩推崇神圣的客观性,所以我现在就可以告诉你,本人倾向于环境说。

这种观点有助于保持社会的稳定性,有利于那些处于社会与经济阶梯上层的人们。它使上层阶级感到心安理得,认为那些身陷泥潭的同胞之所以在那里,全是因为他们自身遗传上的弱点,没必要为他们做什么。

有个名叫伯特(Cyril Lodowic Burt,1883—1971)的心理学家,对这种观点有很大的影响。他出生于英国上流社会,毕业于牛津大学,任教于牛津和剑桥两所大学。伯特研究了儿童的智商,并把智商与其父母的职业地位联系起来,这些职业包括高级专业人员、低级专业人员、职员、技术工人、半技术工人和非技术工人。

伯特发现,儿童的智商与父母的职业匹配得完美无缺。父母的社会地位越低,孩子的智商就越低。这似乎极好地表明,人们应该清楚自己的地位。因为阿西莫夫是个店主的儿子,所以一般来说,阿西莫夫本人预计也将成为店主,他不应该立志与高地位的人竞争。

但伯特死后,人们对他的数据产生了怀疑。统计资料的完美无缺,便是明显的可疑之处。

这种怀疑越来越强烈,最终,1978年9月29日的《科学》(*Science*)杂志上发表了一篇文章,题目是《西里尔·伯特的问题——最新发现》(The Cyril Burt Question: New Findings),作者是艾奥瓦大学心理学教授多尔夫曼(D. D. Dorfman)。文章的内容提要写道:“毋庸置疑,这位著名的不列颠人捏造了智商和社会阶层的数据。”

结果就是这样。伯特像卡默勒一样也要相信某事,为此捏造了数据来证明它。至少这是多尔夫曼教授得出的结论。

在对伯特的不正当行为产生怀疑前很久,我曾写过一篇随笔,题为《关于思维方式的思考》(见本书第17篇)。我在随笔里谴责了智商测验,反驳了那些心理学家的观点——他们认为智商测验足以确定诸如种族低劣之类的事情。

有位活跃在智商研究最前沿的英国心理学家,他儿子把我的这篇随笔带给他看,他读后异常愤怒。他在1978年9月25日写给我的信中说,他坚信智商测验在文化层面上是公正的,即使所处的环境相似、受教育的机会均等,黑人也比白人低12个点。他提醒我,只应坚持自己懂得的事。

收到这封信时,我已经读过多尔夫曼在《科学》杂志上的文章,并注意到这位给我写信的心理学家曾言辞激烈地为伯特辩护,反击"麦卡锡主义者对伯特的名誉诽谤"。他还旗帜鲜明地将伯特描绘成一位"一针见血的批评家,只要别人的工作以任何方式偏离了准确无误和逻辑一贯的最高标准","他会把任何以次充好或前后矛盾的东西撕成碎片"。换句话说,这表明了,伯特不但不诚实,而且就在他玩弄欺骗手段的领域,他还是个伪君子(我认为那不是个别情形)。

因此,我在写给此君的简短回信中问他,他的工作有多少成分是基于伯特的发现。

他在10月11日给我写了第二封信。我料想它又将是为伯特的激烈辩护,然而,关于伯特,他显然已经谨慎多了。他告诉我,我所问的有关伯特工作的问题没有什么意义。他把手头上的全部数据重新进行了分析,在完全剔除了伯特的贡献之后,他发现最终结论与原来毫无二致。

我在回信里解释道,按照我的观点,伯特的工作完全有实际意义。它表明,在遗传说与环境说的斗争中,科学家的个人感情可能强烈地介入了,以至于为证明一个论点,他们中的某人可能堕落到了伪造结果的地步。

显然,在这种情况下,**任何**只为自己利益服务的结论,都必须有所保留地接受。

我相信我的通信者是个老实人，对他的工作我一点儿都不怀疑。但是，人类智力及其测量方法研究的整个领域还是一片空白。其中有太多的未知数，即使以满腔的正直和诚实去研究，也极有可能得出不可靠的结果。

我认为，利用智商测验来获得不可靠的结果是不合理的，因为它让种族主义者们在自己的心中找到堂皇的借口，它会诱发我们在20世纪早些时候目睹过的那种悲剧重新上演。

显然，我自己的观点也值得怀疑。我可能恰恰像伯特一样，非常渴望证明自己想要证明的东西。但假如我必须冒犯错误（在诚实方面）的危险，那么，我宁愿这样做来反对种族主义。

这就是我最后的结论。

后　　记

我是个科学技术的强烈拥护者，以至于我在这方面的观点很容易让人见疑。我经常想起这个问题，禁不住想要知道自己到底有多诚实。对于同自己的执着信念背道而驰的报道视而不见，会有多大的可能性？而对于支持自己信念的任何事情都毫无保留地接受，又会有多大的可能性？

一次，有人问我，如果我真的看见了“飞碟”，并发现它实际上是外星人的飞船，那我将做什么。我回答道，我会立即放弃我的执着信念——即飞碟是主观臆造之物，有时甚至是蓄意制造的骗局——转而承认其现实存在。但当时我又忍不住又加了一句，“到了那一天，我还将到地狱中去滑冰，因为那时地狱将全部冻结。”

然而，我越来越感到惶恐不安，以至于写下这篇随笔，对他们进行了无情的批判，希望借此驱除我心中渐增的恐惧。我提到的事例中包括声名显赫、有时甚至天才横溢的科学家,他们听任理智被感情所征服。这样的事确有发生!

它也可能发生在我身上,但我不断地与它斗争。

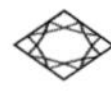

弥尔顿，此时此刻你应该活着！

前些日子，我在布卢明代尔(Bloomingdale)百货商店*搞了一次签名售书活动。经历过此事，哪怕你只有丝毫的害羞或敏感，我也不会把它当成通用方法向你推荐。

在签名售书的过程中，你坐在临时搭建的桌子旁，周围摆上一堆你的著作，淹没在无边无际的女装陈列之中(我恰巧就被安排在靠近女装部的地方)。人们带着各式各样的表情从你身旁经过，从完全的漠不关心，到轻微的不喜欢。有时他们看着这堆书的表情，好像在说："进入我眼帘的这些是什么烂东西啊？"然后就走开了。

当然，偶尔也会有人走上前来买一本，你会感激万分地在书上签上你的大名。

幸好我彻底失去了自我意识，可以直接面对任何眼睛而不脸红。但我想象得出，那些比我容易神经过敏的人会经历一场痛苦的折磨。如果不是出版商为销售我的书而特意安排下这类事情，如果不是我不愿意对这个举措表现出过分的不合作态度，那么，就连我也尽量避免参

* 该百货商店位于纽约市。作者在自传中提到，他参加这次签名售书活动是在1979年12月16日。参见《人生舞台——阿西莫夫自传》，艾萨克·阿西莫夫著，黄群、许关强译，上海科技教育出版社，2009年。——译者

加这种活动。

不管怎么说，我还是去了布卢明代尔。一位30多岁（以我的判断）、非常迷人的高个子女士，两颊带着漂亮的红晕，微笑着快步走过来说："见到你真的非常非常地高兴，非常非常地荣幸。"

"哦，"我说道，立即不可思议地和蔼起来，正如在迷人的女人面前我一贯能做到的那样，"比起我遇到**您**的高兴程度，那又算得了什么。"

"谢谢你，"她说，接下来又补充道，"我想让你知道，我刚刚看过《太贝莉与恶魔》（*Teibele and the Demon*）。"

那好像与我毫无关系，但我还是彬彬有礼地说："希望您喜欢。"

"啊，我**确实**很喜欢。我认为它非常精彩，这就是我想要告诉你的。"

她这样做，没有别的什么原因，完全是出于礼貌。"您真是太客气了。"我说。

"我希望你能从中赚取10亿美元。"她说。

"那太好了。"我说道，虽然心中暗想，这个剧本的拥有者决不会让我分享他们的收益，哪怕是一分钱。

然后我们就握手道别了，我从来没打算向她澄清我是艾萨克·阿西莫夫，不是艾萨克·巴什维斯·辛格（Isaac Bashevis Singer）*，因为那样只会使她难堪，糟蹋了她的良好祝愿。

我唯一的担心就是，将来有一天她遇到艾萨克·巴什维斯·辛格时，会对他说："你这个大骗子！我见过真正的艾萨克·巴什维斯·辛格，他既年轻又潇洒。"

另一方面，她也可能不这样说。

---

* 1978年诺贝尔文学奖得主。前面提到的《太贝莉与恶魔》，是辛格创作的一部当时刚在百老汇演出的剧作。本文作者在自传《人生舞台》中亦提到此事，但那位女士话语中提到的"10亿美元"，在自传中写的是"100万美元"。——译者

然而,犯错误是很容易的。

例如,大多数听说过弥尔顿(John Milton)的人,都以为他是在名望才华上仅次于莎士比亚的史诗诗人。作为根据,他们拿出《失乐园》(*Paradise Lost*)。

另一方面,我却一直认为弥尔顿不仅仅如此,他还有更多的其他方面值得一提。

回到1802年,诗人华兹华斯(William Wordsworth)察觉到英格兰是一片死水般的沼泽,感到自己情绪低落,于是悲叹:"弥尔顿,此时此刻你应该活着!"

好吧,华兹华斯,**此时此刻**,假如弥尔顿还真的活着,那么,现在是20世纪末,我坚信他将作为一位科幻作家,处于艺术的巅峰。作为根据,我也拿出《失乐园》。

《失乐园》开头描写了撒旦(Satan)及其一伙叛逆天使在天国被击败后,正在地狱中恢复生息。受伤的叛逆者们昏迷了整整9天,但撒旦现在慢慢知晓了他身居何处(如果你不介意,为节省空间起见,我引用原文时不用分行诗体,而用散文体):

"霎时间,他竭尽天使的目力望断际涯,但见悲风弥漫浩渺无垠,四面八方围着他的是个可怕的地牢,像一个洪炉的烈火四射,但那火焰却不发光,只是灰蒙蒙的一片,可以辨认出那儿的苦难景况,悲惨的境地和凄怆的暗影。"*

其实,弥尔顿描写的是一个地球以外的世界。[正如萨根(Carl Sagan)**所指出的那样,我们现在对金星的看法离地狱的一般观念并不遥远。]

---

* 参见《失乐园》,弥尔顿著,朱维之译,上海译文出版社,1984年。——译者

** 美国著名天文学家、科普作家。——译者

“灰蒙蒙一片”(darkness visible)这种说法肯定基于《约伯书》中对阴间希耳(就是《旧约全书》的地狱)的描述:“那地甚是幽暗,是死荫混沌之地,那里的光好像幽暗。”

然而,弥尔顿的短语使之形象化了,而且这短语本身也是一个大胆的概念,它比科学概念的出现提早了一个半世纪。因为弥尔顿的意思是,可能存在着某种射线,它不像普通光那样能被人眼所见,但它可用来探测目标。

《失乐园》出版于1667年,但直到1800年,德裔英国天文学家赫歇尔(William Herschel,1738—1822)才证实,可见光谱并没有包括全部应有的辐射;在红光区以外有一种叫“红外线”的射线,它虽然不能被人眼所见,却可用其他方法检测到。

换言之,弥尔顿以不可思议的先见之明指出,照耀地狱的火焰所发出的辐射是红外线,而不是可见光(至少我们可以这样解释这一段)。对人眼来说,地狱处于黑暗之中。可是,撒旦的视网膜比人类高级,能够察觉红外线,因此对他来说,那是“灰蒙蒙一片”。

撒旦和叛逆天使们所栖息的地狱在哪儿呢?自古以来,人们对地狱位置的一般看法,就是地球深处的某个地方。我想,人死后尸体掩埋于地下的事实,对这种看法的形成起了一定的作用。地震和火山爆发这些自然现象更使人联想到,地层深处有某种活动在进行,那是个充满着火与硫磺的地方。既然连但丁都把地狱置于地球的中心,我认为,我们当今社会里最质朴的人们也会如此。

但弥尔顿不持这种看法。请看他是如何描述地狱位置的:

“这个地方,就是正义之神为那些叛逆者准备的,在天外的冥荒中为他们设置的牢狱。那个地方离开天神和天界的亮光,相当于太极到中心的3倍那么远。”

把诗中所说的“中心”假定为地心是合乎逻辑的，因为按照希腊人关于宇宙的地球中心说，地心同样也是可见宇宙的中心。在1543年哥白尼太阳中心说发表之前，地球中心说的观点从未动摇过。然而，哥白尼的学说并没有马上被人接受，科学界文学界的保守势力仍然沿袭着希腊人的宇宙观。是伽利略和他在1609年以及后来几年中用望远镜观察得出的结果，才确立了太阳中心说的地位。

虽然弥尔顿写《失乐园》的时间比伽利略的发现晚了半个多世纪，但他可能还没有放弃希腊人的观点。他毕竟在写《圣经》里的故事，而《圣经》的宇宙观是以地球为中心的。

这也不是因为弥尔顿对望远镜中的发现一无所知。弥尔顿甚至在1639年到意大利拜访过伽利略，而且在《失乐园》中也提到过他。有一处，弥尔顿发现有必要描写一下撒旦那闪光的圆盾。(《失乐园》中所有的人物都尽可能地像《荷马史诗》里的英雄们一样说话行事，都像阿喀琉斯一样武装起来，这是史诗的惯例。)

弥尔顿说撒旦的盾牌像月亮，“好像一轮明月挂在他的双肩上，就是那个突斯岗的大师……有新地和河山，满布斑纹的月轮。”毫无疑问，那位“突斯岗的大师”就是伽利略。

然而，弥尔顿不想卷入天文学的争论之中。在史诗的第8卷，他让大天使拉斐尔这样回答亚当有关宇宙运行的问题：

“提问、探究我不责备，因为天体像是一本神的书放在你面前。知道他的季节、年、月、日、时。想求得这个知识，只要判断正确。说天动或地动，都无关紧要。大建筑师们聪明地把其余的事向人和天使隐瞒起来，不向精究者，宁向赞叹者透露秘密。”

就是说，人类从天文学中所需要的全部内容，仅仅是建制历法的准则。这样一来，是地球运动还是太阳运动就无关紧要了。我不由得感到这是一种十分胆怯的逃避。世界上某些虔诚的人们，热心地谴责那些声称地球在运动的人，把他们逐出教会，甚至把他们烧死。直至证据确凿，表明地球**确实**在运动，这种行为才停息下来。而当这一天终于来临时，他们却说："噢，究竟是谁在运动无关紧要，难道它们有什么不同吗？"如果真是"无关紧要"，为什么他们当初那样大惊小怪呢？

所以，弥尔顿的宇宙观仍是地球中心论，这是西方文化中最后一个比较显要的以地球为中心的宇宙观。弥尔顿在给地狱定位时所说的"中心"，就是地球的中心。

从地心到极地的距离，无论南极还是北极，都是6400千米，这个数字弥尔顿是知道的。到弥尔顿时代，人们已多次环航地球，地球的大小已众所周知。

这样，3倍于这个距离就是19 200千米。如果以此来解释"太极到中心的3倍那么远"，那么，地狱到天堂的距离将是19 200千米。

我们似乎可以合理地假定地球到地狱和天堂的距离相等。这样，如果天堂在一个方向上离地球3200千米，而地狱在相反的方向上也离地球3200千米，再加上地球12 800千米的直径，那么，就可以使地狱和天堂相距19 200千米。

但这很荒谬。假如地狱和天堂离我们都只有3200千米远，那我们肯定看得见。月亮离我们有380 000千米（希腊人知道这一点，弥尔顿因此也会知道），我们毫不费力就可以看见。诚然，月亮是一个大星体，但天堂和地狱也一定很大。

某个地方出了错。让我们重新考虑一下：

弥尔顿在诗中说的是"太极到中心的3倍那么远"。那么，什么是**太极**？太极无疑就是天极，即当你站在地极时正上方天空的某一点。

在弥尔顿时代，没有人知道天极到底有多远。那时候，天文学家知道月亮远在380 000千米之外，对太阳与地球的距离，希腊人作出的最准确估计是8 000 000千米。由于太阳在7个行星中处于最中间（按希腊人的说法，7个行星由近到远的顺序为：月亮、水星、金星、太阳、火星、木星、土星），因此，我们可以合理假设最远的行星——土星，离我们16 000 000千米。而布满星辰的天空本身，紧接着就在土星之外。

据此，我们可以合乎逻辑地猜想，弥尔顿时代的宇宙是一个半径约为16 000 000千米、直径约为32 000 000千米的大球体。这样的大小会被当时的天文学家接受，不管他们认为地球处于中心位置，还是太阳处于中心位置。

然后，如果我们设想天堂坐落于天球之外的一个方向，而地狱坐落于天球之外的另一个方向，那么，我们就构想出了3个独立的宇宙，其中的每一个都在球形"天空"的覆盖之下。弥尔顿在《失乐园》第2卷中说过"地狱的天空"，因此，他肯定认为地狱有自己的天空（我很想知道，地狱是否也有自己的行星与恒星？）。天堂大概也会如此吧。

这篇史诗中，弥尔顿没有在任何地方暗示过天球有多大，地狱和天堂有多大，彼此之间准确的空间关系又如何。我以为最简单的设置莫过于把三者排列成等边三角形，这样，其中的每一个与其他两个从中心到中心的距离都是48 000 000千米。假如它们大小相等，半径各为16 000 000千米，那么每一个与其他两个从天空到天空的距离都是16 000 000千米。这不是弥尔顿的构想，但至少与他所说的相符，也与当时的天文学发展水平相符。

弥尔顿假定了三个独立的宇宙，每个都巧妙地被包容在一薄层坚固的金属曲面（叫做"天空"）之内。这就引出一个问题，三个宇宙之外又是什么呢？

同样的问题也出现在现代科学中。现代科学设想我们的宇宙是大约150亿年前从一个超浓缩的小物体膨胀而来的。问题在于，小物体之外，即小物体赖以扩展的空间又是什么呢？

科学家们可以猜测，但他们却没有答案。甚至可能根本就没有一种可以想到的方法,让他们来找到答案。

弥尔顿比科学家们幸运,因为他知道答案。

后来弥尔顿让撒旦指出,风暴已经结束,上帝发动的风暴把叛逆天使逐出天堂,使他们无尽坠落而投到地狱的强大攻击业已消失:

“以赭红的闪电和狂暴的愤怒,因为带翅膀的轰雷,大概已经用完了弹头,现在已经不在这广漠无边的深渊中吼响了。”

《圣经·创世记》的故事说,起初,“渊面黑暗”。《圣经》的作者显然认为,宇宙刚开始时是个荒凉、无形的水体。

弥尔顿肯定接受了深渊这个词,因为他不能否定《圣经》,但他把希腊概念嫁接了上去。希腊人认为,宇宙本是一片混沌,即“无秩序”,其所有的基本成分(“要素”)随机地混杂在一起。按照这个观点,上帝造物并不是从虚无中把物质生成出来,而是把那些杂乱无章的要素分门别类,从混沌中造出一个有序的宇宙。

在这篇史诗中,弥尔顿把《圣经》的“深渊”与经典的“混沌”相提并论,并赋予它“无边无际”的内涵。

换言之,根据弥尔顿的观点,永恒的上帝作为万物之源,却被这无边无际的、混沌的冥荒围绕了无数个亿万年。

不知什么时候,他造出了天堂和成群的天使。他指派给天使的任务,就是吟唱赞美诗来歌颂他们的造物主。当某些天使厌倦了这个工作而起来反抗时,上帝就创造了一个与天堂相伴的世界,即地狱,把反叛者投入其中。紧接着,他又创造了一个天球,那是人类这个新实验品即将居住的地方。

尽管如此,这三个世界还是都淹没在无边无际的、混沌的汪洋大海之中。假如上帝愿意,他还可以从中造出无数个天球,虽然弥尔顿没有在任何地方这样说过。

弥尔顿接下来描写这些坠落的天使，在与老家截然不同的、条件极其恶劣的新家园中，如何开始工作，尽量把它变成适合居住的地方。“不久，他那队人马便凿开了那座山，把它划开一道很大的伤口，挖出黄金的肋条。”

虽然金子根本不适于用作结构性的建筑材料（它太软，也太重），它的价值仅仅在于漂亮的外表和稀有程度，但是，人类把自己主观指定的价值完全误以为实实在在的东西。于是，毫无想象力地把金色大厦和金色大街（同样不恰当地用宝石来点缀）梦想成最高级别的豪华。人们想象天堂是由这样的建筑构成的，那些坠落的天使显然也想把他们的新居尽量变得和家一样。

他们建了一座城市，取名“万魔殿”，有点儿民主的意味，与天堂的绝对专制形成对比。当然，这名字是用希腊文取的，即Pandemonium。因为它是地狱全体居民集会的地方，所以，这个词经由弥尔顿的史诗进入英文时，意思就成为“喧闹、混乱的噪声”。按照我们的想象，这是地狱集会的典型特征。

接下来就是万魔会议。那个反抗上帝独裁统治的撒旦，鼓励大家畅所欲言、发表见解。摩洛（Moloch），叛逆天使中最顽固守旧的一个，主张公开宣战，用地狱的武器与上帝的武器对决：

“让他那万能的弓弩轰响时，也听到地狱的雷鸣；在天上的电光闪烁时，看到他的天军中也出现黑色火焰同样骇人的火箭；连他的宝座，也被包围在地狱硫火和奇异的火焰。”

“黑色火焰”就是地狱中“灰蒙蒙一片”，“奇异的火焰”是《圣经》的措辞。艾伦（Aaron）的两个儿子在祭坛上点燃“奇异的火焰”，结果被击毙。《圣经》没有解释“**奇异的火焰**”是什么意思。可以想象，在点火祭拜的过程中，两个不幸的人没有正确遵循祭祀的规范。

然而，我们不禁凭事后的聪明而想到我们的最新知识：红外并不是我们走出可见光谱的唯一方向。在高能量的一端还有紫外线、X射线和伽马射线。摩洛是否在提议,群魔应该使用能量辐射(黑色火焰)和原子武器(奇异的火焰)来对付闪电?

毕竟,当弥尔顿说到奇异的火焰时,他所想到的肯定不单单是火药。正如史诗在后面解释的,叛逆天使们在第一次战斗中用过火药,但最终毕竟还是被击败了。所以,它一定是火药以外别的什么东西!

(只因弥尔顿生得太早,我们损失了这样一位科幻作家!)

一旦众多叛逆天使各抒己见之后,撒旦就作出了决定。他既不同意公开宣战,也不愿意向失败低头。设想有某个天使前往人类居住的天球。在那里,他可以想方设法使刚刚创生的人类堕落,这样至少可以部分破坏上帝的计划。

这不是一件容易的事情。首先,承担任务的天使必须从地狱的天空突围出去,它"四面包围我们有9层的深厚,还有燃烧着的金刚岩的大门,把我们关锁在里面,所有的出口都断绝了。"

即使设法突围出去,"还会遇见虚幻的'夜',张开大口来接受他。"

真是语出惊人。请想一下:

自古代起,就流传着从地球到月球的旅行故事。1638年,一位名叫戈德温(Francis Godwin)的英国牧师,写了一本关于这种旅行的小说,书名是《月球上的人》(*Man in the Moone*),取得了极大的成功。弥尔顿很可能熟知此书,因而,旅行于不同的世界之间并不是什么全新的概念。

不过,过去所有到月球旅行的故事,都假定天球内任何地方都有空气。戈德温的主人公是把战车套在野天鹅身上,让天鹅带他飞到月球的。

然而,弥尔顿所说的旅行不是在太阳系内,也不是在星际之间。他所说的是从一个宇宙到另一个宇宙的旅行。在这方面,他是第一位认识到这种旅行将**没有**空气可借助的作家。

意大利物理学家托里拆利(Evangelista Torricelli),在1643年通过对空气称重,证明空气存在的高度是有限的,两个世界之间的空间是真空。但这一惊人的新概念,在极大程度上却长期被在其他方面有丰富想象力的作家们所忽略(正如今天他们中间有那么多人忽略光速的极限一样)。

但是,当弥尔顿讲到“虚空的深渊”和“虚幻的夜”时,却触及了这个概念。

黑夜是混沌的同义词(“渊面**黑暗**”),“虚幻”(unessential)的意思就是“没有实体”,即不存在基本要素。后面我们将看到,弥尔顿虽然触及这个概念,但他只是局部地领会了它。

由于撒旦不屑提议把危险的任务交给别人去完成,他自己便承担了使命。他向地狱的边陲进发,在那里碰见了一个丑老婆子(罪恶)和她的畸形儿子(死亡)。撒旦说服了掌管大门钥匙的丑老婆子,让她打开大门。撒旦接着就向那“虚空的深渊”望去。

撒旦现在看到的是一个“黑沉沉、无边无际的大海洋,没有长度、阔度、高度,时间和地点也都丧失了,由于最古老的‘夜’和‘混沌’,‘自然’的始祖,从洪荒远古就掌握了主权,在没完没了的战争喧嚣、纷扰中,长期保持无政府状态,并依靠混乱、纷扰,以维持其主权。冷、热、燥、湿四个凶猛的战士,在那里争霸,还带有未成形的原子去参加战争。”

这不是撒旦所描绘的真空,而是另一个同样大胆的概念。弥尔顿对混沌极富想象力的描述,与现代科学中极大熵的状态非常接近。

如果一切都是随机混合体,如果空间中一点与另一点在性质上没有本质区别,那么,任何测量工作都无法进行,因为根本没有什么东西可拿来作参照物。作为空间三维的长、宽、高,就不再有任何意义。另外,由于时间的流逝是沿着熵增加的方向测量的,因此,当熵达到最大值时,就再也没有任何方法可以测量时间了。这样,时间和空间位置一样,也失去了意义:“时间和地点都丧失了。”

希腊人把物质划分成了4种元素,每一种都有其特殊性质。土的性质是干冷,火是干热,水是湿冷,气是湿热。在混沌中,这些性质都被淹没在彻底的混乱之中。实际上,极大熵状态就相当于完全无序。

假设宇宙处于极大熵状态,按希腊术语就是存在着混沌。一旦完全随机,在经过相当长的一段时间后(但由于在极大熵状态下时间不存在,相当长的一段时间也许只有一瞬,这是人们唯一能够确定的一点),性质的持续性随机变化就会促成一种可能性——恰好产生有序化,宇宙随之重新开始。(如果把一副完全洗好的牌接着洗下去,最终,所有的黑桃、红桃、梅花、方块便有可能恰好回到有序状态。)上帝的角色就是加速这个随机化进程,使有序化成为必然。

不过,在用希腊术语描述混沌时,弥尔顿并没有完全舍弃真空的概念。如果混沌混合了一切物质,那么,也必然会有零零星星的非物质混入其中,否则它就称不上真正的混沌。因此,撒旦偶尔可能会遇到一点儿真空,就像飞机撞上俯冲气流、游泳的人碰到水下逆流一样。

于是,撒旦遇到了一个“大真空,觉得自己双翼徒劳地振拍,直坠落万寻之深,幸有一团乱云升上来,其中蕴藏着火种和硝石,把他托住,再往上带到原来的高度。”

我相信,这是文献中第一次提到,在不同的世界之间存在着真空。(诚然,弥尔顿没有直接提到万有引力的概念。他写这本书比牛顿发表关于万有引力的巨著早了20年。)

撒旦成功了。到《失乐园》第2卷的结尾,他抵达地球,完成了一个如同现代科幻小说里出现的那种大胆而富有想象力的旅程。

我需要在此处提及的，就只剩下另一个细节了。在第8卷中，亚当问大天使拉斐尔，天使们如何性爱。

“天使一笑，脸上放出天上的红霞，是爱情特有的玫瑰红，回答道：‘我用这样的回答来满足你吧：你只用知道我们幸福，没有爱就没有幸福，这就够了。你在肉体上所享受的精纯（你也是由精纯造成的），我们也极度享受，内膜、关节、四肢等，一点也没有障碍。精灵的拥抱比空气和空气更容易，纯和纯相结合、随心所欲；……’”

当我打算写另一个宇宙以及一群与我们截然不同的生物时，我需要选取一件非常奇特的事情作为主题，来统领其余一切。

我让笔下的生物体彻底地、“一点也没有障碍”地性爱。为了更加与众不同，我特地设置了3种性别，让“它们交融得完全彻底”。由这个构想，就产生了我的小说《诸神》（*The Gods Themselves*）*的第二部分。这部小说在1973年荣获雨果奖和星云奖，人人都说它的第二部分最佳。

如果你想知道我是从哪儿搞来如此疯狂的想法，那我告诉你，有时我就从我能找到的最好的科幻作家那里借鉴过来，像弥尔顿。

假如你偶然兴致突发，想自己读一下《失乐园》，那么，我建议你去找一本《阿西莫夫批注〈失乐园〉》。有人认为它很好，我则认为它奇好无比。

后　　记

假如一个人对自己的鉴赏力非常自信，以至于不经意间承担了几乎包罗万象的写作任务，那么，这会有巨大的优越性。我很少会让像

---

* 该小说1972年由道布尔戴出版公司出版。作者在自传里说：“它是20世纪60年代到70年代我的科幻创作沙漠中的最大的绿洲，是我在这20年间发表的唯一的一本科幻小说。”——译者

“我懂得这方面的事吗?”这类问题捆住手脚。我只是假定自己知道得足够多。

因此,在写完大量涉及莎士比亚和《圣经》的作品,并在此过程中享受了无穷乐趣之后,我就到其他方面去寻找能给我带来快乐的东西了。所以我想:“为什么不去给《失乐园》作注解呢?”我立即投入了行动,而且特别享受其中的乐趣,以至于直到完成了第12卷也就是最后一卷,我才勉强刹住车。这时候,我发现自己同时已完成了对《复乐园》(*Paradise Regained*)的注解。我差一点儿就要去注解《力士参孙》(*Samson Agonistes*)了,但我觉得,道布尔戴出版公司可能会出面限制的。

结果,我毫不犹豫地用我在弥尔顿诗歌研究上获得的专长,进一步写下了这篇随笔。文中,我以一种前所未有的风格(这一点我非常确信)诠释了弥尔顿的史诗。总之,我把弥尔顿当成了一位科幻作家,而且坦率地讲,我认为我完全证明了我的看法。难道你不也这样认为吗?

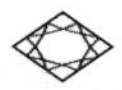

质子在许许多多个夏天后死去

如果你们中有谁竭力追求重要人物的地位，请允许我绷着面孔告诫你，它有不利之处。至于我，则是竭力避免名人的地位，尽可能长时间地陪伴我的打字机，以保持那极好的孤立状态。然而，社会生活还是侵入了我的领地。

不时地，我会发现自己被选定参加某个高级酒店的盛大宴会，要求带黑领结。这意味着我必须穿上晚礼服。其实这样做并不困难。我穿上晚礼服，扣好领扣和袖扣，系好领带，调节好宽腰带，并没有什么特别异样的感觉。这正是我需要按例做的一切。但我并不适合穿晚礼服，我是一个爱穿宽松旧衣服的人。

就在几天前的一个晚上，我被选定参加华道夫-阿斯多里亚酒店(Waldorf-Astoria)*的宴会，要穿上绚丽夺目的晚礼服。虽然我接到了邀请，但没有收到入场券。

因此我对珍妮特说(她像通常那样尽了做妻子的本分，抓起一个花园用的大剪刀，建议我把浓密的连鬓胡子剪掉一大把，我也像通常那样尽了做丈夫的本分，给予拒绝)："听着，如果我们到了那里，因为没有票

* 美国纽约市的一家豪华酒店。——译者

不让我们进去,请不要觉得尴尬。我们就把外衣放在衣帽间,走下两段楼梯,到孔雀巷去吃饭。”

实际上我希望酒店不准我们入内。在尝试过的纽约餐厅中,我最喜欢孔雀巷。越走近酒店,我就越感到喜悦,头脑中想象着自己把孔雀巷节日酒宴桌上的食物狼吞虎咽地吃下去。

最后我们到了酒店,站在一群优雅的人士面前,他们堵塞了通向大舞厅的路,因为有指示要阻止闲杂人员进去。

“对不起,”我语气坚定地说,“但我没有票。”

这时,一个清脆的声音从桌子对面一位年轻妇女的口中发出:“啊,我的天哪!艾萨克·阿西莫夫!”

珍妮特和我立即被请到贵宾室,到孔雀巷去吃饭的希望随之破灭。*

让我们随着思想的进程,转到亚原子粒子的“名人”:质子。

对于宇宙,我们知道得最多的部分是星星,它们整整90%的质量是由质子构成的。因此,质子是宇宙中最基本的成分,如果有什么东西应当得到名人的称号,那就是质子。

然而,质子在亚原子领域的名人宝座地位,如今正在动摇。

首先有这样的可能性,宇宙的基本单位根本不是质子,而是中微子,而且在宇宙的质量中,质子所占的部分微不足道。

其次,质子甚至可能不像长久以来所认为的那样是不朽的。每个小粒子在经过了许许多多个夏天(全盛期)后都面临衰败和死亡,正如你和我一样。

让我们从头开始。

---

* 还不错,这是个非常好的宴会,发生了许多有趣的事。

目前看来有两种基本粒子：轻子和夸克。

有不同种类的轻子。首先是电子、μ子和τ子(或τ电子)。然后是镜像粒子，即反电子(或正电子)、反μ子和反τ子。之后是与上述每一种粒子相联系的中微子：电子型中微子、μ子型中微子和τ子型中微子。当然，还有与每一种中微子相联系的反中微子。

这就是说，我们所知道的轻子总共有12种，但我们可以不去考虑反粒子，使问题简单化一些，因为我们关于粒子的定论完全适用于反粒子。此外，我们不想对中微子加以区别，因为它们可能会永无休止地改头换面。

因此，让我们就谈论4种轻子，即电子、μ子、τ子和中微子。

不同的粒子有不同的静质量。例如，如果把电子的静质量设定为1，那么，μ子约为207，τ子约为3600。另一方面，中微子的静质量可能在0.0001左右。

质量代表了非常集中的能量形态，总的趋势好像是，大质量的粒子自发地转变为较小质量的粒子。

因此，τ子倾向于分裂为μ子、电子、中微子，并且过程很迅速。τ子的半衰期(一群粒子中有一半发生分裂所需的时间)大约只有万亿分之五秒(5×10^{-12}秒)。

μ子随后分裂为电子和中微子，但μ子由于质量比τ子小，延续时间长一些，半衰期为百万分之二点二秒(2.2×10^{-6}秒)。

你可能会想，电子生存得更长一些，然后分裂为中微子，而中微子在经过相当长的生存期后，可能逐渐消失成完全无质量的东西。但实际上不是这样的。

如果只存在粒子或只存在反粒子，而不是两者的混合体，则轻子不会全部消失。一个电子可以和一个反电子结合，互相湮没，转变为零质量的光子(它不是轻子)，但那是另一回事，我们现在不去讨论。

只要我们只有粒子(或只有反粒子),轻子必定会继续存在;它们能够由一种形态变为另一种形态,但不会完全消失。这叫做**轻子数守恒定律**,它还意味着轻子不能由非轻子产生。(一个轻子**及其**相应的反轻子能够同时由非轻子自发地产生,但那是另外一回事。)不要问轻子数**为什么**守恒,那似乎正是宇宙运行的方式。

轻子数守恒意味着,至少中微子应当是永存的,是不会衰变的,因为不存在比它质量更小、能让它转变的轻子。据我们所知,这符合事实。

但为什么电子就像它看起来那样稳定呢?为什么它不分裂成中微子呢?要知道,这并不违反轻子数守恒定律。

噢,轻子可以具有另一个容易测量的特性,即电荷。

一些轻子,即各种中微子和反中微子,完全没有电荷。另一些轻子,即电子、μ子和τ子,有同样大小的电荷,由于历史的原因,它们被取为负值,并通常设定为1。每个电子、μ子、τ子带有的电荷为-1;每个反电子、反μ子、反τ子带有的电荷为+1。

很凑巧,也存在一条**电荷守恒定律**,它说的是,从来没有观察到电荷消失变为无,或从无中产生。轻子的衰变不影响电荷。(当然,一个电子和一个反电子能够互相作用,产生光子,相反的电荷+1和-1互相抵消。另外,一个轻子和一个反轻子可以同时生成,产生+1和-1的电荷,而此前没有电荷存在,但这些都在我们的讨论范围之外。我们现在谈论的是分别存在的粒子和反粒子。)

带电荷而质量最小的轻子是电子。这意味着,虽然质量更大的轻子容易衰变为电子,但是电子却不能衰变,因为没有质量更小的东西能够承载电荷,而电荷**必须**继续存在下去。

总结一下:在局部总能量密度极大的条件下,比如说,在粒子加速器或宇宙线的轰击下,可以产生μ子和τ子;生成后,它们不可能长时间存在。在通常情况下,没有高能量的作用,我们找不到μ子和τ子;普遍存在的轻子只限于电子和中微子。(甚至反电子也没有多少。)

让我们转到下一个基本粒子,夸克。夸克像轻子一样,有许多种,但它与轻子有许多重要的差别。

首先,夸克所带的电荷为分数,例如$+\frac{2}{3}$和$+\frac{1}{3}$。(当然,反夸克所带的电荷为$-\frac{2}{3}$和$-\frac{1}{3}$。)

其次,夸克之间是"强相互作用",它比轻子之间的"弱相互作用"要强烈得非常多。强相互作用的强度使得夸克不太可能(或许甚至不可能)孤立存在。它们似乎只存在于聚集在一起的集团中,科学家最近对它们的组合方式进行研究并得出了规律。在一个很常见的组合方式中,3个夸克结合在一起,使得总电荷数为0,1,或2(某些情况下是正的,某些情况下是负的)。

这些3个夸克的组合称为**重子**,重子的数目很多。

不过,质量较大的重子会迅速衰变为质量较小的重子,质量较小的重子还要继续衰变为质量更小的重子,等等。这种衰变的副产物是介子,它是只由2个夸克组成的粒子。介子不稳定,会以不同的速度迅速地分裂为轻子,亦即变为电子和中微子。

然而,也存在**重子数守恒定律**,即在任何时候,一种重子的衰变必定产生另一种重子。不管产生的是什么重子。当然,在得到可能存在的质量最小的重子后,就不能再进一步衰变了。

质量最小的两种重子是质子和中子。因此,尽管存在几十种重子,但任何其他重子都在质量标度上迅速下滑,不是变成质子,就是变成中子。在我们周围通常环境条件下的宇宙中,只存在这两种重子。它们往往以不同的数目结合成原子核。

质子和中子最明显的不同是:质子带有+1电荷,而中子的电荷为0。当然,由质子和中子组成的原子核所带的正电荷数量,等于其中存在的质子数目。(也有带-1电荷的反质子,以及在磁性上和中子不同的反中子,它们可以结合在一起,生成带负电荷的原子核和反物质,但现在且不去管它。)

带正电的原子核吸引带负电的电子,电子的数目足以中和特定的核电荷数,因此生成了我们熟悉的各种原子。各种原子通过转移或共享一个或多个电子而生成分子。

质子和中子在质量上也稍有不同。如果我们设定电子的质量为1,那么质子的质量为1836,中子的质量为1838。

质子和中子在原子核中结合在一起,它们在性质上趋于均匀化,实际上成为相同的粒子。在原子核内部,它们归并在一起,称为**核子**。因此,整个原子核是稳定的。但在有些原子核内,质子—中子混合的比例不适当,在性质上不能完全均匀化,因而具有放射性——那又是另一回事了。

中子在孤立的状态下是不稳定的,它通常衰变为质量稍小一些的质子,同时发射出带有负电荷的电子(这样同时产生负电荷**和**正电荷并不违反电荷守恒定律)。这个过程还产生了中微子。

质子和中子之间的质量差很微小,使得中子的衰变速度不快。孤立中子的半衰期约为12分钟。

这意味着中子只有在和质子结合而形成原子核时,才能够存在相当长的时间。另一方面,质子本身却能够无限期地独立存在,并且能够独自形成原子核,再同围绕它的单个电子结合成通常的氢原子。

因此,质子是唯一能真正稳定存在的重子。它同电子和中微子(再加上在原子核中存在的一些中子)几乎构成了宇宙的全部静质量。由于质子在数目上或个体静质量上远远超过其他粒子,它就构成了像恒星这样的物体质量的90%以上。(中微子在总量上可能更大,但它们主要存在于星际空间。)

考虑一下相反的情形,即中子的质量比质子稍微小一些。在这种情况下,质子是不稳定的,会衰变为中子,释放出带正电荷的反电子(再加上中微子),因而释放出它的电荷。这样生成的反电子会同宇宙中的电子发生湮灭,同时湮灭的还有两者所带的电荷,留下的就只有中子和中微子了。在中子总的万有引力场的作用下,中子聚集在一起成为体积微小的中子星,这类中子星将是宇宙唯一大量存在的结构。

就我们所知,在中子占优势的宇宙中,生命当然是完全不可能的。我们很幸运,质子的质量比中子稍微小一些,而不是相反。因此,它赐予了我们膨胀的恒星、原子以及生命。

如此说来,一切都取决于质子的稳定性。它的稳定性又是怎样的呢? 我们的测量表明,质子没有衰变的迹象,但我们的测量不是无限灵敏和精确的。也许有衰变,也许衰变得太慢,以致我们的仪器无法捕获到。

物理学家现在正在发展一个理论,即大统一理论(the Grand Unified Theory,简称GUT),这个理论对电磁相互作用(影响带电粒子)、弱相互作用(影响轻子)、强相互作用(影响夸克以及夸克组合,如介子、重子和原子核等)进行统一的描述。

根据大统一理论,3种相互作用中的每一种都以**交换粒子**(exchange particles)为媒介来进行,交换粒子的性质要符合使该理论适用于已知事实。电磁相互作用的交换粒子是光子,它是已知的粒子,我们对它十分了解。实际上,电磁相互作用由量子电动力学做了很好的描述,已成为GUT描述其他相互作用的模式。

弱相互作用以符号为W^+,W^-和Z^0的3种粒子为媒介来进行,它们还没有被探测出来。强相互作用以8种以上的“胶子”为媒介来进行,它们的存在有合理的证据,尽管是间接的。

交换粒子的质量越大,它的作用距离越短。光子的静质量为零,因此电磁相互作用是一类非常远程的相互作用,它的衰减与距离的平方成比例。(引力相互作用也是如此,它以零质量的引力子作为交换粒子,但引力相互作用至今拒绝和其他3种相互作用融合,人们把它们进行统一所做的努力都没有成功。)

然而,弱相互作用的交换粒子和胶子都有相当大的质量,因此,它们的作用强度随着距离的增加而急速减小,只有在与原子核直径大小相当的距离范围内,亦即大约在相距1厘米的十万亿分之一(10^{-13}厘米的范围内,这种作用才较明显)。

可是,要使GUT起作用,似乎至少需要有12种交换粒子的存在。它们的质量比任何其他交换粒子都大,因此寿命极短,难以观察到。但如果的确**能够**观察到,它们的存在将是支持GUT的强有力证据。

在可预见的将来能够直接探测到这些超大质量交换粒子的可能性,似乎微乎其微,但探测出它们的效应也就足够了,只要这些效应完全有别于任何其他交换粒子所产生的效应。这样的效应确实存在(或者无论如何也是**可能**存在的)。

如果一个超大质量的交换粒子偶然从质子中的一个夸克转移到另一个夸克,那么,有一个夸克变为轻子,因此将打破重子数守恒定律,也将打破轻子数守恒定律。质子在失去一个夸克后,将变为带正电的介子,并很快衰变为反电子、中微子和光子。

可是,超大质量的交换粒子太重了,以至于它们的作用范围小到只有约为10^{-29}厘米,只相当于原子核直径的亿亿分之一(10^{-16}厘米)。这意味着很小的夸克可以在质子内部飞奔很长时间,而不至于同另一个夸克足够接近,来交换具有破坏质子能力的交换粒子。

为了认识质子难于衰变的情景，我们把质子想象成有地球那么大，但为空心结构，而在这庞大的空心体中，只有3个物体，每个物体的直径约为1亿分之一厘米，换句话说，只有我们现实世界中一个原子的大小。这些“原子”所具有的直径就代表了超大质量交换粒子的作用范围。

为了使质子发生衰变，这些在地球那么大的空间内无规则运动的“原子”必须进行碰撞。显而易见，即使经过很长、很长的时间，发生碰撞的机会也微乎其微。

经过必要的计算，得出质子衰变的半衰期似乎为10^{31}年。换句话说，质子会在许多个夏天后死亡——然而是在许多、许多、**许多**个夏天之后。

为了对质子半衰期的长短有一个概念，考虑一下宇宙的寿命。通常认为，宇宙迄今为止已经存在了15 000 000 000年，即150亿年，用指数表示法，就是1.5×10^{10}年。

质子的预期寿命约为宇宙目前年龄的6万亿亿(6×10^{20})倍。

如果我们把宇宙目前的年龄设定为1秒，那么，质子预期的半衰期为200万亿年。换句话说，对于质子，宇宙目前的整个年龄比一眨眼的时间还要短得多、短得多。

质子的长寿性，使得它的衰变没有受到注意，科学家也未能发现违背重子数守恒定律和轻子数守恒定律的情况，进而把这两个守恒定律视为绝对。

实际上，忽略质子的衰变，不也很有理由吗？10^{31}年半衰期确实很接近于无限，从实际意义上说，可以把它视为无限而忽略。

可是，科学家不能这样做。如果他们能够，他们必须努力测量质子的半衰期。如果结果确实是10^{31}年，那么这是支持GUT的有力证据；如果结果表明质子确实稳定，那么，GUT就是错误的，或至少需要作出重大的修正。

10^{31}年的半衰期并不意味着，全部质子将要持续那么长的时间，然后就在那段时间的最后阶段，一半数目的质子立刻衰变。这些原子大小的物体在地球大小的空心体中运动，按无规则运动的概率，有可能在一年内，甚至在1秒内发生碰撞。另一方面，它们也可能运动10^{100}年、甚至10^{1000}年而不碰撞。

可是，从统计学的观点来看，由于存在着许许多多的质子，应当每时每刻都有一些质子衰变。实际上，如果质子的半衰期只有亿亿年（10^{16}年），那么，在我们体内所进行的质子衰变，就足以因放射性杀死我们。

即使半衰期是10^{31}年，此刻也有足够的质子在衰变，例如整个宇宙**每秒钟**有3亿亿亿亿亿（$3×10^{40}$）个质子在衰变，单在我们的银河系每秒钟有30万亿亿亿（$3×10^{29}$）个质子在衰变，单在我们的太阳每秒钟有300亿亿（$3 × 10^{18}$）个质子在衰变，单在木星每秒钟有3000万亿（$3 × 10^{15}$）个质子在衰变，单在地球的海洋每秒钟有30亿（$3 × 10^{9}$）个质子在衰变。

这些数字看上去也许高得令人难受。我们的海洋每秒钟就有30亿个质子衰变吗？这怎么可能呢？质子的预期寿命是那么长，宇宙的整个年龄和它相比几乎都等于零。

但是我们必须认识到，质子是多么微小，而宇宙是多么巨大。即使质子按我上述所给的数字衰变，整个宇宙在10亿年的时间里所衰变的质子的质量，也只不过相当于一个像太阳大小的恒星的质量。这意味着，我们的宇宙从诞生到现在，通过质子衰变所损失的质量，只相当于15个太阳大小的恒星。

就总体来看，宇宙有10 000 000 000 000 000 000 000个（一百万亿亿或10^{22}个）恒星，由于质子衰变所损失的15个恒星，的确可以忽略不计。

换句话说，太阳为了维持目前的辐射量所需要发生的氢聚变，使它每秒钟所损失的质量，是它发光的整个50亿年期间通过质子衰变所损失的6倍。

质子的半衰期虽然极长，但无论何时，衰变都一直在进行，这样就提高了探测衰变的可能性。

在我们的海洋中每秒有30亿个质子发生衰变，这似乎应该能够探测出来，但我们不能把整个海洋拿来用仪器研究，也不能把海洋从其他可能对探测形成干扰的现象中隔离出来。

然而，对较小样品的测试已经把质子的半衰期定在不少于10^{29}年。换句话说，已经进行了这样的实验，一旦质子的半衰期少于10^{29}年，质子在衰变中就应当被捕获——但它们没有被捕获。至于10^{29}年的时间，它只是10^{31}年的1%。

这意味着，如果GUT是准确的，为了刚好探测到质子的实际衰变，只需要把我们最灵敏的探测装置和最精确的方法再灵敏100倍、再精确100倍就可以了。考虑到20世纪亚原子物理学领域的持续进步，达到上述要求还是相当有希望的。

实际上，这样的尝试正在进行。在美国，俄亥俄州正在准备必要的仪器，将从地球深处的盐矿中收集大约1万吨的水，来自地球这样深度的水未曾受到宇宙线的照射(宇宙线产生的效应有可能同质子衰变所产生的效应相混淆)。

在这些条件下，预计每年有100个质子衰变。长时间且非常仔细的观察**可能**(仅仅是**可能**)会得出一些结果，能够证实GUT，从而使我们对宇宙的理解前进一大步。

后 记

唉呀,这篇随笔发表7年了,还没有探测到大统一理论所描述的条件下的质子衰变。我想,这种情况已经让科学家们感到灰心,于是他们转向了其他理论,诸如“弦理论”、“超弦理论”和“超对称理论”。我可能也要写一写这方面的随笔——但只有在我自己充分弄懂它们之后。

这很令人烦恼。有一些奇特的建议,我不用多想就不赞成,例如那些涉及快子的建议。当这些建议不再流行而被抛弃时,对我没有一点影响,反倒让我对自己感到骄傲,骄傲自己有这种直觉,它能立刻告诉我有些事是行不通的。

然而,有些建议我**是**赞成的。当这些建议不走红时,我的下嘴唇颤抖,感到悲伤。只要我能够,只要观察结果没有**完全**把它们排除,我的倾向就是坚决支持它们。质子衰变的可能性,就是我愿意接受的一个例子。*

但为什么我立即接受一些建议而拒绝另一些呢?啊,我不知道。

---

* 据了解,对于质子的衰变,迄今的实验从未发现相关科学证据。目前理论物理界的主流意见认为,质子未必会衰变;同时,有研究表明,中微子的质量在宇宙中也不占重要的地位。——译者

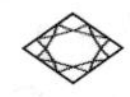

地球的圆圈

有一次，在我应邀演讲期间，珍妮特和我住在旅馆房间里，女服务员敲门问我们是否需要毛巾。我想我们已经有了毛巾，所以我说我们不需要毛巾。

我刚刚把门关上，就听见珍妮特在浴室里大声说，我们还需要毛巾，要我喊她回来。

因此我开门喊她回来，说："小姐，同我一起住在这个房间的女人说我们还需要毛巾。请拿几条来，行吗？"

她说，"当然。"就离开了。

珍妮特面带怒容走了出来，那种怒容是每当她有点儿不理解我的幽默感时总会呈现的。她说："刚才你为什么说那话？"

"那是不折不扣的如实说明。"

"你要知道你是故意那样说的，目的是暗示我们没有结婚。她回来时，你告诉她一下我们是结了婚的，你听见了吗？"

女服务员带着毛巾回来后，我对她说："小姐，同我一起住在这个旅馆房间的女人要我对你说，我们是结了婚的。"

在珍妮特的"啊，**艾萨克**"的叫喊声中，女服务员傲慢地说："我不在乎！"

现代的道德规范。到此为止。

最近想起这件事,是在我给《科学文摘》(*Science Digest*)写完一篇文章之后,在那篇文章里我漫不经心地说,《圣经》认为地球是平的。

你会对我收到的愤愤不平的信件感到吃惊,写信人对《圣经》认为地球是平的这一说法,给予了强烈的否定。

为什么？归根结底,《圣经》是在那个时代写的,那时**人人**都认为地球是平的。固然,到了写作最后几卷经书时,有几个希腊哲学家不这样想,但有谁听**他们**的呢？我想,唯一合理的说法是,写作《圣经》各篇各卷的人对于天文学知识的掌握,并不比那时期的其他任何人更多,因此我们应当宽容而友好地对待 他们。

可是,基要主义者不像旅馆的女服务员,当听到"《圣经》认为地球是平的"意见时,他们没有比这更在乎的了。

要知道,他们的论点是《圣经》字字正确,每一个字都绝对正确,不会错的。(显然,这完全符合他们的信念,即《圣经》是上帝启示的言辞,上帝知道一切,像乔治·华盛顿一样,上帝不会说谎。)

为了支持这一论点,基要主义者否认曾经发生过进化,否认地球和整个宇宙的年龄超过几千年,等等。

有大量的科学证据证明,他们在这些事情上是错误的,他们的宇宙起源概念实际上几乎和"牙仙"童话*一样,没有什么根据。但基要主义者不承认这一点。他们否认、曲解科学研究成果,顽固地以为自己荒谬的信念有价值,并且把他们虚幻的构想称为"科学"的神造说。

然而,在一个问题上,他们划定了界线。甚至最狂热的基要主义者也发现,坚持地球是平的有一些麻烦。哥伦布终究没有从天涯海角掉

---

* 牙仙童话说,小孩在睡前把脱落的乳牙放在枕头下,牙仙夜晚拿走牙,并在小孩的枕头下放一些钱作为补偿。——译者

下去，宇航员确实已经看到地球是一个球体。

如果基要主义者承认《圣经》认为地球是平的，那么，《圣经》绝对正确的整个结构就完全坍塌了。还有，如果《圣经》在如此基本的事情上有错误，那么它在其他任何事情上也可能有错误，他们就没有希望了。

因此，仅仅提一下《圣经》中认为地球是平的，就使他们受到了猛烈的震动。

就此而言，有一封我最喜欢的信，提出了以下三点：

1）《圣经》特别说到地球是圆的（信中引述了《圣经》中的一节），但尽管《圣经》有这一陈述，人类在此后两千年的时间里还是坚持相信地球是平的。

2）即使有基督徒坚持地球是平的，那也只有天主教教堂这样做，读《圣经》的基督徒不会。

3）遗憾的是，只有非偏执的人读《圣经》。（在我看来这是一个温和的评论，目的是暗示我是一个不读《圣经》的偏执人，所以说出了愚昧无知的话。）

偏巧，写信的朋友在这三点上完全是错误的。

他引证的《圣经》章节是《以赛亚书》第40章第22节。

但《以赛亚书》从第40章开始，称为《第二以赛亚书》，因为它不是出于前39章的作者之手。我不知道我的通信者是否意识到了这一点，或者如果有人告诉他，他是否会相信。

很明显，前39章写于公元前700年左右犹大国希西家（Hezekiah）王朝的时代，那时亚述君主西拿基立（Sennacherib）正威胁着这个国家。但从第40章开始，它所涉及的是大约公元前540年的情况，那时迦勒底帝国陷落在波斯帝国居鲁士（Cyrus）手中。

这意味着，第二以赛亚，不管他是谁，是在巴比伦王国成长的，是在“巴比伦囚虏”时期成长的，并且毋庸置疑，他受到了巴比伦文化和科学的熏陶。

因此,第二以赛亚根据巴比伦的科学来思考宇宙,而巴比伦人认为地球是平的。

那么,《以赛亚书》第40章第22节是怎样说的呢?《圣经》钦定英译本(以詹姆斯王版本著称)是基要主义者的“圣经”,因此,其中所含的每一个最糟的错译对他们来说都是神圣的。在这个译本中,第二以赛亚描述上帝的部分,其语句如下:

“上帝坐在地球的圆圈之上……”

在这里你找到了答案——“地球的圆圈”。那不是很清楚地指出地球是“圆的”吗?既然珍藏在《圣经》中的上帝的话,说地球是个“圆圈”,为什么,哦,为什么所有那些不读《圣经》的偏执人顽固地认为地球是平的?

问题是,我们被要求读詹姆斯王版本的《圣经》,虽然它是英译本。如果基要主义者想要坚持说《圣经》的每一个字都是正确的,那么,唯一公平的做法是接受那些字的英语意义,而不是发明新的意义,以至于把《圣经》的陈述扭曲为另一回事。

在英语中,“圆圈”(circle)是二维图,“球”(sphere)是三维图。地球非常接近于球,肯定**不是**一个圆圈。

硬币是圆圈的一个例子(如果你想象硬币的厚度可以忽略不计)。换句话说,当第二以赛亚说到“地球的圆圈”时,是指带有圆周边界的平坦地球,一个盘状、硬币状的物体。

我的通信者所提出的、证明《圣经》认为地球是球形的语句,却恰恰是最有力的证据,证明《圣经》认为地球是平的。

如果你想要另一句具有同样效果的话,那么考虑《箴言》中的一段,它是赞歌的一部分,赞美上帝具备的人格化智慧:

“他立高天,我在那里;他在深渊面上竖起圆规。”(《箴言》第8章第

27节)

大家都知道,圆规用于画圆,所以我们能够想象,上帝以这一方式划出平的、圆盘状的世界。英国画家兼诗人布莱克(William Blake)创作了一幅著名的画,展现上帝用圆规划出地球的极限。其实,"圆规"不是对古希伯来语的最好的翻译。在标准修订版的《圣经》中,这句话是这样的:"他立高天,我在那里;他在渊面的周围,划出圆圈。"这就更清楚、更确切了。

因此,如果画一幅公元前6世纪(第二以赛亚生活的时代)巴比伦人和犹太人的世界蓝图,就是如图1所示的那样。虽然《圣经》中没有这样讲,但《圣经》时代晚期的犹太人认为耶路撒冷是"世界圆圈"的中心,正如希腊人认为得洛斯岛是世界的中心一样(球体表面当然没有中心),但圣经中没有这样讲。

现在,让我们引述全节的语句:

"上帝坐在地球大圈之上;地上的居民好像蝗虫。他铺张穹苍如幔子,展开诸天如可住的帐篷。"(《以赛亚书》第40章第22节)

把地球的居民指为"蝗虫",仅仅是《圣经》称呼细小事物和无价值事物的陈词滥调。例如,当犹太人游荡于旷野时,派遣探子到迦南地,

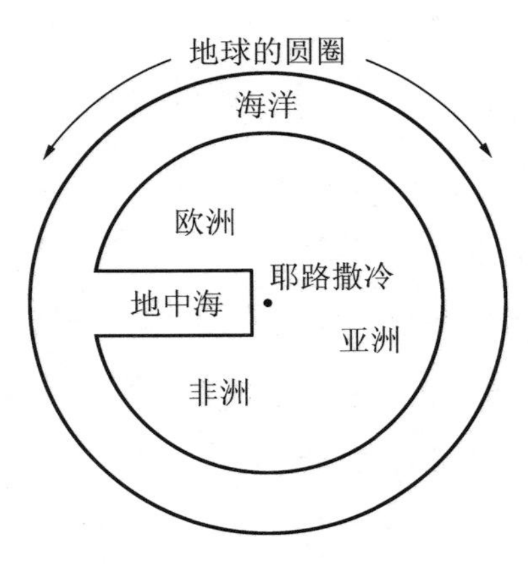

图1

探子带回了有关当地居民及其城市实力的令人沮丧的详情。

探子说：

“……据我们看自己就如蚱蜢一样；据他们看，我们也是如此。”（《民数记》第13章第33节）

不管怎样，注意一下穹苍同幔子或帐篷的比较。如通常所想象的那样，帐篷由容易架起和容易拆卸的结构组成，包括兽皮、亚麻布、丝、帆布等。这材料向外、向上铺开，然后每个面都下垂，直至接触地面。

帐篷**不是**一个围绕在更小球体结构外面的球体结构。从来就没有这样形式的帐篷。用最形象的示意图表示，它是一个半球形，垂下来以一个圆圈与地面接触。帐篷下面的地面是**平**的。在各种情况下，这都是对的。

如果想要看一看这段话所描述的天和地的剖面图，请看图2。在天做成的帐篷里面、在平的地球基础上面，居住着叫做人类的蚱蜢。

这样的概念对于未曾出过远门的人们来说是合理的；他们未曾在大洋上航行；他们未曾到过遥远的北方或南方，从而未曾观察到星辰位置的变化；他们未曾观察到船只在接近地平线的地方从视线中消失；他们看到月食万分恐惧，未曾冷静地、仔细地观察地球投在月亮上的阴影。

然而，在过去的2500年里，我们学到了许多关于地球和宇宙的知识，充分认识到，宇宙如帐篷幔子垂落到平盘上这种构想，与事实不

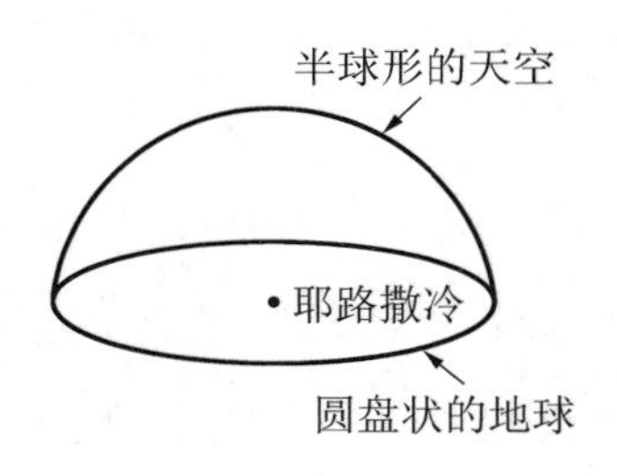

图2

符。甚至基要主义者对此也知道得很多,为了避免得出《圣经》有错误的结论,他们的唯一方法就是否定简单的英语。

这表明,要限制人类的愚蠢是多么困难。

如果我们承认半球形的天是由平盘状的地球支撑的,那么,我们不得不问,地球又是什么支撑的。

以亚里士多德(公元前384—前322年)为顶峰的古希腊哲学家们,首先接受了球体地球的概念,也是最先不必担心这个问题的人。他们认识到,重力是指向球体地球中心的力,因此他们想象,地球悬在整个宇宙这个大球体的中心。

对于那些生在亚里士多德之前的人,或从来不知道亚里士多德的人,或拒绝接受亚里士多德的人来说,"向下"是不受地球影响的宇宙方向。事实上,这个观点非常诱人,以至于世世代代的儿童都受它的哄骗。第一次遇到球体地球概念的学校儿童,有谁不想知道为什么在地球另一面的人倒立着四处闲逛而不会掉出去呢?

如果地球是平的,如《圣经》作者所认为的那样,那么,你不得不面对的问题是,什么阻止了全部家当坠落。

对于那些不认为全部事情都是神力所创造的奇迹的人来说,必然的结论是假定地球必定由某物支撑,例如柱子。归根结底,神殿屋顶不就是由柱子支撑的吗?

但你一定会问,那么柱子是由什么支撑的。印度教徒认为柱子站在巨大的大象上,大象站在超大的海龟上,而海龟则游弋在无边的海面上。

最后,我们要么归于神,要么归于无限。

萨根讲述了一位妇女的解决方案,它比印度教徒的更简单。她相信平面地球坐落在海龟的背上。当她被问及……

"那海龟在什么上面呢?"

这位妇女傲慢地说："在另一个海龟的上面。"

"那么另一个海龟在——"

这位妇女打断了问话，说："先生，我知道你想了解的是什么，但这是没用的。**往下全都是**海龟。"*

但《圣经》是否论及地球在什么上面呢？——是的，但只是非常偶然地。

你瞧，麻烦的是，《圣经》不去费心详述人人都应该知道的事情。例如，《圣经》没有描述一下最初生成的亚当，没有具体地讲上帝造出的亚当有两条腿、两只胳膊、一个头、两只眼睛、两个耳朵、一张嘴、没有尾巴，等等，所有这些他都认为是理所当然的。

同样，《圣经》没有直说"地球是平的"，因为《圣经》的作者从来没有听说别的样子。但"地如圆圈，天如帐篷"，从他们这样的平静描述中，可以领会到地球是平的。

同样，《圣经》没有具体说到是什么支撑着平面的地球，因为人人**都知道**有东西在支撑着它，这件事《圣经》是很随便地提及的。

例如，《约伯记》第38章上帝在回应约伯对世界非正义和邪恶的控诉时，他没有一一解释，而是指出了人类的愚昧无知，甚至因此而否定了人类有提问的权利（傲慢、专横地避开了约伯的问题，但别管它）。他说：

"我立大地根基的时候，你在哪里呢？你若有聪明，只管说吧！你若晓得就说，是谁定地的尺度？是谁把准绳拉在其上？地的根基安置在何处？地的角石是谁安放的？"（《约伯记》第38章第4—6节）

这些"根基"是什么呢？很难回答，因为《圣经》没有具体描述。

我们可以说"根基"是指地球的下层，即地幔和液态铁质地核。可

---

* 作者所举此例可参阅《卡尔·萨根的宇宙》，耶范特·特齐安主编，周惠民等译，上海科技教育出版社，2000年。

是《圣经》的作者从来没有听说过这些事情，就像从来没有听说过细菌一样——所以他们用蚱蜢那么大的东西来表示微小。《圣经》**从来没有**谈到，地球表面以下的区域是由岩石和金属构成的，像我们所看到的那样。

我们可以说，《圣经》是用一种含糊其词的风格写的；某句话对于《圣经》作者的天真的同代人表示一种意思，但对于20世纪见多识广的读者却是另一种意思，对于35世纪知识更加渊博的读者又是第三种意思。

可是，如果我们那样说，基要主义者的所有论点就完全错了，因为《圣经》说的每一件事情都可以重新解释，以符合150亿年宇宙的演化以及生物的进化历程，这一点基要主义者会断然拒绝的。

因此，为了反驳基要主义者的问题，必须假定《圣经》的詹姆士王钦定版是用英语写的，所以地球的"根基"就是支撑平面地球的东西。

在《约伯记》别处描述上帝的力量时，约伯说：

"天的柱子因他的斥责震动惊奇。"(《约伯记》第26章第11节)

这些柱子似乎就是地球的"根基"。也许它们放在地球边缘的下面，该处是天垂下来与地会合的地方(见图3)。这样，这些结构既是天的柱子，又是地的根基。

柱子又放在什么上面呢？大象，海龟，或"往下全都是柱子"，或柱

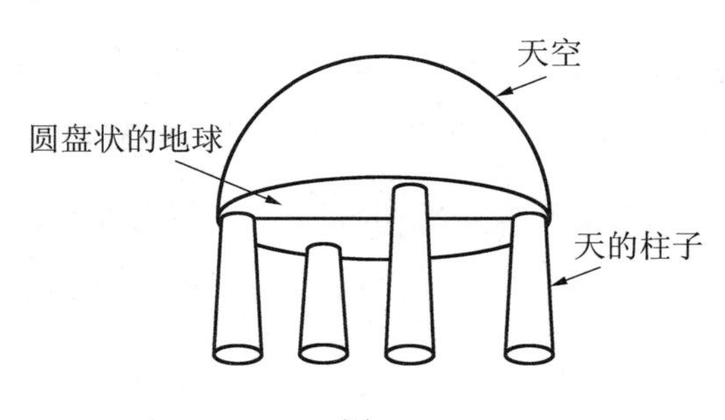

图3

子放在永远遨游于宇宙空间的天使的背上？这些《圣经》都没有讲到。

像一顶帐篷那样覆盖平面地球的天空是什么呢？

在《圣经》的创世故事中，地球开始时是一片无定形的茫茫大海。上帝第一天创造了光，在没有太阳的情况下，他想方设法把光变成间歇性的，因此日夜交替。

第二天，他把帐篷安放在无定形的茫茫大海之上：

“上帝说：诸水之间要有天空（firmament），将水分为上下。”（《创世记》第1章第6节）

“Firmament”这个字的第一个音节是“firm”，它是《圣经》作者心里想要表达的意思。这个字翻译成希腊文是“stereoma”，意思是硬物，翻译成古希伯来语是“rakia”，意思是“薄的金属板”。

换句话说，天空非常像我们比较别致的餐馆里盖在扁平菜盘上的半球形金属盖。

按《圣经》的描述，第四天创造了日月星辰。星星看起来像贴在天空上的闪光点，太阳和月亮是带光的圆圈，它们紧贴着天空，或者刚好从天空的下面，自东向西移动。

这一景象在《启示录》中描写得很具体。《启示录》大约在公元100年写成，它预示了一系列世界末日的恐怖景象。有一处它提到了“大地震”，结果：

“……天上的星辰坠落于地，如同无花果树被大风摇动，落下未熟的果子一样。天就挪移，好像书卷被卷起来……”（《启示录》第6章第13—14节）

换句话说，地震把星星（那些小光点）摇动得脱离了薄金属结构的天空，而薄金属的天空本身也像一卷书那样卷起来。

《圣经》说天空“将水分为上下”。显然，在世界结构的平面地基上，即地球本身上，有水，在天空的**上面**也贮存着水。大概就是这天空之上的水源形成了雨水。(要不然,如何解释水从天降呢?)

显然,天空还有某种孔,允许雨水通过、降落,如果想要大暴雨,就把孔开大。因此在大洪水期:

"……天上的窗户也敞开了。"(《创世记》第7章第11节)

到了《新约》时代,犹太学者知道了希腊人关于有多重天围绕地球的说法,7个行星的每一个占一重天,最外面一层是恒星。他们开始感到单一的天空是不够的。

因此,圣保罗在公元第一世纪接纳了天的多重性。例如他说:

"我认得一个在基督里的人,他前14年被提到第三层天上去了。"(《哥林多后书》第12章第2节)

在地球平盘的下面是什么呢?当然不是今天地质学家所说的地幔和液态铁质地核,至少依照《圣经》不是这样的。在平面地球的地下,是死者的住所。

《圣经》第一次提到这件事与可拉、大坍、亚比兰有关,他们在游浪荒野时期背叛了摩西的领导:

"接着发生……他们脚下的地就开了口,把他们和他们的家眷,并一切属于可拉的人丁、财物都吞下去。这样,他们和一切属于他们的,都活活地坠落阴间;地口在他们上头照旧合闭,他们就从中灭亡……"(《民数记》第16章第31—33节)

《旧约》时代的阴间就像古希腊的冥府,它是昏暗、衰弱和忘却的地方。

可是,后来也许由于受到在塔尔塔罗斯里巧妙折磨故事的影响,阴间就变成了地狱。塔尔塔罗斯是希腊人想象的囚禁大罪人的阴暗处。例如,在富人和拉撒路的著名寓言中,我们看到了好人与罪人的区分,罪人下降受折磨,好人则上升享福:

“后来那讨饭的死了，被天使带去放在亚伯拉罕的怀里。财主也死了，并且埋葬了。他在阴间受痛苦，举目远远望见亚伯拉罕，又望见拉撒路在怀里，就喊着说：‘我祖亚伯拉罕哪，可怜我吧！打发拉撒路来，用指头尖蘸点水，凉凉我的舌头；因为我在这火焰里，极其痛苦。’”（《路加福音》第16章第22—24节）

《圣经》没有描述阴间的形状，但它若占据天空的另一半球，将会很有趣，如图4。

也许在开天辟地之前，整个球状结构飘浮于无边的汪洋之中，它代表了原始混沌，天地就是从中造出来的，如图4所示。在这种情况下，我们可能不需要擎天柱。

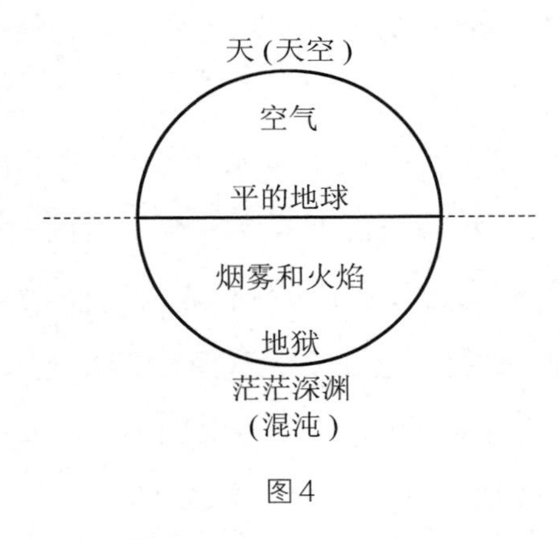

图4

因此，造成大洪水的原因，不只是天窗大开，而且那时：

“……大渊的泉源都裂开了……”（《创世记》第7章第11节）

换句话说，混沌之水涌上来，几乎毁灭天地万物。

当然，如果宇宙的景象真的和《圣经》的字句毫厘不差，就不可能有以太阳为中心的系统，就根本不能认为地球是运动的（除非认为它毫无目的地飘浮于“茫茫深渊”之上），当然也不能认为它绕太阳运动，因为太阳只不过是围住地球平盘的固体天空中的一个小光圈。

但让我强调一下，我对这一图景并不认真，我没有感觉到《圣经》强迫我接受这个天地结构的观点。

《圣经》说到的宇宙结构，几乎都在《约伯记》、《诗篇》、《以赛亚书》、《启示录》等诗一样的段落中。可以认为它们全都是具有诗意的想象、比喻和寓言。

如果这样，就没有什么东西在强迫我们认为《圣经》至少和现代科学相矛盾。

许多虔诚的犹太教徒、基督教徒对《圣经》正是持这一观点的，他们认为《圣经》是神学和道德的指南，是伟大的诗篇，但**绝不是**天文学、地质学或生物学的教科书。一同接受《圣经》和现代科学，对他们来说没有问题。他们给两者准确定位，因此他们：

"……这样，恺撒的物当归给恺撒，上帝的物当归给上帝。"（《路加福音》第20章第25节）

我争吵的对象，是基要主义者、拘泥字面意义者和神造论者。

如果基要主义者坚持把创世故事的照字面的意义强加给我们，如果他们强迫我们接受地球和宇宙只有几千年的年龄，并且拒绝进化论，那么，我坚决主张，他们应该按字面意义接受《圣经》中其他所有段落——这意味着包括平面的地球和薄金属的天。

如果他们不喜欢那样，对我来说是什么呢？

后　记

我想，神造论者必定恼怒我这样无拘束地对待《圣经》，能够这样随便引用《圣经》。但为什么不呢？我写了两卷集的《阿西莫夫〈圣经〉指南》(*Asimov's Guide to the Bible*)，不是不要报酬的。

当然，《圣经》篇幅这样长、这样复杂，以至于几乎任何你喜欢的观点，都能够在《圣经》中找到支持它的引文，这绝对是千真万确的。历史充满了这样的例子,在激烈的纷争、火刑柱上的行刑甚至战争中,敌对双方都引用《圣经》经文互相攻击。

莎士比亚在《威尼斯商人》中指出,“魔鬼为了他的目的会引用《圣经》经文”,我一直等待着我的对手那样告诉我——但他们从来没有。

你瞧,上面那句引文的麻烦在于,没有客观的方法来确定冲突两方谁代表魔鬼。在神学争论的历史中,每一方总是坚持说另一方代表着魔鬼。

因此,我打算继续引用《圣经》,并且表明《圣经》认为地球是平的。我还要向神造论者挑战:你们能否在《圣经》中任何地方找到一句引文,表明“地球是个球体”。

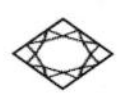

什么卡车?

我不是一个视觉灵敏的人,而且我内心的精神生活充满活力,许多事情始终在头脑中跳来跳去分散了我的注意力。我有时视而不见,使别人感到诧异。有人改变发型,我没有察觉。屋里换了新家具,我坐在它上面而没有评论。

有一次似乎打破了这方面的纪录。我沿着列克星敦大街一边走,一边与同伴热烈交谈(像惯常那样)。在穿越车行道时,我还在说话。同伴和我一起穿越,但似乎有些勉强。

到了街对面,同伴说:“那一辆卡车只差一寸就碰到我们了。”

我完全无知地说:“什么卡车?”

我因此听了他一通十分冗长乏味的讲演,但这并没有改变我,却使我去思索一个问题:对卡车视而不见是那么容易。例如……

不久前,有一位读者寄给我一份1903年10月号《芒西杂志》(*Munsey's Magazine*)的复印件,我饶有兴趣地浏览了一遍。庞大的广告栏就好像是进入另一个世界的窗口。然而,特别吸引我的是那位读者要我注意的东西,那是一篇题为《人能登上月球吗?》(Can Men Visit the Moon?)的文章,作者是文科硕士道奇(Ernest Green Dodge)。

那是一种80年前我自己也可能会写的文章。

碰巧,我时常想知道:我努力描绘的未来技术,用事后犀利的眼光来看是不是没有那么激动人心。我通常相当悲哀地感到会出现这样的结果:我看不到那些卡车,或者我见到的卡车实际上并不在那里。

我不能期待再活80年,自己检验自己。但是,如果回首80年以前作出的评论,用我们现在的知识来检验,看看它们有没有道理,这将如何呢?

用道奇先生的文章来实现这个目的再完美不过了。很显然,他是个理性的人,有渊博的科学知识,有丰富而严谨的想象力。简而言之,他就是想象中的我。

在某些方面他准确击中了要害。

关于去月球旅行,他说:"……它不像永动机或求解与圆等面积的正方形那样在逻辑上行不通。最坏的情形是,我们现在去月球旅行所面临的困难,就像最初赤身裸体的原始人想要横渡大西洋到达彼岸时肯定会遇到的情形:没有船,只有倒下的树;没有桨,只有赤手空拳。正如从原始人的不可能性变成了哥伦布的成功,19世纪的白日梦会变成20世纪的伟业。"

正是如此!道奇的文章发表仅66年后,人类就站在月球上了。

道奇在后面列出了空间旅行的困难,他指出,困难的产生主要是由于"外层空间的确是空的,在某种意义上说这是人造真空所不能达到的……在有地球那样大小的外层空间中,除了几颗总重量也许只有5或10千克的飞行陨石外,就我们所知,绝对空无一物。"

道奇是个谨慎的人。虽然他的论断在1903年似乎是无可辩驳的,但他还是插进了十分小心的短语"就我们所知",这样做是对的。

1903年,亚原子粒子刚刚为人所知,距电子和放射性辐射的发现还不到10年。然而,这些只是地球上的现象,宇宙线直至1911年才被发现。因此,道奇不会知道外层空间充满了质量很小却相当重要的带电的高能粒子。

道奇在1903年他所知道的基础上,列出了从地球到月球穿过外层空间真空可能遇到的四点困难。

首先,当然是没有可供呼吸之物。但他对这个问题十分正确地不予考虑,指出宇宙飞船是密封的,内部携带着自己的空气,正如携带食物和饮料等供应品一样。因此呼吸是没有问题的。

第二个困难是外层空间极度寒冷。道奇对此比较认真。

这个问题被他过高估计了。诚然,处于空间深处、远离任何辐射源的任何一个物体,将达到绝对温度3度左右的平衡温度,所以可以把它看作"外层空间的温度"。然而,从地球到月球运动的任何物体离辐射源都不太远。它在太阳附近,与太阳的距离就像地球和月球一样。因此,它一直都沐浴在太阳的辐射之中。

另外,外层空间的真空是优良的热绝缘体。这在1903年是众所周知的,因为在这篇文章发表之前11年,杜瓦(James Dewar)就已经发明了与之相当的保温瓶。宇宙飞船里面肯定有内部热量,即便只有宇航员本身的身体热量。而通过向真空辐射来散热的速度很慢(这是在外层空间损失热量的唯一途径)。

道奇认为,必须"在船壁上多包护垫"以防止飞船损失热量。他还建议"在外面以抛物线型的大镜子把阳光会聚,并通过窗口投射到飞船中",以此作为供热的方法。

这是严重的过高估计,因为这类东西都是不必要的。在宇宙飞船的外面必须放置绝热层,但这是为了避免飞船在经过大气层时,**得到**太多的热量。热的**损失**是无关紧要的。

第三个困难的出现,是由于从地球到月球的大部分或全部过程中,飞船处于自由落体状态,宇航员将经历无引力的状态。道奇对此非常明智地不予理睬，指出“可以把碟子固定到桌子上，人即使不能行走，但可以跳跃和飘浮”。

他没有推测由于暴露在零重力状态中可能会产生有害的生理变化，这一点可能缺乏远见。但最后，这证明没有问题。近年，有人连续半年以上处于零重力的状态，显然没有出现永久性的有害影响。

道奇提到的第四个，即最后一个危险，是与陨石碰撞的可能性。尽管在这之后的半个世纪中，科幻小说作家仍然把这件事看作主要的危险，但道奇也不予考虑，因为这在统计学上是无关紧要的。他这样做是对的。

他没有提到第五个危险，即宇宙线和其他带电粒子，这是他在1903年根本不可能知道的。1958年发现辐射带后，人们对此有点儿担心，但结果，它没有在本质上干扰人类到达月球。

道奇因此判定，外层空间没有什么危险可以阻止人类到达月球。他说得对。如果有错的话，也就是他高估了外层空间想象中的寒冷。

下一个问题，正是如何实际上横渡从地球到月球的距离。关于这一点，道奇提出了5项可能的“计划”。人们能够想象出来的，就只有这5项计划，虽然道奇实际上没有这样说，但容易令人得出这样的印象。

最简单的是“塔计划”。它涉及建造一个物体，高度足够达到月球，有点像《圣经》中建设巴别通天塔的方案。道奇提到埃菲尔铁塔，它建于14年前，高324米，是他那篇文章撰写时世界上最高的建筑物（在此后的27年间，它一直是世界上最高的建筑）。

道奇说：“集中各国的财力或许可以建造一个高达13千米或16千米的实心钢制大厦，但不能再高，理由很简单，下面的部件没有那么结实，承受不了必须加在它们上面的重量。”要达到月球，需要“强度是防弹钢材500倍左右的建筑材料，这样的材料可能永远也不会找到”。（请注意“可能”这两字。道奇是一个谨慎的人。）

这计划还有许多其他缺点，道奇没有提到。月球的椭圆形轨道与地球的赤道面成一角度，需要经过相当长的时间才有一次月球临近塔顶的机会，而当它临近塔顶时，月球的吸引会对塔施加巨大的张力。由于地球重力的作用，空气只存在于塔的底部。即使塔建成后，到月球近地点也还需要跨越大约300 000千米的距离（更不用提在建塔过程中需要跨越的距离了）。删去“塔计划”吧。

道奇没有提到“天钩”（悬空挂钩）的各种可能性，它是一个长的竖直结构，位于地球和月球之间适当的位置，靠地球引力和月球引力的结合把它固定在那里，它可以帮助我们在地球与月球之间往来。在我个人看来，它丝毫没有切实可行之处。

道奇的第二个方案是“射弹计划”，即用巨大的大炮发射飞船，使飞船的速度快到能够到达月亮（如果瞄准准确）。在38年前即1865年发表的《从地球到月亮》（*From the Earth to the Moon*）中，凡尔纳（Jules Verne）使用了这种方法。

道奇指出，为了到达月球，射弹离开大炮出口的速度必须达到每秒11.2千米（脱离地球的速度），额外还要再加上一点，以补偿经过大气层时空气阻力造成的损失。宇宙飞船必须在大炮管的长度内从静止加速到每秒11.2千米，这将干净利落地压碎飞船上的全部乘客，不留下一根没有断裂的骨头。

大炮越长，需要的加速度就越小，但道奇说：“……即使炮管长度达到不可能的64千米，可怜的乘客将遭受的压力，相当于100人躺在他身上达11秒。”

但假设我们能够克服上述困难，并且想象宇宙飞船在离开大炮炮口时旅客还活着。那么，宇宙飞船应该是一个射弹，随重力（没有其他的力)而运动。像其他炮弹一样,不能改变行程。

如果飞船瞄准月球,最后降落在月球上,撞击速度应该不低于每秒2.37千米(脱离月球引力的速度)。当然这意味着立刻死亡。或者如道奇所说:“……除非我们子弹式的飞船在前端突出部位,携带堆起来有3千米高的垫子以便降落,否则着陆比起动更糟!”

当然,飞船不必在月球登陆。道奇没有太多地追求这个计划,但大炮要瞄准得超人般精确,使得飞船刚好错过月球,而速度又刚好合适使飞船在月球引力的作用下绕月运动,并且返回来与地球会合。

如果飞船垂直撞击地球,它的速度将不低于每秒11.2千米。因此,乘客在与坚实的地面或海洋(在这样速度下好不到哪里去)碰撞而被炸死之前,早已在穿过大气层时被高温煎死。而且,如果宇宙飞船击中城市,将使上千万的无辜者丧生。

原先超人般的瞄准可以把飞船带回地球,使它刚好足以偏离地球重力的捕捉点,进入大气层上部的轨道。这个轨道逐渐衰减。另外,此时可以打开降落伞以促进衰减,使飞船安全降落。

但是,即使初始加速度不是致命的,把全部希望都寄托在一次瞄准上,未免也太过分、太过分了,删去“射弹计划”吧。

第三个方案是“反冲计划”。

道奇指出,枪能够在真空中点燃,并且在这过程中发生反冲。我们可以想象宇宙飞船是一杆巨大的枪,能够向下射出发射弹而使自己向上反冲。在反冲时,它又可以向下射出另一发射弹而给自己另一个向上的反冲力。

如果飞船点燃子弹足够迅速,它会越来越快地向上反冲,实际上,把自己一直反冲到月球。

可是道奇认为,反冲随着子弹质量的增加而增大,“为了达到好的效果，子弹的重量(实际上是质量)应当等于或超过枪本身的重量。”

我们因此必须这样想象，一个物体发射掉本身的一半，使留下的另一半上升——在上升的同时，从所剩的一半再发射掉一半，因此剩下的部分上升更快，然后从现在所剩下的再发射掉一半，如此继续进行，直至到达月球。

如果飞船必须发射掉本身的一半，然后再发射掉所剩下的一半，然后再发射掉所剩下的一半，等等，那么，开始时飞船必须要多大呢？道奇回答："为了让一个小笼子安全登陆到月球表面，起始的全部装备需要如山脉那样大。”他觉得“反冲计划”甚至比“射弹计划”的可行性还要小。

第四个方案是“浮起升空计划”。

它无非是设法把重力屏蔽掉。道奇承认，这样的重力屏蔽还不为人所知，但料想将来有可能在某一时间发现它。

在某种程度上氢气球似乎能抵消重力。的确，它在空气中向上浮起，显现出的是浮力(从拉丁语中表示“轻”的词而来)而不是重力(从拉丁语中表示“重”的词而来)。

68年前即1835年，爱伦·坡(Edgar Allan Poe)在小说《汉斯·普法尔历险记》(The Unparalleled Adventure of One Hans Pfaall)中使用了气球到月亮旅行。然而，气球只是飘浮于较稠密的大气层上，并非真正抵消重力。当它升至一定的高度时，该处稀薄的大气不再重于气球中的气体，气球便不再上升。爱伦·坡想象有一种比氢气轻得多的气体(我们现在知道这样的气体不存在，也不可能存在)，但即使那样，它把气球提升的距离也不会超过地球到月球距离的1%。道奇知道这一点，所以他没有更多地提到气球。

道奇所指的是真正的重力抵消，例如威尔斯(H. G. Wells)的小说

《登月先锋》(The First Men in the Moon)中所说的那种,该小说发表于两年前,即1901年。

当然,如果抵消了重力,那就是零重量了,但仅此就能携带你到月球上去吗?零重量的宇宙飞船所受的力仅仅是遭受每一股变幻无常的空气冲击吗?它会不会仅以这种方式,一种类似于布朗运动的方式漂浮呢?即使最终(可能是很长时间之后的最终)到了大气层顶部并且飞出去,难道飞船不会以任意方向离开地球吗?这样的话,只有碰到极其难得的巧合,它才能够到达月球的范围内。

可是,道奇有一个更好的见解,想象自己置身于停歇在地球赤道上的宇宙飞船中。地球绕着它的轴旋转,赤道上的每一点(包括宇宙飞船)以刚好每秒0.46千米的速度绕轴移动。这是超音速(大约1.5马赫),如果你想要抓住一个以这样的速度围绕你旋转的通常物体,你能握住它的时间都到不了1秒钟的几分之一。

可地球非常巨大,1秒钟内偏离直线方向的变化很小,因此向上的加速度微不足道。尽管旋转速度很快,但施加于飞船的重力很强,足以使飞船保持在地面上。(要使拉住飞船的强重力失去作用,围绕地球的旋转速度必须达到现在的17倍。)

但假设太空飞船的壳体贴满隔绝重力的屏蔽,在一特定时刻激活屏蔽。现在没有重力向下拉住飞船,它将从地球上抛出去,就像一个泥块从旋转的飞轮上被抛出一样。它将沿直线运动,正切于地球的曲线。地面将向它的下面落去,起初很慢,但越来越快。如果你在适当的时间里小心激活屏蔽,飞船的航向最后将与月球表面相交。

道奇没有提到地球围绕太阳的曲线运动将成为第二个因素,太阳在星系中的运动将成为第三个因素。然而这些只代表较小的修正。

登陆月球比前几个计划好,因为宇宙飞船不受月球重力的影响,不需要以逃逸速度那样的速度接近月球。一旦飞船快要接触月球,就可以停止重力屏蔽，飞船将突然受到月球较弱的重力作用，可能下落几米或几厘米，震动很轻微。

不过，怎样返回地球呢？月球围绕自身轴旋转的速度非常慢，它赤道上的一个点的移动速度只有地球赤道上一个点的1%。在月球上，使用重力屏蔽提供给宇宙飞船的速度只有离开地球时的1%，所以，从月球到地球的旅行时间，是从地球到月球的100倍。

可是，我们要放弃这一切打算。爱因斯坦(Albert Einstein)在道奇的文章写作13年后公布了广义相对论，所以我们不能责怪道奇不知道重力屏蔽是完全不可能的。删去"浮起升空计划"吧。

道奇最寄希望于第五个方案："斥力计划"。这里所需要的不仅是他所希望的那样抵消重力，而且是一种能有效地超越引力(重力)的斥力。

归根结底，有两种电荷和两种磁极，相同的电荷或相同的磁极彼此排斥。难道不可能有万有斥力和万有引力吗？难道宇宙飞船不能有一天结合使用这两种力，有时与天体相斥而离开，有时与天体相吸而靠近，从而帮助我们到达月球吗？

道奇实际上没有确切地讲是否可能有万有斥力这类力，他的谨慎是对的，因为从后来爱因斯坦的观点来看，似乎不可能有万有斥力。

但道奇提到了光压，指出在某些情况下它能够抵消引力。他用彗星尾作为例证。可以预计，引力拉动彗星尾向太阳靠近，而太阳的光压却把它们推向相反的方向，克服了引力。

实际上，他在这里是错误的，因为后来的结果证明太阳的光压太弱，做不到这一点。这是太阳风起的作用。

光压固然可以用作原动力，但要去克服相当大的物体在地表的重力，或者就凭这一点克服空气的阻力，它太弱了。要利用光压作为原动力，宇宙飞船首先应当处于相当深度的空间，另外还必须备有极薄的、面积为许多平方千米的帆。

要把宇宙飞船从地球表面运送到月球，借助于光压或类似的方法是没有希望的。删去“斥力计划”吧。

要说的就这么多。道奇聪颖明智、学识渊博，清楚地了解科学（到1903年为止），但若我们只考虑如道奇所描述的5个计划，那么，把人类从地球运送到月球，5个计划中**没有一个**有哪怕最微弱的一丝希望。

可是这件事已经做到了！写那篇文章时我父亲活着，他还活着目睹了人类站在月球上。

那怎么可能呢？

唔，你注意到没有，道奇疏忽了一个词？你注意到没有，**他对卡车视而不见**？他没有提到火箭！

他没有理由疏忽火箭。人们知道火箭已有8个世纪之久，无论在和平时期还是在战争中，都用到它。1687年，牛顿透彻地解释了火箭的原理。甚至更早些时候，1656年，贝热拉克（Cyrano de Bergerac）在他的小说《月球之行》（A Voyage to the Moon）中列出了到达月球的7个方法，而且他**的确**把火箭列入其中。

那么，道奇为什么忽略了火箭呢？不是因为他不敏锐。实际上，他在文章末尾，用1903年的目光就敏锐地预见了利用月球表面收集太阳能的可能性。

他没有提到火箭，是因为我们中的佼佼者有时会对卡车视而不见。（我想知道，现在我们大家都视而不见的是什么卡车。）

道奇用反冲计划**几乎**提到了它，但他犯了一个少见的大错。他认为，为了得到适当的反冲，射出的子弹的质量至少必须等于枪本身的质量，这是错误的。

在射击与反冲、作用与反作用中起作用的是动量。当具有某一动量的子弹离开枪时,枪必定得到方向相反、大小相等的动量,而动量等于**质量乘以速度**。换句话说,如果小质量以足够快的速度运动,也将产生足够的反冲。

对于火箭,喷射的热蒸气以巨大的速度向下运动,并且热蒸气持续喷射出来,就能使火箭机体以惊人的加速度向上运动(如果想一下它所喷射的蒸气的小质量)。把较小的物体运送到月球,开始时还是要使用较大的质量,但这差异比道奇所担心的要小得多。

此外,只要燃料在燃烧、蒸气在喷射,反冲作用就一直继续进行,这相当于炮弹沿着几百千米长的炮筒运动。加速度变小,小到可以承受得起。

一旦火箭已经处于奔往月球的途中,拥有备用燃料就意味着能够操纵火箭。在降落到月球时,能够放慢速度;能够随意再起飞奔回地球;在进入大气层时能够进行适当的控制。

说真的,我想说的就这么多,除了有两个巧合。一个是温和的巧合,另一个是怪异的巧合——你知道我是多么喜欢发现巧合。

温和的巧合是这样的:就在道奇为《芒西杂志》写那篇文章的同一年,齐奥尔科夫斯基(Konstantin Tsiolkovsky)开始在俄罗斯航空杂志上发表一系列文章,讨论了专门适用于宇宙空间旅行的火箭学理论。它是这一领域最早的科学研究,因此,现代航天火箭学的诞生时间正是道奇推测了一切可能性而**排除了**火箭之时。

怪异的巧合是这样的:道奇的文章没有提到"火箭"这个词,他没有认识到,火箭,也只有火箭,才会让人类取得登上月球的伟大胜利。这份杂志中,当然有其他文章跟在道奇文章的后面,你知道这文章的题目吗?

不要费心去猜想了。我告诉你吧。

它是《火箭的伟大胜利》(Rocket's Great Victory)。

不,不是有人去纠正道奇的疏忽,那是一篇小说,副标题为《威利·费瑟斯顿赢得比赛和赢得新娘的策略》。

在这故事中,"火箭"是一匹马的名字。

后　　记

在开始写作这一系列随笔一年左右的时间后,我养成了一个习惯:在每一篇文章的开头,先说一则通常是滑稽可笑的个人轶事趣闻。这样做的一部分原因,是在我开始向读者推行理智的论证之前,先让他进入轻松状态;另一部分原因是,我喜欢谈论自己。

问题产生了,有时有人问我是否编造了这些轶事趣闻。答案是(说心里话)我没有编造。我所遇到的每一件事,或多或少都完全如我所描述的那样。有时,我会把它们稍稍加工一下,把原材料提炼提炼,使之富于故事性。可以这样说,我从来没有扭曲事实,哪怕只有最轻微的一点点。

我现在讲这些,是因为人们不相信我会在步行横穿街道时没有注意到几乎要被大卡车撞到。可事情就是这样的。我有这样的专注力。

当然,他们因此不相信,我这样专心致志而没有在许多年前被某辆车压成肉饼。好吧,但愿有一位仙女教母守护着我,但我真的认为没有这样的仙女教母(相信我吧,但我很遗憾),所以我没有什么可解释的了。

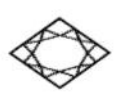

关于思维方式的再思考

在随笔《关于思维方式的思考》中,我表达了对智力测验的不满,并给出了自己的理由。我在文中提出的论点是,“智力”(intelligence)这个词代表了一个很深奥的概念,不能用一个简单的数字(如“智商”所表示的)来衡量。

更令我欣喜的是,这篇随笔遭到了一位心理学家的攻击。对于他的工作,我几乎没有给予一丁点儿重视(见随笔《噢,科学家也都是人啊!》)。

我也从未想过要给这篇随笔写续篇。实际上,我甚至觉得关于智力这个题目,我已经倾尽所能,贡献了我的全部想法。

但就在写作本文之前不久的一次晚餐上,我发现麻省理工学院的明斯基(Marvin Minsky)坐在了我的右边,而洛克菲勒大学的罗杰·帕格尔斯(Roger Pagels)坐在了我的左边。

罗杰·帕格尔斯正在主办一个为期3天的计算机会议。那天早些时候,他主持了一个小组讨论,题为“人工智能的研究是否启发了人类的思维”。

我没有参加那个小组的讨论(好几个快到期的任务不容我参加),但我亲爱的妻子珍妮特去了。从她转述的情形来看,好像是小组成员之一的明斯基与加利福尼亚大学的塞尔(John Searle)就人工智能的本质展开了辩论。明斯基作为该研究领域的主要倡导者,反对塞尔的观点,即意识纯粹是生物学现象,机器决不会有意识或智慧。

在餐桌上,明斯基一直在维护自己的观点,说人工智能**绝不是**自相矛盾的说法,而帕格尔斯所支持的一方却与塞尔的观点一脉相承。由于我坐在中间,他们虽有礼貌但十分激烈的争论——既有字面的实义,**也**用了修辞手段——在我头顶上传来传去。

我听着他们的争论,好奇心越来越强,因为几个月前我无意中答应了别人,要在那晚作一个餐后讲演。当时我觉得,明斯基和塞尔的争议,在精力旺盛的就餐者的共同心理中,是唯一的话题。如果我想要吸引他们的注意力,绝对需要谈论这个话题。

这意味着我必须再次回到对思维方式的思考上,而且只有不到半小时的准备时间。当然,我想方设法做到了,否则我也不会跟你讲。实际上有人告诉我,在此后的会议上,人们有时赞同地引用了我的话。

我不可能把我的讲演逐字逐句地写出来,因为和通常一样,我的演说是即兴发挥,但下面给出的是一个适当的复述。

我们从这样一个简单的假定开始吧:**人类**是地球上最聪明的物种,无论目前活着的还是过去曾存在过的。所以,人脑如此之大,也就不足为奇了。我们往往有充足的理由把大脑和智力联系起来,反之亦然。

成年男子大脑的平均质量约为1.4千克,远重于任何非哺乳动物的大脑——无论现在还是过去。这不足为奇,因为与其他任何种类的生物相比,整个哺乳类大脑都大,都更聪明。

在哺乳动物中,总体上有机体越大,大脑就越大,这很正常。但就此而言,人脑却超出了正常比例。人脑比那些体重远重于人的哺乳动物的大脑还大。例如,人脑要大于马、犀牛、大猩猩的大脑。

然而，人脑在所有的大脑中并不是最大的。大象的大脑就比人脑大。最大的大象，其大脑质量约为6千克，差不多是人脑的4.25倍。此外，巨鲸的大脑质量就更大了。在人们测量过的大脑中，抹香鲸的质量最大，约为9.2千克，是人脑的6.5倍。

不过，虽然大象和巨鲸比大多数动物聪明，其智力与人类却不可相提并论。很显然，在衡量智力时，大脑的质量并非唯一因素。

人脑占人体总质量的2%左右。但一头脑重6千克的大象，体重会有5000千克，因而它的大脑大约只占其体重的0.12%。至于一条体重可达65 000千克的抹香鲸，其9.2千克的大脑大约只占体重的0.014%。

换言之，按每单位体重计，人脑是大象大脑的17倍，是抹香鲸大脑的140倍。

优先考虑大脑与身体的质量比，而非简单的大脑质量，这是否合理呢？

嗯，它给我们的答案看起来是真切的，因为它强调了最显然不过的事实，即人类比大脑更大的大象和鲸聪明。而且，我们还可以这样加以论证（可能是最简便的方式）——

大脑指挥着身体的行动，在完成了这些思考含量低的指挥职责之后，大脑剩余的部分可以保留下来进行其他活动，如想象、抽象推理和创造性幻想。虽然大象和鲸的脑很大，但那些哺乳动物的躯体也异常庞大，因此，它们的大脑完全倾注在所有常规性的对庞大躯体的指挥上，所剩无几，无暇顾及“更高级”的功能。所以，尽管大象和鲸的脑很大，它们却没有人聪明。

（这也就是为什么女性大脑平均比男性轻10%，而智力并不比男性弱10%。她们的身体较小，如果说大脑与身体的质量比有差别的话，女性稍稍高于男性。）

不过，大脑与身体的质量比也并不是万能的。所有的灵长类动物

(类人猿和猴子),其大脑与身体的质量比都很高;而且总体来说,灵长类动物越小,比值就越高。某些小猴子的大脑占体重的5.7%,几乎是人的3倍。

那为什么这些小猴子不比人更聪明呢?——这里的答案可能在于,它们的大脑简直太小了,达不到要求。

为达到高度的聪明,需要大脑足够大,以提供必要的思考机能;还需要躯体足够小,以使大脑不被完全用尽,有所剩余供思考用。大大脑与小躯体的结合,其最佳平衡点似乎就在人身上。

但先别急!灵长类动物越小,大脑与身体的质量比往往越高,鲸类动物也同样如此。总体上,常见海豚的身体并不比人体重,但其大脑质量却有1.7千克左右,或者说比人脑重$\frac{1}{5}$,它的大脑与身体的质量比是2.4%。

既然如此,为什么海豚不比人更聪明呢?两种大脑间有没有什么质的区别,使得海豚比较愚笨呢?

例如,真正的脑细胞位于大脑表面,构成"灰质"。大脑内部基本上由被脂肪隔开的、从细胞中延伸出来的神经突构成,它由于带有脂肪的颜色,因此叫做"白质"。

与智力相关的是灰质,所以,大脑的表面积比质量更为重要。我们在研究物种的智力递增顺序时发现,大脑表面积的增加比大脑质量的增加要迅速得多。一个明显的特征就是,表面积的高度增大,使它不可能平滑地覆盖在大脑的内部物质上,而只能褶皱成脑回。回状大脑的表面积要高于同质量的平滑大脑。

所以,我们把脑回同智力联系起来了。毕竟,哺乳动物的大脑是回状的,而非哺乳动物却不是。猴脑的回旋程度比猫脑高。不出所料,人脑的回旋程度比其他任何陆生哺乳动物都高,甚至包括黑猩猩和大象这样比较聪明的动物。

然而,海豚不仅大脑质量高于人脑、大脑与身体的质量比高于人类,它的大脑回旋程度**也**同样高于人类。

现在要问,为什么海豚不比人更聪明呢?为了解释这个问题,我们不得不后退到这样的假设:海豚的脑细胞结构或脑组织有某种缺陷。这是一个没有任何根据的论断。

不过,还是让我说说另一种观点吧。我们又怎么知道海豚不比人更聪明呢?

诚然,海豚没有技术,但这不足为奇。它们生活在水中,那里无火可用;而对火的巧妙运用恰恰是人类技术的根基。另外,水中生活造就了必不可少的流线型身体,因而海豚没有与人的灵巧双手对等的部位。

然而,单靠技术就足以衡量智力吗?当情况对我们自己有利时,我们却会忽略技术。想一想蜜蜂、蚂蚁、白蚁这类社会性昆虫搭建的结构物,或者想一想蜘蛛网的精巧图案。难道这些成就足以使蜜蜂、蚂蚁、白蚁、蜘蛛比那些只能建造简陋树巢的大猩猩更聪明吗?

我们会斩钉截铁地说“不”。我们以为,低等动物的成就不论多么非凡,都只是靠本能取得的,这比有意识的思想低级。不过,这很可能只是我们自私自利的判别标准。

海豚根据它们自己的自私自利的判别标准,认为我们的技术是低级思想的结果,因而不能作为证据来证明我们聪明,这难道不可能吗?

当然,人有语言能力。我们利用对声音的复杂调制来表达极其微妙的思想,这一点没有其他任何生物能够做得到或者接近做到。(据我们所知,它们也不能以别种手段同样复杂地、多样地、巧妙地进行交流。)

然而,座头鲸会唱复杂的“歌”,海豚能发出的声音种类也比我们多。是什么使我们那么确信海豚不会说话、不说话呢?

但聪明毕竟是那么显而易见的特征，假如海豚非常聪明，它们的聪明为什么不**明显**呢？

我在《关于思维方式的思考》一文中指出，人类有多种不同的聪明，正因为如此，智商测验容易令人误解。但即便如此，人类所有的聪明类型（我不得不创造这个词）*显然又都属于同一类。我们能认出这些类型，即使它们天差地别。可以看出，贝多芬的聪明是一种，莎士比亚的是另一种，牛顿的又是另一种，彼得·派伯（Peter Piper,“捡辣椒”绕口令中的人物）**的也是另一种，而且我们能理解每种聪明的价值。

然而，与人类所具有的任何一种聪明都截然不同的聪明类型又怎样呢？甚至，我们究竟能不能认出那就是聪明而不管我们如何去研究它？

设想大脑巨大且高度回旋并有巨大声音宝库的海豚，有心智，能够思考复杂的思想和语言，同时能通过语言把思想无限巧妙地表达出来。但设想那些思想和语言与我们所习惯的任何事物都大相径庭，以至于我们根本领会不了那些就是思想和语言，更不用说理解其中的内容了。

设想一群白蚁，这个整体有一个群落大脑，但它的反应方式与我们个体大脑截然不同，以至于我们不理解这种群落聪明，尽管它可能“显著”得耀眼夺目。

问题可能部分源于语义。我们顽固地坚持我们对“思想”的定义方式，这让我们顺理成章地得出论断，只有人会思想。（实际上，贯穿整个

---

* 作者指的是intelligential这个词，在目前的辞典中可查到。——译者

** 彼得·派伯（Peter Piper）是一首英文绕口令中的人物。该绕口令的原文是这样的："Peter Piper picked a peck of pickled peppers; a peck of pickled peppers Peter Piper picked; if Peter Piper picked a peck of pickled peppers, where's the peck of pickled peppers Peter Piper picked?"——译者

人类历史，顽固不化者确信，只有外表与自己相似的男性才会思想，而女性和“劣种”是不会的。自私自利的定义起了很重要的作用。）

设想我们把“思想”定义为某种行为，它驱使一个生物物种采取某些措施，最大限度地保障自身的生存。按这个定义，每个物种都以某种方式进行思想。人类的思想不过是其中之一，不一定优于其他物种的思想。

其实，如果我们想一想，人类这个物种完全有能力预见未来，十分清楚自己在做什么、将发生什么，却极有可能用核浩劫来毁灭自己，那么，按照我的定义，我们所能得出的唯一合乎逻辑的结论就是：**智人**（Homo Sapiens）的思想能力比地球上任何现存的或曾经存在的物种都差，都更少聪明。

正如智商的倡导者通过对智力的精心定义来获得所需要的结果，使自己以及和自己相似的人变得“高等”，整个人类也可能通过精心定义什么构成了思想，做着同样的事情。

为把这个问题说明白，让我们做一个类比。

人会“走”。他们行走时，站在两条腿上，其哺乳类躯体竖向立起，使脊柱在腰部形成了一个内向弯曲。

我们可以把“走”定义为在两条腿上进行的、靠内弯脊柱取得身体平衡的运动。按这个定义，“走”是人类所独有的，我们以此为荣，而且有理有据。这种行走把我们的前肢从协助移动的需要中解放出来（某些紧急情况除外），给了我们永久可用的双手。直立姿势的产生先于我们大容量大脑的形成，的确，也可能直接导致了它的形成。

其他动物不会走，它们用4条、6条、8条或几十条腿来移动，或不用腿移动。另外，还有些动物飞翔，有些游泳。即使某些四足动物能站在后腿上（如熊和猿），也只是暂时的，而且它们站在全部四条腿上更舒服。

虽然有些动物是纯粹的两足动物，如袋鼠和鸟类，但它们通常跳跃，而不行走。即使会走的鸟（如鸽子、企鹅），也基本上是飞禽或水禽。不靠别的而光靠走（或较快形式——跑）的鸟，如鸵鸟，也还是没有内弯的脊柱。

接着继续设想，我们顽固地把“走”变成彻底的唯一性，以至于我们都没有词汇来描述其他物种的行进方式。设想我们心满意足地说人类“擅走”，而其他所有物种都不“擅走”，并且拒不把词汇量扩展到超出“擅走”的范围。

如果我们以十足的狂热顽固地坚持下去，那我们就没有必要去注意某些物种在跳、跃、跑、飞、滑翔、跳水、蛇行时的高效率。我们就造不出“动物运动”之类的短语来涵盖所有这些各种各样的行进方式。

如果我们只注意到我们自己的，而忽略了其他所有动物的运动方式，仅仅把它们归结为“不擅走”，那么，也许我们永远都不必面对这样的现实：人的运动在很多方面都不如马或鹰优美。实际上，在各种动物运动当中，它是最不雅观、最不值得称赞的形式之一。

然后，假设我们创造一个词，来涵盖生物为接受挑战或促进生存而可能表现出的所有行为方式。就管它叫“择克”*吧。对人类来说，思想可能就是择克的一种形式，而其他生物物种会表现出其他形式的择克。

假如我们摒弃先入为主的判断标准来探讨择克，那我们就会发现，思想并不总是择克的最佳方式。这样一来，理解海豚择克和白蚁群落择克的可能性，就会稍微增大一些。

或者假设我们所考虑的问题是机器能否思想、电脑能否有意识、机器人能否有感情。简言之，我们将来要得到的，是真正有“人工智能”的

---

* 这是zork的音译，汉语里没有相应的词。为简便起见，zorking也同样译为择克，因为它们的意思相同。——译者

东西。

如果我们不首先想一想智力是什么,那我们如何讨论这样的问题呢?假如依据定义,智力是人所独有的东西,那么,机器当然不会有。

但是,任何物种都会择克,电脑可能也会。或许电脑不以任何生物物种所使用的方式进行择克,所以,我们也需要一个新词去描述电脑的行为。在给电脑工作者的即兴讲演中,我用的词是"格罗持"(grotch)*,我想,它会像其他任何词一样行得通。

人类有无限多种不同的择克方式,但这些不同的方式又足够相似,全都可以归结在"思想"的总标题下。电脑也可能有无限多种不同的择克方式,但它们与人的方式有相当大的不同,应当归结在"格罗持"的总标题下。

(非人类动物也能以不同的方式择克,所以我们必须为各种各样的择克造出各种各样的词,并以复杂的方法将它们分类。不仅如此,随着电脑的发展,我们会发现仅有"格罗持"是不够的,必须立副标题。但这些都是将来的事。我预言未来的方法并不是无限清晰的。)

诚然,我们设计电脑的目的,就是让电脑解决我们所关心的问题。因此,电脑给了我们一个它们能够思想的假象。但我们必须认识到,即使电脑解决了我们在没有电脑的情况下必须自力更生去解决的问题,我们和电脑解决问题的过程仍是截然不同的。电脑格罗持,而我们思想。无所事事地争论电脑是否思想,是徒劳无益的。电脑也会无所事事地争论人类是否格罗持。

但是,人类创造出一种与人类智能差别极大的人工智能,以至于需要把电脑格罗持当作独立于人类思考的东西,这样假设是否合理呢?

为什么不呢?这样的事情曾经发生过。在多少万年的漫长岁月

---

* 这是grotch的音译,汉语里没有相应的词。为简便起见,grotching也同样译为格罗持,因为它们的意思相同。——译者

中，人需要把东西夹在胳膊底下或平衡在头顶上来搬运。照这样，他们至多也只能搬运有限的重量。

如果把东西装载到驴背、马背、牛背、骆驼背或象背上，就可以搬运较大的重量。然而，那只不过是用大肌肉直接代替小肌肉而已。

但最终，人类发明了一种人工器械，使运输变得容易起来。机器是如何实现这一目的的呢？机器靠的是造出人工的行走、跑步、飞行、游泳，或无数其他动物运动方式中的任何一种吗？

不是。有人在史前黑暗的岁月中发明了车轮和轮轴。结果，装载到车上、以人力或畜力拉动的重物，远重于直接用那些肌肉所能搬动的。

我认为，车轮和轮轴是人类最神奇的发明。会用火之前，人至少观察过闪电引起的自然火。但车轮和轮轴在自然界没有先例。它不存在于自然界中，至今也没有哪种形式的生物进化成它。因此，"机助运动"从诞生之日始就与任何动物运动形式截然不同；同理，如果机器择克不同于任何形式的生物择克，那也不足为奇。

当然，原始车不能自行移动，但人类最终发明了蒸汽机，后来又发明了内燃机和火箭，所有这些都与肌肉的行为没有任何相似之处。

到目前为止，电脑还处于前蒸汽机阶段。电脑能工作，但不能自己独立工作。人们最终将研制出与蒸汽机对等的电脑，它能自己独立解决问题，但工作过程完全有别于人脑。电脑仍将格罗持，而不是思考。

这一切似乎可以消除电脑将"取代"人类，或人类将成为多余而渐渐灭绝的疑惧。

车轮毕竟没有让腿变得多余。有时候走路比滚动更方便、更实用。在凹凸不平的地面上，走路容易而行车难。起床去洗手间，除了走路，我想不出任何其他办法。

但即便电脑格罗持而不思想，难道它们最终也做不到任何人类所能做的事吗？难道电脑就搞不出交响乐、戏剧、科学理论、爱情故事等你随便想说出的东西吗？

或许可以。我偶尔看到一台机器，按设计，它能抬腿越过障碍物，这样就可以行走了。然而，机器非常复杂，移动起来也极为笨拙，因此我觉得，没有人会不怕天大的麻烦来尝试生产或使用这样的东西，除非把它作为显示聪明或绝技的作品（就像那架用自行车动力飞越英吉利海峡的飞机——以后永远不会再用）。

不管格罗持是什么，很显然，它最适合以极快的速度准确无误地处理算术数量。即使是最简单的电脑，它格罗持大数字乘除法的速度，也远远快于人通过思想获得答案的速度。

这并不是说格罗持比思想高级，它只意味着格罗持更适合于那个特定的过程。至于对思想非常适合的，是那些涉及洞察力、直觉以及为得到意外结果而对信息进行创造性组合的过程。

或许可以设计一台电脑，让电脑勉强做这类事，正如数学天才可以勉强格罗持一样——但无论哪种情况，都是浪费时间。

让思想者与格罗持者发挥各自的特长，再把结果结合到一起。我想，较之任何一方独立单干，人与电脑一道工作可以做得更多。两者的互相依存代表着未来的趋势。

还有一点，如果格罗持和思想是天差地别的东西，那我们是否可以期待电脑的研究能为人类思考的问题提供启示？

让我们再回到运动的问题。

蒸汽机可以为机器提供动力，以完成通常由肌肉力量去完成的工作，而且机器运转起来强度更高且不知疲倦，但蒸汽机与肌肉在结构上绝无任何相似之处。蒸汽机把水加热至汽化，蒸气膨胀而推动活塞。而在肌肉中，一种叫做肌动球蛋白的敏感蛋白质发生分子上的变化，引起肌肉收缩。

也许你花100万年的时间去研究水沸腾与蒸气膨胀,还是不能从中导出肌动球蛋白的任何性质。或者反过来,你可以研究肌动球蛋白发生的每一种分子变化,却还是丝毫都搞不明白,是什么使水发生了沸腾。

然而,在1824年,为了确定蒸汽机工作效率的决定因素,年轻的法国物理学家卡诺(Nicolas L. S. Carnot,1796—1832)对蒸汽机进行了研究。在这个过程中,他第一个提出了一系列观点,这些观点到19世纪下半叶彻底演变成了热力学定律。

热力学定律是物理学中最有效的普遍法则。人们发现,它们不仅严格地适用于像蒸汽机这样简单的东西,也严格地适用于生物体系。

肌肉动作,不管它最内在的机理如何复杂,也像蒸汽机一样,必然在热力学定律的支配下进行。这向我们揭示了肌肉的极为重要的性质。不仅如此,这是我们从蒸汽机上得来的,仅仅研究肌肉,或许我们永远也不会知道它。

同理,电脑的研究可能永远也不会直接告诉我们有关人脑内部结构或脑细胞内部结构的任何信息。然而,格罗持的研究可能会导致择克基本定律的确立,我们有可能发现这些择克定律不仅适用于格罗持,也适用于思想。

虽然电脑与人脑大相径庭,但电脑会让我们学到人脑的知识,这些知识是我们光研究人脑永远也不会发现的。所以,归根结底,我站在明斯基一边。

后　　记

我必须承认,我在科幻小说中不必遵循我在科学随笔中所倡导的观点。

在科学随笔中，我坚定不移地相信，光速是最终极限，不会被超越，也不可能被超越。但在我的科幻故事中，我总是用超光速旅行。

再者，在科学随笔中，我坚定不移地相信，机器人的“人工智能”在形式上最终会与我们的“天然智能”截然不同；两种智能是互补性的，而不是竞争性的。

然而，我从事机器人故事的创作有大约半个世纪之久，在这些故事中，我的机器人逐渐进化，越来越复杂，能力越来越强，也越来越像人类。最终，我所创造的最高级机器人，机器人奥利瓦(R. Daneel Olivaw)，在身体和智能上已经与人毫无二致。实际上，他显露出他的机器人身份，只是因为他比任何人尽全力所能做到的还要聪明得多、正直得多、善良得多、道德得多。

这是不是意味着我自相矛盾呢？正是。

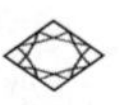

远至人眼可见的未来

几天前,我收到税务部门的一封信。这种信通常有两个可靠的特征:首先,它们令人发抖(他们在追查什么?我做错了什么事?);其次,它们用高级火星语言写成,要解译出它们说的是什么,几乎是不可能的。

我几乎尽了最大的努力才领悟到,我1979年某项次要的税出了点问题。我少付的300美元需要补交,再加上122美元的利息,总计422美元。在连篇累牍的赘述中,有一处文字听起来好像在威胁说,假如不在5分钟内付清,我就会让人拴住大脚趾吊上20年。

我打电话问会计师,他像往常一样,面对这种他人生命受到威胁的情形时完全保持着平静。"把它寄给我," 他抑制住哈欠说,"让我来看看。"

"我想," 我紧张地说,"我最好先付了它。"

"如果你愿意的话," 他说,"反正你付得起。"

我因此就把钱付了。我写好支票,装入信封,冲刺般跑到邮局,以赶上截止期限,保住我的大脚趾。

然后,我把信拿给会计师看,他用会计师专用的放大镜仔细研读了上面的小字。最后,他得出了他的判断。

他说："他们告诉你，是**他们**欠**你**的钱。"

"那**他们**为什么要**我**付利息呢？"

"那是他们欠你的利息。"

"但他们威胁我说，假如不付钱就会如何如何。"

"我知道，但收税是一项乏味的工作，你不必责备他们试图往里面加点儿无伤大雅的玩笑。"

"但我已经把钱付给他们了。"

"没关系。只要我写封信，向他们解释说，他们吓坏了一位诚实的公民，他们最终就会寄给你一张844美元的支票，其中包括他们欠你的钱，还有你那不必要的付款。"他接着面带愉快的微笑补充道，"但你不要太紧张。"

这给了我最后一次说话的机会。"一个与出版商打交道的人，"我严肃地说，"已经习惯于面对付款不紧张。"*

既然我已名声在外、目光敏锐，又有远见卓识，现在，就让我们做一点目光敏锐的远望吧。

假如我稍稍探究一下远至人眼可见的未来（杜撰一个丁尼生曾经用过的短语），那么，我会看到地球变成什么样子呢？让我们首先假定，宇宙只包括地球一个星体，虽然它有目前的年龄和构造。

假如地球是宇宙唯一的星体，自然就没有太阳照亮它、温暖它。所以，它的表面是黑暗的，表面温度接近于绝对零度。因此，上面没有生命。

然而，地球内部却是热的，这是因为46亿（4.6 eons）年前（我们把"eon"当作1 000 000 000，即10亿年）聚合到一起而形成地球的小星体

---

* 实际上，税务人员在10天内就把我写的支票寄了回来，说他们无权兑现。

具有动能。地球内部的热能只能透过地壳的绝热岩石十分缓慢地向外释放,而且它还会源源不断地得到补充,因为构成地球物质中的放射性元素发生分裂,如铀238,铀235,钍232,钾40,等等。(当然,铀238的贡献占热能总量的90%。)

这样,我们就可以假定,地球作为宇宙唯一的星体,将以外冷内热的状态长期存在下去。但是,铀238在以45亿年的半衰期缓慢地衰变着。结果,一半的原始储量在45亿年后业已消失,而剩下一半的一半将在下一个45亿年中消失,依此类推。从现在起300亿年以后,地球内部剩余的铀238将只有目前储量的大约1%。

这样,我们可以推测,随着时间的推移,地球的内热将散发殆尽;而储量逐渐减少的放射性物质所产生的热能,其补充效率越来越低。当地球比目前年龄再大300亿年时,其内部就仅仅微温了。它还会无限期地、以越来越慢的速度继续失去热能,无限趋于绝对零度。当然,它永远不会真正达到绝对零度。

然而,地球不是唯一的星体。仅在我们太阳系,其他行星和亚行星大小的物体就不计其数,从巨大的木星到微小的尘埃颗粒,甚至再小到单个原子和亚原子粒子。环绕其他恒星的,可能也是由这种不发光的物体所组成的类似的星群,更不用说那些穿梭于银河系星际空间的这类物体了。这时,我们假定,整个银河系只由这种不发光的物体构成。它们的最终命运将会如何呢?

天体越大,其内部温度就越高,在形成时所聚集起来的内热就越多,因此冷却下来所需的时间就越长。我有个粗略估计,质量是地球300多倍的木星,冷却下来所需的时间至少是地球的1000倍,即大约30万亿年。

但是,在这样漫长的岁月(是目前宇宙年龄的2000倍)里,还会有其他情况发生,其影响力要超过纯粹的冷却过程。星体之间会发生碰撞。在我们所习惯的时间范围内,这样的碰撞不多见,但在长达30万亿年的时间里,碰撞将会非常频繁,有些碰撞导致星体的分崩离析,形成更小的星体。但当小星体撞上一个比它大得多的大星体时,这个小星体就会被大星体捕捉住,与大星体合成一体。例如,地球每天网罗到几万亿个流星和微流星,因此,地球的质量在缓慢且稳步地增加。

实际上,我们可以总结出一个一般规律:作为碰撞的结果,大星体以小星体的牺牲为代价而逐渐增大。因此,随着时间的推移,小星体的数目趋于稀少,大星体则越长越大。

致使大星体质量增加的碰撞,同时也增加了星体的动能。动能转化为热能后,大星体的冷却速度进一步减慢。实际上,特大星体网罗小星体的效率极高,它获取能量的速度,足以使自己变暖升温,而不是让自己冷却下来。温度的升高,再加上质量增加所导致的中心压力的加大,最终(当星体的质量至少是木星的10倍时)将引发星体中心的核反应。星体将出现"核点火",就是说,它的总体温度将进一步升高,直至最终表面发出微弱的光线。这个行星就变成了一颗微弱的恒星。

于是我们就可以想象,我们的银河系是由不发光的行星体和亚行星体组成的,它们在四处逐渐演化成微弱的亮点。但是,这种想象没有什么意义,因为实际情况是,银河系在形成阶段,首先凝聚成了一些巨大的星体,它们大得足以发生核点火。银河系由多达3000亿颗恒星组成,其中很多都非常亮,有几个比太阳亮好几千倍。

接下来我们肯定要问,恒星将变成什么。这是因为恒星命运的重要性,要远远超过不发光的小星体,而这些小星体大多围绕着各种恒星旋转。

不发光的星体可以无限期地存在下去而不发生剧烈变化(除去冷却过程和偶然的碰撞),因为它们的原子结构抗得住内向引力的作用。

然而,恒星的情形就不同了。

由于恒星的质量比行星大得多,因此,它的引力场也强得多。在这种内向强场的作用下,恒星的原子结构就被摧毁了。结果,假如仅仅考虑引力一个因素,恒星在形成时就会迅速收缩到行星的大小,获得极高的密度。然而,在这样的巨星中心,极高的温度和极大的压力导致核点火,中心核反应产生的热能抵消了强引力作用,并成功地使恒星的体积保持膨胀。

但是,恒星的热能是靠核聚变获得的。核聚变把氢转化为氦,进而形成更复杂的原子核。由于每个恒星中氢的总量是一定的,因此核反应只能维持有限的一段时间。随着核燃料的含量逐渐减少,核反应产生的热能,迟早会抵抗不住永不停歇、永不消失的内向引力作用,无力保持星体的膨胀。

质量小于太阳的恒星,在耗掉足够的燃料后,最终会被迫经历一种相当平静的引力坍缩。它们收缩成"白矮星",体积和地球相当或者更小(虽然它们几乎完全保持着原来的质量)。白矮星由"挤碎"的原子构成,但自由电子通过互相排斥而抗衡了进一步的压缩,因此,如果没有外界干扰,白矮星的结构将永远保持不变。

质量大于太阳的恒星所经历的变化则比较剧烈。质量越大,变化越剧烈。一旦超过了临界质量,恒星就会发生爆炸而生成"超新星"。它能短暂发光,辐射能量相当于1000亿个普通恒星。在爆炸过程中,恒星的部分物质被释放到外部空间,余下部分则坍缩成"中子星"。要形成中子星,坍缩力必须克服把星体稳定在白矮星状态的电子海洋,将电子强行并入原子核,形成中子。由于中子不带电荷,彼此间没有排斥作用,因而可以被紧密地压在一起。

与原子相比,中子非常小,以至于太阳的全部质量都可以压缩到一个直径不超过14千米的球内。中子本身能够抵抗分裂,因此,如果没有外界干扰,它的结构将永远保持不变。

如果恒星的质量特别大,那么坍缩过程将非常剧烈,以至于连中子都抵抗不住内向引力的作用,恒星的坍缩将超越中子星阶段。一旦越过了该阶段,就不再有任何东西能够阻止恒星无限坍缩到零体积和无穷大密度,"黑洞"就这样形成了。

恒星燃料耗尽、发生坍缩所需的时间取决于恒星的质量。质量越大,耗尽燃料的速度就越快。最大的恒星在坍缩前只能将其膨胀体积维持100万年,甚至更短。像太阳大小的恒星,在坍缩前可以保持膨胀状态100亿至120亿年。而质量最小的红矮星,在这个大限到来之前,可能会有长达2000亿年的发光时间。

银河系的恒星大部分都是在150亿年前宇宙大爆炸后不久形成的,但自此之后,零零散散的新星(包括我们的太阳)也在不断地形成。有些正在形成,还有些会在未来几十亿年里继续形成。然而,从尘埃云中产生的新星,其数目是有限的。因为尘埃云总共才占银河系总质量的10%,所以,在有可能出现的全部恒星中,90%已经形成了。

新星最终也将坍缩。虽然偶尔会有超新星加到星际尘埃中,但没有新星可形成的这一天终将到来。银河系的一切物质,都将集中到以坍缩状态存在的恒星上。它们有3种不同的类型:白矮星、中子星和黑洞。此外,四处还存在分散的各种不发光的行星体和亚行星体。

黑洞在独立存在的状态下不发光,就像行星一样没有光亮。白矮星和中子星确实有光发出,其中包括可见光,甚至每单位表面积发出的光可能还高于普通恒星。然而,与普通恒星相比,白矮星和中子星的表面积小得可怜,以至于它们的发光总量微不足道。所以,仅由坍缩的恒星与行星体构成的星系基本上是黑暗的。在大约1000亿年(银河系目前年龄的6—7倍)以后,将只剩下微弱的光亮来减轻那无所不在的寒冷和黑暗。

不仅如此，就连这一点儿仅存的光亮也会慢慢减弱消失。白矮星将慢慢暗淡下来而变成黑矮星。中子星的旋转速度也会减慢，发出的光线脉冲也越来越弱。

但是，这些星体不是独立存在的。所有的星体会构成星系。这两三千亿颗坍缩的恒星还会保持那种螺旋式的星系形状，还会壮观地绕着中心旋转。

在这多少亿年当中，时有碰撞发生。坍缩的恒星会碰上粒粒尘埃、石块，甚至相当大的行星体。有时，坍缩的恒星甚至也可能彼此碰撞（所释放的辐射量，按人类的眼光来看很大，但与银河系的暗物质相比，就微乎其微了）。这种碰撞的一般趋势是以小星体的牺牲为代价，大星体的质量则得到增加。

质量不断增加的白矮星终将变得过于庞大，无法继续保持自身的稳定，以至于到了突然坍缩成中子星的程度。类似地，中子星也会增大到坍缩成黑洞的程度。不能进一步坍缩的黑洞，将继续慢慢获得质量。

100亿亿（10^{18}）年以后，我们的银河系可能差不多全部由各种大小不同的黑洞组成，另有少量的非黑洞物体，大到中子星小到尘埃，但它们只占总质量的极小部分。

最大的黑洞将是原来位于银河系中心的那一个，那里的物质密度总是最大的。其实，天文学家们猜测，银河系中心早已有了一个巨大的黑洞，它的质量可能相当于100万个太阳，而且还在逐渐增大。

在这个遥远的未来，构成银河系的黑洞将以不同的半径和离心率，绕着中心黑洞旋转，有时它们会以很近的距离擦肩而过。如此近距离的相遇极有可能导致角动量的传递。于是，一个黑洞获得能量，使它的环绕轨道远离星系中心，而另一个黑洞将失去能量，坠落到离中心更近的地方。

当小黑洞失去足够的能量，过于接近中心黑洞时，中心黑洞就会一个接一个地逐渐吞噬这些小黑洞。

最终，1000亿亿亿(10^{27})年以后，银河系可能基本上就由一个"银河黑洞"构成了，它的外面零零散散地环绕着些小黑洞，它们离中心非常遥远，几乎脱离了中心黑洞引力的影响。

银河黑洞有多大呢？我看过一个估计，说它的质量相当于10亿个太阳，或银河系总质量的1%，余下99%的质量几乎全由较小的黑洞所有。

但我认为这个估计不妥。虽然我拿不出任何证据，但直觉告诉我，银河黑洞的质量应该相当于大约1000亿个太阳，或者说银河系总质量的一半，零散的黑洞占另一半。

然而，我们银河系也不是孤立存在的，它只不过是一个星系团的一部分。这个星系团由两打左右的星系组成，称为"本星系群"。本星系群的大部分星系都比银河系小得多，但至少有一个，即仙女星系，比银河系大。

10^{27}年后，也就是我们的银河系演变成由小黑洞环绕的银河黑洞时，本星系群的其他星系也会演变成同样的结构。当然，各个星系黑洞的大小是不同的，这取决于演变成它们的星系的起始质量。这样，本星系群将由两打左右的星系黑洞组成，其中仙女黑洞最大，我们的银河黑洞次之。

所有这些星系黑洞都将绕着本星系群的重心转动，某两个星系黑洞会发生近距离相遇，传递角动量。同理，某些星系黑洞会被迫远离重心，某些却趋近于重心。最终形成一个超级星系黑洞，它的质量(我猜测)相当于5000亿个太阳，或大约相当于银河系质量的两倍。另外，较小的星系黑洞和亚星系黑洞沿着巨大的轨道围绕超级星系黑洞旋转，实际上在空间放任自流，完全独立于本星系群之外。这个10^{27}年之后的情景，应当比我们前面从孤立的银河系得到的结果要好。

本星系群也不是宇宙的全部。宇宙还有其他星系团，其数目或许有10亿之多，其中有些星系团大得足以包容上千甚至更多的单个星系。

但是，宇宙在膨胀，就是说，星系团之间以极快的速度越离越远。再过10^{27}年，宇宙将由超级星系黑洞构成，一个个超级星系黑洞彼此越离越远，速度之快，使它们之间不太可能还存在显著的相互作用。

另外，那些脱离了星系团、在星系团与星系团之间的空间遨游的小黑洞，由于其运动空间在无限扩展，也不太可能再遭遇大黑洞。

我们因此便可能得出这样的结论：到了10^{27}年这个期限，宇宙就没有什么可大书特书的了。它仅仅由那些彼此无限远离的超级星系黑洞组成（假定我们生活在一个“开放的宇宙”，就是说，一个永远膨胀的宇宙，正如目前大多数天文学家所认同的），还有些零零散散的小黑洞遨游在星系团与星系团之间的空间。在我们看来，除去膨胀之外，宇宙将不会有什么重大变化。

如果真的这样，那我们很可能就错了。

人们最初对黑洞的印象是，它们是绝对的终点，任何物质只进不出。

然而，这似乎是错的。英国物理学家霍金（Stephen William Hawking，1942—2018）把量子力学方法应用到黑洞上，证明黑洞可以蒸发。每个黑洞都对应着一个温度，质量越小，温度就越高，蒸发速度就越快。

实际上，黑洞的蒸发速度与黑洞质量的三次方成反比。例如，假如黑洞A的质量是黑洞B的10倍，那么，黑洞A蒸发完毕所需的时间将是黑洞B的1000倍。另外，随着黑洞的蒸发、质量的丧失，蒸发速度越来越快，当质量变得很小时，蒸发将是爆炸性的。

特别大的黑洞，其温度比绝对零度高不到100亿亿分之一度，因此，它的蒸发速度慢得可怕。即使过了10^{27}年，也几乎不会有多少蒸发发生。实际上，所进行了的那点儿蒸发，完全被黑洞在空间运行时对吞噬的物质所掩盖了。但到了最后，可吞噬的物质消耗殆尽，蒸发终将慢慢开始处于优势。

时间过了多少亿年又是多少亿年，黑洞的体积慢慢缩小了。体积越小，黑洞就缩小得越快。然后，按照体积由小到大的顺序，黑洞一个个急速收缩而爆破，消失于无形。特别大的黑洞完成这一过程需要10^{100}年，甚至10^{110}年。

在蒸发过程中，黑洞产生电磁辐射（光子）以及中微子反中微子对。这些粒子没有静质量，只有能量（当然，能量也是缓慢释放质量的一种形式）。

即使粒子还留在空间，它们也不一定永久不变。

宇宙的质量几乎全部由质子和中子构成，电子的贡献只占一小部分。直到最近，人们还一直认为，只要没有外界干扰，质子（占宇宙目前质量的大约95%）是绝对稳定的。

但根据最新理论，这是不对的。质子显然能够以非常缓慢的速度自发衰变为正电子、光子和中微子。质子的半衰期大约是10^{31}年，这是相当长的一段时间，但它还是不够长。所有黑洞都蒸发所经历的时间就要比这长得多，以至于宇宙现存质子的大约90%到那时都将发生分裂。10^{32}年以后，超过99%的质子都将分裂完毕。因此黑洞也许会通过质子湮灭的方式而消亡。

只有与质子结合才能保持稳定的中子将在质子分裂时游离出来。这时中子便不再稳定，几分钟内便分裂成电子和质子。下面又轮到质子,它再分裂成正电子和无质量的粒子。

这样,大量存在的粒子就只剩下电子和正电子了。它们迟早会互相碰撞而湮灭在光子雨中。

到那时候,时间已经过去了 10^{100} 年,黑洞以这种或那种方式消亡了。宇宙将是一个由光子、中微子和反中微子构成的巨大球体,其中再也没有其他物质了。它向外无限膨胀,一切物质都分散得越来越稀薄,因此,空间越来越趋近于真空。

当前有一种学说,即所谓的宇宙膨胀理论,认为宇宙始于绝对的真空,不但没有物质,而且也没有辐射。根据量子理论,这样的真空可以通过随机波动,产生等量或近乎等量的物质与反物质。一般说来,物质与反物质几乎立即自行湮灭。然而,在足够长的时间范围内,有可能产生某个波动,从中会形成极其大量的物质和反物质,导致足够的非平衡状态,从而造就出一个浸没在辐射海洋中的物质的宇宙。随后极快的膨胀会阻止湮灭的发生,形成一个大得足以容纳众多星系的宇宙。

大约 10^{500} 年以后,宇宙也许非常接近于真空,从而使上述大规模的波动的发生,再次成为可能。

所以,一个古老宇宙的死灰,可能孕育着一个崭新的宇宙,它向外迅速膨胀,形成星系,开始另一个漫长的演化进程。这种观点(必须承认,它是我自己想出来的,没有任何一位我所知道的著名天文学家提出来过)认为,无限膨胀的宇宙并不一定是“一次性的”。

在我们宇宙的外面(如果我们能够到外面去观察的话),或许就有一个极其稀薄、极其古老的老宇宙残迹,依稀地包围着我们;这之外,一个更稀薄、更古老的宇宙,将二者又都包围了起来;再外面——永远永远没有穷尽。

然而,假如我们生活的宇宙是一个“封闭的宇宙”,其物质密度高得足以产生强大的引力作用,在某一天将会使膨胀终止,并使宇宙开始收缩,结合到一起,那情况又会怎样呢?

根据天文学家的一般看法,我们宇宙的物质密度,大约只相当于把宇宙封闭起来所需要的最低密度的1%。然而,要是天文学家们错了呢?要是宇宙的总物质密度实际上是临界值的两倍呢?

在那种情况下,据估计宇宙还将继续膨胀,直至年龄达到600亿岁(目前年龄的4倍)。到了那时,速度逐渐减缓的膨胀终将停止,宇宙将达到它的最大直径——大约400亿光年。

随后,宇宙开始慢慢地收缩,然后收缩速度越来越快。再过600亿年,它将自己挤压,发生"大坍塌",最后变成真空(这是它的起源)而消失。

无限长的时间过去以后,另一个宇宙又会从真空中诞生、膨胀、收缩,周而复始,永无止境。或者,宇宙也可能一个接一个地形成,按随机顺序,有些是开放的,有些是封闭的。

但是,不管我们持哪种观点,如果我们看得足够远,那么,在极长的时间里,我们最终总可以看到一系列的无穷多个宇宙——这就是远至人眼可见的未来。

后　记

我在某篇随笔里犯下学术方面的错误,且这个错误逃过了我的视线,以印刷的文字出现在《奇幻和科幻杂志》上,这样的可能性总是有的。假如走运的话(我通常是有运气的),读者会发现错误,给我指正出来。这样,我就有机会在编入某个文集之前把它更正。

在某篇碰巧未收入本回顾集的随笔里,不是别人,正是著名的化学家鲍林(Linus Pauling)*发现了一个妙处。他带着极大的满足感写信给我,说我犯了一个错误,有23个数量级之大(偏离正确值1000万亿亿倍)。鲍林没有告诉我错在哪里,搞得我不得不怀着极度惊慌的心情自己去找(我最终找到了)。

我以为我再也不会犯那样出格的错误了,然而,我错了。在这篇随笔里,当它最初发表在杂志上时,我竟然犯了一个数量级高于100的错误,此处我不想把它说出来。这次,是我的朋友斯塔布斯(Harry C. Stubbs)[他以笔名克莱门特(Hal Clement)创作科幻小说]把错误指了出来,他还告诉我错在哪里。我因此就更正了。

---

* 1954年诺贝尔化学奖和1963年诺贝尔和平奖得主。——译者

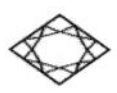

错误的相对性

前几天我收到一封读者来信。信是以潦草的书法手写的,难以阅读,但为了不错过它可能包含的重要内容,我还是尽力把它认了出来。

他第一句话就告诉我,他学的是英语文学专业,但觉得有必要教教我科学。(我稍稍叹了口气,因为我知道,英语文学专业的人很少能有资格教我科学。不过,我也了解自己莫大的无知程度,愿意尽我所能从每个人那里学到尽可能多的东西,不管他的社会地位有多低。所以,我还是继续读了下去。)

在我写的无数随笔中,有那么一篇,我在某处对于能够生活在这个世纪流露出某种庆幸。因为在这个世纪里,我们对宇宙的基本性质终于有了了解。

我没有在这个问题上详加讨论,但我所表达的意思是,现在我们已经知道了主宰宇宙的基本规律以及宇宙一切组成成分之间的万有引力关系,正如从1905年到1916年间总结出来的相对论所表述的那样。我们还知道了主宰亚原子粒子的基本规律以及它们之间的相互关系,因为从1900年到1930年间建立起来的量子论对这些规律进行了完整的描述。另外,我们还知道,星系和星系团是构成物质宇宙的基本单元,正如从1920年到1930年间所发现的那样。

你瞧,这些都是20世纪的发现。

这位年轻的英语文学专家在引述了我的话之后,严肃地给我讲解了这样的事实:在**每个**世纪里,人们都以为他们最终了解了宇宙,但在**每个**世纪里,他们都被证明是错误的。据此,对于我们的现代“知识”,我们所能说的一点就是,它是**错误的**。

这个年轻人接着以赞同的口吻,引述了苏格拉底在听到特尔斐城的传圣谕者(the oracle at Delphi)称赞他是希腊最聪明的人时所说的话。“如果说我是最聪明的人,”苏格拉底说,“那是因为只有我自己知道我什么都不懂。”这句引语暗藏讥讽,说我很愚蠢,因为在人们的心目中,我懂很多东西。

对我来说,这一点儿也不新奇(对我来说新奇的东西很少,我希望我的来信者能明白这一点)。这个特别的论调,早在四分之一世纪以前就由约翰·坎贝尔向我提出来了,他可是一位刺激我的专家。他告诉我,一切理论迟早都会被证明是错误的。

我给他的回答是:“约翰,当人们认为地球是平面时,他们错了;当人们认为地球是球体时,他们也错了。但假如**你**以为,地球是球体与地球是平面两种看法的**错误程度完全相同**,那么,你的错误,比上述两种观点加到一起还严重。”

你看,问题的关键在于,人们认为“正确”和“错误”是绝对的。任何非百分之百正确的东西,都是完全错误、同等错误的。

我认为这不对。我觉得,正确和错误是很模糊的概念,因此,我要用这篇随笔专门解释我为什么这样考虑问题。

首先,让我们摒弃苏格拉底的论调,即知道自己什么都不懂才是聪明的标志,因为我对这种装腔作势感到厌烦、恶心。

没有人**什么都不懂**。新生儿几天之内就能学会认识母亲。

当然，这一点苏格拉底也会同意。他会解释说，他所指的不是那种琐碎的知识。他的意思是，对于人类所争论的重大的抽象概念，人们不应该从先入为主的、未经检验的观念着手。而这个只有他自己才知道。（自负之极的宣称！）

在讨论诸如“什么是正义”、“什么是善”这类问题时，苏格拉底采取的姿态是，他什么都不懂，需要别人进行指导。（这叫做“苏格拉底式反讽”，因为苏格拉底心里十分清楚，他比那些他找来指导他的可怜虫所懂得的要多得多。）苏格拉底佯装无知，诱使他人详细阐明他们在这类抽象概念上的观点。然后，他用一系列貌似无知的问题，迫使他们陷入自相矛盾的混乱境地，以至于他们最终不得不屈服，只好承认不知道自己说的是什么。

正是雅典人不可思议的宽宏大量，才让他们把这种事情容忍了几十年。直到苏格拉底上了70岁，他们才忍无可忍，逼他服毒自尽。

那么，我们是从哪儿得到概念，即“正确”和“错误”是绝对的呢？我认为，这起源于低年级阶段，那时，知之甚少的孩子们正在师从于知之不多的老师。

例如，小孩在学习拼写和算术时，就接触到了明显的绝对性。

糖怎么拼写？答案是 s-u-g-a-r。回答**正确**。其他任何答案都是**错误的**。

2+2 等于几？答案是4。回答**正确**。其他任何答案都是**错误的**。

有准确的答案，有绝对的正确与错误，就使思考的必要性减至最低程度，令师生双方都感到满意。由于这个原因，学生和老师一样，都喜欢短答式测验胜过论述式测验，多项选择胜过短答式填空测验，真伪测验胜过多项选择。

但依我来看，用短答式测验来衡量一个学生对问题的理解程度是不可取的,因为它仅仅测试学生记忆力的好坏。

只要你承认正确和错误是相对的,你马上就会明白我的意思。

“糖”怎么拼写?假定艾丽斯把它拼成 p-q-z-z-f,而吉娜维夫把它拼成 s-h-u-g-a-r。她们两人都错了,但艾丽斯比吉娜维夫错得更严重,这难道还有什么疑问吗?就此而言,我觉得我们甚至还可以据理力争,说吉娜维夫的拼法比“正确”的拼法还好。

或者假定你这样拼写“糖”:s-u-c-r-o-s-e 或 $C_{12}H_{22}O_{11}$。严格地说,你的两个拼法都错了,但你却展示了你在这方面所拥有的某种超常的知识。

再假定测验的题目是:你能用多少种不同的方法拼写“糖”?说出每种拼法的道理。

自然,学生必须进行大量的思考,才能最终证明他知道的是多还是少。为了试图衡量一个学生所知道的是多还是少,老师也必须做大量的思考。我想象得到,这会引起师生双方的义愤。

再说说 2 + 2 等于几。假定约瑟夫说 2 + 2 = 紫色,而马克斯韦尔说 2 +2 = 17。他们俩都错了,但如果我说约瑟夫比马克斯韦尔错得更严重,这难道不公道吗?

假定你说 2 + 2 = 整数。那你将是正确的,对吧?假定你说 2+2=双整数,那你就更加正确了。假定你说 2 + 2 = 3.999,难道你不是**近乎**正确了吗?

如果老师想要得到的回答是 4,并对各种程度不同的错误不加区分,这难道不是给理解力设置了不必要的界限吗?

假定题目是,9 + 5 等于几?你的回答是 2,难道你不会遭到痛骂和嘲笑吗?难道不会有人告诉你 9 + 5 = 14 吗?

接着有人对你说,午夜后过 9 个小时是 9 点钟,他问再过 5 个小时将是几点钟,你根据 9 + 5 = 14 回答说是 14 点,难道你不会再次遭到痛骂,将被告知是2点钟吗?显然在这种情况下,毕竟9+5=2。

或者再假定,理查德说2+2=11。在老师给他妈妈写了张便条,送他回家之前,他又补充道:“当然,是三进制。”他就正确了。

还有一个例子。老师问:“美国第40任总统是谁?”巴巴拉说:“老师,还没有呢。”*

“错了!”老师说,“里根(Ronald Reagan)是美国的第40任总统。”

“他肯定不是,”巴巴拉说,“我这里有份名单,上面列出了所有合乎宪法担任过美国总统的人。从华盛顿(George Washington)到里根,他们总共才有39人,所以,还没有第40任总统。”

“喔,”老师说,“但是,克利夫兰(Grover Cleveland)的两个任期是不连续的,第1任是从1885年到1889年,第2任是从1893年到1897年。他既算作第22任总统,又算作第24任总统。这就是为什么里根是担任美国总统的第39人,而他同时又是美国第40任总统。”

难道这不荒唐吗?为什么在任期不连续的情况下,一个人要算两次,而任期连续的情况下却只算一次?纯粹是习惯!然而,巴巴拉却被判错了,错得简直就如同她说美国第40任总统是卡斯特罗(Fidel Castro)一样。

所以,当我的朋友——英语文学的专家,告诉我,每个世纪的科学家都以为他们搞懂了宇宙,却**总是搞错了**时,我想知道的是,他们究竟错到了**什么程度**。难道他们的错误程度都相同吗?让我们看一个例子。

在人类文明的早期,人们普遍认为地球是平的。

这并不是因为人们愚蠢,也不是因为他们固执己见非要相信愚蠢

* 本文最初发表于1986年,当时的美国总统是里根。——译者

的事情不可。他们认为地球是平的，是基于确凿证据的。它**不是**简单的"地球看上去就是这样"的问题，因为地球看上去并**不**平。地球看上去毫无规律地起伏不平：有山，有谷，有沟壑，有悬崖，等等。

当然，地球上也有平原。在局部平原地区，地表看上去**的确**十分平坦。其中的一块平原位于底格里斯河和幼发拉底河流域，那是人类第一个有史文明（有文字记载的文明），即苏美尔文明的发祥地。

也许正是平原平坦的地表，才使聪明的苏美尔人接受了地球是平面这一定论；而且，假如你以某种方式削平填平地表的一切起伏，那么，你将得到一个平面。对这个观念的确立起了作用的可能还有这样的事实：在风平浪静的日子，大片水体（池塘和湖泊）看上去非常平坦。

看待这个问题的另一种方法，就是研究一下地球表面的曲率是多少。就是说，在相当长的距离内，地球表面与理想平面的偏差有多大（平均地）。根据平面地球说，地球表面与理想平面似乎根本就没有任何偏差，曲率是零。

当然，如今我们都学过，平面地球说是**错误的**，它彻底地错了，极端地错了，绝对地错了。然而，它其实没有错得那么严重。每千米的地球表面曲率的确**接近于**零，因此，平面地球说虽然错了，但它却**接近**正确。这就可以说明为什么这个理论存在了那么长的时间。

诚然，有些现象表明平面地球说不能令人满意。大约在公元前350年，希腊哲学家亚里士多德把这些现象总结了出来。首先，当一个人向北走时，某些星星会消失在南方的地平线之外，而他向南走时，某些星星则消失在北方的地平线之外；其次，在形成月食时，地球在月亮上的阴影总是呈圆弧状；再次，就在地球上，船只无论向哪个方向走，都会消失在水平线之外，而且最先消失的将是船体。

假如地表是平面，那么，这三个现象全都不能得到合理的解释。但如果假定地球是个球体，那么，它们便可以解释得通了。

此外,亚里士多德还认为,一切固体物质都倾向于移向一个共同的中心。果真如此的话,固体物质最终会形成一个球体。一般来说,一定体积的物质,呈球状比呈其他任何形状,都更接近于共同的中心。

比亚里士多德晚一个世纪左右的希腊哲学家埃拉托色尼(Eratosthenes)注意到,太阳在不同纬度投下影子的长度是不同的(假如地表是平面,所有的影子都会一样长)。根据影长的差别,他推算出地球球体的大小。按照他的计算结果,地球的周长是40 000千米。

这个大小的球体,曲率大约是0.000 126。可以看出,它是个非常接近0的值,是古人掌握的技术难以测出来的。0和0.000 126之间的微小差别说明了,为什么从平面地球说发展到球体地球说经历了那么长的时间。

要知道,即使0和0.000 126之间这样微乎其微的差别,也是至关重要的。这种差别是不断放大的。不考虑这种差别,不把地球当成球体而把它当成平面,那就根本不能准确地、大范围地把地球绘成地图。远洋航行也同样不可能实现,因为没有什么适当的方法来确定自己在海洋中的位置,除非把地球当成球体而不是当成平面。

另外,平面地球说有两种可能的先决条件:或者地球是无限的,或者地球表面有"尽头"。球体地球说则假定,地球既无尽头,又是有限的。与后来的全部发现相符的,恰恰是后面这种假设。

所以,虽然平面地球说只稍稍错了一点,同时它也是创立者的贡献。但通盘考虑后我们可以说,它错得足以让我们抛弃,转而承认球体地球说。

然而,地球是球体吗?

不,它**不**是球体。在严格的数学意义上,它不是。一个球体应该具备某些数学性质,例如,它的所有直径(即从球面上一点出发,经过球心,到达球面上另一点的所有线段),长度都相等。

但对地球来说,情况就不同了。地球上不同的直径,有不同的长度。

是什么原因促使人们产生了地球不是真正球体的想法?首先,在早期望远镜的检测极限之内,太阳和月亮的轮廓都是完美的圆形。这与太阳和月亮都是完美的球体这一假设相符。

然而,当第一批望远镜观测者观测木星和土星时,他们很快就发现,这两个行星的轮廓显然不是圆形,而是明显的椭圆。这意味着木星和土星不是真正的球体。

17世纪末,牛顿证明在万有引力的作用下,巨大的星体会形成球体(与亚里士多德的观点完全一致)。但是,这个结论只有在星体不自转的前提下才成立。如果星体自转,就会产生离心作用,它克服向心引力,把星体物质向外推。离赤道越近,这种作用就越强。球状物体的旋转速度越快,这种作用也就越强。实际上,木星和土星旋转得非常快。

由于地球的自转速度比木星或土星慢得多,因此,离心力也小得多,但它还是应该存在的。18世纪进行的地球曲率的实际测定,证明牛顿是正确的。

换言之,地球在赤道隆起,两极略为扁平。它是个扁球体,而非正球体。这意味着地球上不同的直径,其长度是不同的。最长的是那些从赤道上一点出发到赤道上另一点的任何直径。这些"赤道直径"的长度是12 755千米。最短的是从北极到南极的直径,这个"两极直径"的长度是12 711千米。

最长的直径与最短的直径相差44千米。也就是说,地球的扁率(与正球体的偏差)是44/12 755,或者说0.0034。这个量的大小相当于1%的$\frac{1}{3}$。

我们换一种表达方式吧。在平面上,曲率处处为0;在球体地球表面上,曲率处处为0.001 26(或每千米12.626厘米);在扁球体地球表面上,曲率介于每千米12.584厘米和每千米12.669厘米之间。

从球体到扁球体的修正,比从平面到球体的修正要小得多。所以,虽然球体地球说是错误的,但严格地讲,它却错得不**像**平面地球说那么严重。

同样严格地讲,甚至扁球体地球说也是错误的。1958年,“先锋一号”卫星发射升空,环绕地球旋转,人们因此能够以前所未有的精确度来测量地球的局部引力作用,进而推算地球的形状。结果发现,赤道以南的隆起比赤道以北稍大一点,南极海平面与地心的距离比北极海平面稍近一点。

除去说地球是梨形的以外,似乎再也找不到合适的方法来描述地球的形状了。于是,很多人立即作出论断,说地球一点也不像球体,它就像一个巴特利特(Bartlett)梨,悬于空间。其实,这个梨状体与标准扁球体的偏差只是几米的问题,而不是几千米的问题,对表面曲率的修正也只有每千米百万分之几厘米。

总之,我那位英语文学专业的朋友生活在一个正确与错误都绝对化的精神世界里。他也许还在想,因为一切理论都是**错误的**,所以,人们现在可以认为地球是球体,但下一个世纪却是立方体,再下一个世纪是空心20面体,再下下个世纪又是圈饼状的东西。

实际情况是,科学家们一旦有了一个好的概念,就会随着测量仪器的进步,以越来越成熟的手段逐渐把它完善和发展。理论只有不完善,没有大错特错。

这一点不仅反映在地球的形状上,而且也反映在许多其他情形中。即使新理论看起来代表着一种革命,它也通常产生于对旧理论的轻度改进。假如轻度改进满足不了需要，那么，这个旧理论就决不会存在下来。

哥白尼放弃了以地球为中心的行星系统，转而提倡以太阳为中心的行星系统。这样一来，他放弃了一件显而易见的事情，转而去支持一件表面上看起来很可笑的东西。但是，这关系到人们能否找到更好的方法来计算行星在空中的运行。最终，地球中心说就落后了。旧理论存在了那么长时间，恰恰是因为根据当时的测量标准，它所给出的结果还相当好。

另外，恰恰因为地球的地质构造改变**非常**缓慢，地球上生物的进化也**非常**缓慢，所以才使下列假定乍一看似乎很有道理：地球和生物没发生过任何变化，它们一直就以目前的状态存在着。果真如此的话，地球和生物是存在了几十亿年还是只存在了几千年，不会有什么差别，倒是几千年更容易领会一些。

然而，人们通过仔细观察发现，地球和生物在以非常缓慢但**不是**零的速度变化着，这揭示了地球和生物一定很古老。于是，现代地质学就诞生了，生物进化论也诞生了。

假如变化的速度很快，地质学和进化论早在古代就已达到了它们现代的水准。只是因为静止的宇宙和演化的宇宙在变化速度上的差别介于零和一个接近于零的数值之间，才使得那些神创论者们能够继续兜售他们的愚蠢观点。

再者，如何评价20世纪两个最伟大的学说——相对论和量子力学？

牛顿的运动理论和万有引力理论非常接近于正确，假如光速是无限的，那它们就绝对正确了。然而光速是有限的，爱因斯坦在他的相对论方程里把这个因素考虑了进去。因此，相对论方程是牛顿方程的延续和改进。

你可以说，无限和有限的差别，其本身就是无限的，但为什么牛顿方程没有立刻彻底失效？让我们换一种方式，试问：光通过1米的距离需要多长时间？

假如光以无穷大的速度传播，那它通过1米所需的时间是0秒。然而，当光以它的实际速度传播时，则需要0.000 000 003 3秒。爱因斯坦所修正的，正是0和0.000 000 003 3之间的差别。

从概念上讲，这个修正如同将地球的曲率从每千米0厘米修正到每千米12.626厘米一样重要。没有这个修正，就不能准确描述高速亚原子粒子的行为，不能使粒子加速器正常运行，不能使原子弹爆炸，也不能解释恒星的发光。然而，这只是极其微小的修正，难怪牛顿在他的时代未加考虑，因为他的观察仅限于速度和距离，而速度和距离上的修正是微乎其微的。

同样，量子论之前的物理学所不足的地方，就在于它禁止宇宙的"粒子性"。所有形式的能量统统被认为是连续的，并且可以无限分割成越来越小的单位。

实际情况并非如此。能量是一份份的，它的大小取决于普朗克常量。假如普朗克常量等于0尔格·秒，那么，能量将会是连续的，宇宙就不存在粒子性。然而，普朗克常量等于0.000 000 000 000 000 000 000 000 006 6（6.6×10^{-27}）尔格·秒*。它与0的偏差的确很小，小得连我们日常生活中的常规能量问题根本没必要考虑这一点。但当我们研究亚原子粒子时，比较而言，粒子性就非常明显了，以至于不把量子因素考虑进去，就无法研究这些粒子。

因为理论修正的幅度越来越小，所以，即使十分古老的理论也一定有充分的正确性，使进步的发生成为可能，而这种正确性不会被后来的

---

* 即6.626×10^{-34}焦耳·秒，1尔格 = 10^{-7}焦耳。——译者

修正所抹杀。

例如,希腊人引入了经、纬度的概念,即使未考虑地球的球体形状,他们还是合理地绘制了地中海盆地的地图。今天,我们仍在沿用经、纬度。

苏美尔人可能最早揭示了行星的运行法则,即行星在空中的运行显示出规律性,而且是可以预测的。即使他们假定地球是宇宙的中心,他们还是研究出了预测方法。他们的测量结果后来进行了大幅度的修正,但这个法则仍然保留着。

牛顿的万有引力定律,虽然对极远的距离或极快的速度有所不足,但对我们太阳系却完全适用。哈雷彗星出现的时刻,与牛顿万有引力定律和运动定律的预测完全一致。火箭技术全部都是建立在牛顿理论基础之上的,"旅行者二号"到达天王星的时刻,与预测时刻的误差在1秒之内。所有这些,没有一样是相对论所禁止的。

在量子理论诞生之前的19世纪,一系列热力学定律得到了确立,其中包括能量守恒的第一定律以及熵必然增加的第二定律。其他某些守恒定律,如动量、角动量和电荷守恒定律,也都相继确立。此外,得到确立的还有麦克斯韦电磁定律。所有这些定律,即使在量子理论诞生之后,还都巍然屹立着。

当然,在那位英语文学专业来信者的过于简单化的意义上,我们现有的理论可能是错误的,但在比较实际、比较复杂的意义上,它们只应当看作不完善。

例如,量子理论导致了某种被称为"量子奇异性"的现象,它甚至对现实的本质作出了严肃的质疑,引出了物理学家们简直不能接受的哲学难题。也许我们已经达到了某种程度——人的大脑不再能够领会问题;或者,量子理论也许还不够完善,一旦经过适当的改进,一切奇异现象都会消失。

另外,量子理论和相对论似乎是彼此独立的。虽然对于4种已知的相互作用,量子理论似乎有可能把其中的3种合并在一个数学框架内,但相对论领域的万有引力,却似乎仍然不能相容。

如果量子论和相对论能够合并,那么,一个真正的"统一场理论"就有了形成的可能性。

然而,即使这一切都实现了,那也不过是更为细致的修正。它会对我们的知识前沿产生影响,例如大爆炸的本质和宇宙的形成、黑洞中心的性质、星系和超新星演化的某些细微之处,等等。

但是,我们现在所知道的一切,几乎都不会改变。所以,当我说我很庆幸能够生活在这样一个对宇宙有了基本了解的世纪里时,我想我是有道理的。

后　　记

在这篇随笔的开头部分中,我提到过约翰·坎贝尔(1910—1971)。在这一领域曾有过的或将来有可能产生的所有编辑中,他是最伟大的。

我是在1938年结识他的,我们之间的关系非常密切。多年来,他一直仔细地研究我的作品,与我详细讨论作品中的故事。不管老故事的修改还是新故事的创作,他都提出建议。关于科幻小说,我从他那里学到的比从其他所有人那里学到的加在一起还要多。我一直都毫不犹豫地说,我的写作生涯归功于他。

他对我的影响在另一方面也很重要,虽然这方面我很少谈及。也许我应该在这里提一下。关于科幻小说,坎贝尔知道应该知道的一切;关于如何曲解科学与社会,他也知道应该知道的一切。一旦离开科幻小说,他总是错的;但他非常聪明,也极有说服力,以至于不管他的论点有多么荒唐,你也根本不可能**证明**他是错的。

在不断尝试纠正他的错误的过程中,我得到了极为大量的辩论练习机会。这使得我的逻辑辩论能力得以提高,几乎达到了无限的程度。可以想象,他是故意这样做的。

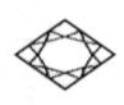

圣诗人

我曾听人说,20世纪头10年里代表普通老百姓的民主党领袖布赖恩(William Jennings Bryan)的雄辩口才,让人比作他家乡内布拉斯加州的北普拉特河(North Platte River)。人们说,他的雄辩就像这条河一样,“有2000米宽,3米深。”

而昨晚,我认识了一位非常和蔼可亲的先生,他花了几十年精力研究某个特定的课题,结果他的学识在我看来有2000米深,但只有3米宽。

他作了一个讲演,就在讲完后的问答时段里,我与他产生了一点儿摩擦。我两次试图表达我的观点,两次都被他用不相干的闲聊给打发了。当我准备第三次尝试时,主持人以响亮的“然而”把我打住了,他怕我失态而冒犯了那个人。

不过,在我抓住机会讲出来的为数不多的事情上,我引述了拉丁诗人贺拉斯(Horace)的话。当然我用的不是拉丁文,因为我没有那方面的学问,我是用英文引述的,这就足够了。引语是这样的:

“在阿伽门农(Agamemnon)之前也出现过很多勇士,但他们都被淹没在永恒的黑夜里,没人怀念,籍籍无名。这是因为他们缺少一位圣诗人(sacred poet)。”

这里，贺拉斯的意思是（顺便提一句，它与我想要表达的观点非常吻合），要不是荷马（Homer）写下了《伊利亚特》（*Iliad*），阿伽门农的一切丰功伟绩、英雄行为和崇高地位，都不会使他存活在人们的心中。活在人们心中的是诗人的作品，而不是人物的英雄事迹。

虽然我未能如愿以偿地说出我的观点，但这引语却留驻在我心中，促使我写出这篇随笔。请注意，它与我在这些年间呈现给你的任何随笔都有天壤之别。对我留点儿耐心吧，因为我就要开始讨论诗歌了。

首先让我澄清几件事。我不是诗歌方面的专家，虽然我对滑稽诗和五行讽刺诗有一定的熟练程度，但仅此而已。

我也不自命对诗歌的价值有判别能力。我分不出诗的好坏，而且我也从未有过冲动，想做一个评论家。

那么，要讨论诗歌，我准备谈什么呢？嗯，就谈一些不需要进行判断，不需要进行理解，甚至根本不需要批判能力的事（假如有这样的事的话）。

我想谈一谈诗歌的**影响力**。有些诗对世界有影响，有些却没有。这与诗的好坏无关。诗的好坏是主观臆定的，在这方面，我想争议是一直存在、永远存在的。然而，对于诗歌的影响力，却不会存在任何异议。让我给你举个例子吧。

1797年，诞生不久的美利坚合众国打造了它的第一批战舰。其中有一艘造于波士顿，叫"宪法"号。1798年，在美法之间进行的一次小规模非正式海战中，"宪法"号小试牛刀。

真正的考验来自1812年的第二次美英战争。战争以美国在陆战中的溃败开始。威廉·赫尔（William Hull）将军表现了彻头彻尾的无能，几乎没进行任何抵抗就把底特律交给了英国人。（赫尔因此受到军事法庭的审判并被判处死刑，但由于他参加过独立战争而被准予缓期执行。）

在战争最艰难的头几个月，保全了美军士气的是我们年轻海军的功绩。在同妄自尊大的英国军舰的较量中，我们的海军给了敌人沉重的打击。“宪法”号指挥官是威廉·赫尔的弟弟艾萨克·赫尔(Isaac Hull)。1812年7月18日，“宪法”号遭遇英国的“勇士”号。在两个半小时的激战中，它将“勇士”号打得像瑞士奶酪一样千疮百孔，乃至最终沉没。

当年12月19日，在新舰长的指挥下，“宪法”号在巴西海域又摧毁了另一艘英国军舰。在这次战斗中，打在“宪法”号身上的英军炮弹从风干的船板上反弹下来，船板却完好无损。面对此情此景，船员们欢呼雀跃。有人喊道，船身是铁打的。立刻，这只战舰就被叫做“老铁甲舰”*，它从此成为家喻户晓的名字，以至于没有几个人能记得它的真名了。

不过，军舰在一年年老化，到1830年，老铁甲舰旧得不能再用了。它已经完成了自己的使命，等待它的将是报废销毁。海军部打算将它销毁，因为当时已经有了比它先进得多的军舰。国会也没兴趣在它身上花更多的钱，因此，销毁军舰似乎势在必行。虽然某些多愁善感的人认为应该把老铁甲舰当作国宝保存下去，但又有谁去理睬那几个呆头呆脑的傻瓜呢？况且常言说得好，民不与官斗。

然而，波士顿有个叫霍姆斯(Oliver Wendell Holmes)的年轻人，年仅21岁，刚从哈佛毕业，正打算去学医。他曾草草写过很多诗，事实上，同学们都称他为“校园诗人”。

霍姆斯为此写了一首诗，题名为《老铁甲舰》(Old Ironsides)。你也许知道这首诗，它是这样的：

---

* Old Ironsides，直译为“老铁壁”。——译者

啊，扯下她破烂的舰旗！

　　它已高高飘扬了很久，

许多人都看到过

　　那面旗在空中飘扬；

旗下曾发出战斗的呐喊，

　　迸发过大炮的怒吼——

海洋上空的流星

　　将不再划过云层。

她的甲板曾被英雄的鲜血染红，

　　被征服的敌人曾在那儿下跪，

当疾风吹过水面，

　　下面翻起白色浪花，

再也感觉不到胜利者的步伐，

　　再也无法知道被征服者屈膝下跪——

岸边的鱼鹰将向

　　海上的雄鹰发动攻击！

哦，她破烂的船身

　　还不如沉入波涛之下；

她的雷鸣会震颤浩瀚的深渊，

　　那里应是她的坟墓所在；

将她的圣旗钉到桅杆之上，

　　升起面面破旧的风帆，

将她交给风暴之神，

　　交给闪电和骤雨！

这首诗发表于1830年9月14日，并迅速在全国各地重印。

它是不是一首好诗呢？这一点我不知道。就我所知，评论家们说它过于伤感，过于夸张，其形象过于戏剧性。也许是这样。我只知道，我从来不能以平稳的声音把它大声朗诵出来，特别是当我读到"鱼鹰"和"破旧的风帆"那两处时。我甚至在现在，当把它读给自己听时仍然会出现喉咙哽咽、眼睛模糊看不清纸上文字的情况。

这可能使我成为评论家轻视嘲笑的对象。但实际上，我现在不是过去也不是独一无二有这样感觉的人。这首诗所到之处，都爆发出了公众抗议的吼声。为了保住老铁甲舰，人人踊跃捐款，甚至连在校的孩子们都把他们的零花钱带到学校，可谓势不可挡。海军部和国会发现自己所面对的是觉醒了的公众，他们还发觉，与风暴之神作战的，不是老铁甲舰，而是**他们自己**。

他们马上屈服了。老铁甲舰**没有**被销毁，它**从未**被销毁。它现在还活着，就停泊在波士顿港，而且还将在那里永远活下去。

老铁甲舰得救了，不是因为它有辉煌的战绩，而是因为它有位圣诗人。无论这首诗是好是坏，它产生了**影响力**。

1812年的战争给我们留下了一首名叫《保卫麦克亨利堡》(The Defense of Fort McHenry)的诗。它发表于1814年9月14日，并很快更名为《星条旗》(The Star-Spangled Banner)。

它现在是我们的国歌。它的曲调太难唱(甚至有时职业歌手唱起来都困难)，歌词也太晦涩。大多数美国人，无论他多么爱国，都只知道第一句(我不仅知道，而且可以毫不停顿地唱出全部4段，对此我感到非常自豪)。

全部4段？每年7月4日，《纽约时报》(*New York Times*)都会全文刊登国歌的乐谱和歌词，尽你所能，你只能数出一共只有3段。为什么呢？因为在第二次世界大战期间，政府剔除了渲染仇恨的第三段。

请记住，这首诗写在英军对巴尔的摩港湾内麦克亨利堡的狂轰滥炸之后。假如堡内的火力被打哑，英军就会放出舰载士兵，开始登陆。那些士兵肯定会拿下巴尔的摩，把全国一分为二（那时美国还只包括沿海各州）。此前，他们已经把当时地位还无足轻重的乡下小镇华盛顿洗劫一空，而巴尔的摩却是个重要的港口。

军舰炮火沉寂下来的整个夜晚，对于呆在英国军舰上的克伊（Francis Scott Key，他正在船上设法营救一个朋友）来说，全部的问题就是，究竟是美国人的火力被打哑了，不顶用了，还是英国军舰主动停止了炮轰。一旦黎明来临，答案就显然了——它取决于飘扬在堡上的是美国旗还是英国旗。

诗的第一段问道，美国旗是否还在飘扬。第二段告诉我们它**的确**还在飘扬。第三段是一首颂歌，歌颂了问心无愧的胜利。它是这样写的：

那伙曾狂妄地诅咒，以战乱的洗劫
　　将使我们国破家亡的人
都到哪里去了？
　　他们的血已洗去他们肮脏的脚印，
奴才和走狗将无处藏身，
　　他们逃脱不了死亡的命运，
而星条旗却在胜利飘扬，
　　飘扬在自由的国土，勇士的家乡！

是好诗吗？谁知道呢？又有谁在乎？如果你知道曲调，那就唱吧。把正常的嘲笑说成“肮脏的脚印”，把正常的憎恨说成“奴才和走狗”，把正常虐待狂的快乐说成“逃脱不了死亡的命运”，这样你就会觉得，它唤起的激情强烈得有点儿过分。但谁知道呢，有时候你可能恰恰需要那种激情。

需要指出的是,音乐也起到了它的作用。把一首诗唱出来,其效果会成倍增大。

下面再说一说南北战争。在两年多的时间里,联邦军在弗吉尼亚遭受了一场又一场重创。指挥联邦军的一个又一个笨蛋,根本就不是李(Robert E. Lee)和"石墙"杰克逊(Thomas J. "Stonewall" Jackson)的对手。他们俩是合众国有史以来造就的最优秀的战士,但在命运之神的摆布下,他们却以他们最杰出的战斗对抗合众国。

那为什么北方还要继续战斗呢?南方随时都可以停战。只要北方同意南方自治,战争就会结束。然而,北方在经历了一个又一个溃败、付出了血的代价之后,仍然在坚持不懈地战斗。其中的一个原因就是林肯(Abraham Lincoln)总统的性格,他在任何情况下都决不会放弃。但还有另一个原因,那就是北方军受到了一股宗教狂热的鼓舞。

想一想《共和国战歌》(The Battle Hymn of the Republic)。不错,它是一首进行曲,但它不是战争进行曲。曲中行进的是神而不是人,歌名的中心词是"赞歌"(hymn)而非"战斗"(battle),它总是(或应该)以缓慢的速度饱含深情地唱出来。

歌词的作者朱莉娅·沃德·豪(Julia Ward Howe),把词填入众所周知的《约翰·布朗的遗体》(John Brown's Body)的曲调中。她刚刚在1862年访问了波托马克军营地,深受感动。这曲赞歌肯定表达了很多北方人的丰富体验。全诗共分5段,如今大多数美国人只勉强知道第一段。但在南北战争期间,全部5段皆为人知。这是第五段:

基督生在大洋彼岸美丽的百合花中,
他以怀里的荣光净化你我的心灵:
正如他为换得人类的神圣而死,

让我们为人类的自由而献身，

我主在继续前进。

“让我们为人类的自由而献身！”我不是说每个北方人都如此狂热，但某些人的确是这样，这首歌很可能把那些中间分子争取了过来。说到底，一定有**某些**原因，使北军在一场又一场重创之下继续战斗，而《共和国战歌》肯定是其中之一。

如果说某些北方人感到奴隶制是一种邪恶，必须不惜一切代价去斗争、去推翻，那么，还有另一类北方人，他们以联邦为根本，必须不惜一切代价去支持、去维护。在这方面，也有一首歌。

联邦军所遭受的最惨重失利发生在1862年12月。当时，无能到难以言表的伯恩赛德(Ambrose Burnside)将军——他也许是在战场上指挥过美军的最无能的统帅，派手下士兵去攻打一个由南方联盟军守卫的坚固堡垒。联邦军一波接一波地向前冲锋，但士兵一波接一波地倒了下去。

就是那场战役之后，林肯说:“如果说还有什么比地狱更糟的地方，那么，我现在就置身其中。”在后来的某个场合，他还评价了伯恩赛德，说他“简直可以迎着胜利而攫取失败”。

还是接着讲我们的故事吧。那个夜晚，当北军在营地努力恢复生息的时候，有人唱起了鲁特(George Frederick Root)创作的一首新歌。鲁特此前曾写过《走！走！走！男儿们在前进》(Tramp! Tramp! Tramp! The Boys Are Marching)。这一次，他创作的歌曲名叫《为自由而战的呐喊》(The Battle Cry of Freedom)。

这是其中的一节：

是的，我们将集合到国旗下，男儿们，我们将再次集合，

发出为自由而战的呐喊。

我们将从山岗来集合,我们将从平原来集合,

发出为自由而战的呐喊。

联邦永存! 万岁,男儿们,万岁!

打倒卖国贼,高举星条旗!

我们将集合到国旗下,男儿们,我们将再次集合,

发出为自由而战的呐喊。

就连我这个鉴赏力不高的人,心中也暗自猜疑,这是首好歌,但不是首好诗,甚至还说不上是一首差强人意的诗。然而(接着讲我们的故事),一个南军军官远远听到从败军营地里传来的曲子,马上就灰心了。他觉得,还能唱得出“联邦永存”那种歌曲的败军,是决不会最终失败的。他们会卷土重来,发起一次次攻击,永不放弃,直至南军被耗得精疲力竭,丧失了战斗力。他想得很对。

语言和音乐结合在一起,会产生某种奇特的效果。

例如,古希腊有个故事,它可能是件真事(希腊人决不会因为事件的真实性而损害一个故事)。故事说,雅典人由于担心在即将到来的战争中失利,就派人征求特尔斐城的传圣谕者的意见。传圣谕者建议他们向斯巴达人借一名战士。

斯巴达人不想公然违抗先知的意见,就给了雅典一个战士。但斯巴达人并非特别心甘情愿地帮助对手城市取胜,因此他们谨慎地挑来挑去,以免把将军或有名的勇士借出去。最后,他们把一个瘸腿的军乐师给了雅典人。然而,在战斗中,斯巴达乐师弹唱的音乐非常鼓舞士气,使雅典人军心大振,一鼓作气杀向敌阵,扫平了战场。

还有一个故事(可能也是虚构的),事情发生在纳粹占领时期的苏联。一队德国兵,身穿苏军制服,小心翼翼地行进在苏军控制区,去执行一项重要的破坏任务。有个小男孩看到他们经过,急忙赶到最近的

苏军基地去报告，说有一队德国兵穿着苏军制服。纳粹兵被抓了起来，我估计他们被按间谍罪常规地处理了。

后来有人问小男孩："你怎么知道他们是德国兵而不是苏联兵？"

小男孩回答说："他们没有唱歌。"

就此而言，你有没看过吉尔伯特(John Gilbert)主演的表现第一次世界大战的无声电影《大阅兵》(*The Big Parade*)？吉尔伯特根本就没打算卷入那场歇斯底里的战争，没打算应征入伍。然而，他的汽车被经过的阅兵队伍挡住了去路——男儿身穿制服，旗帜飘扬，军乐嘹亮。

这是一部无声电影，你听不到任何对白，听不到任何音乐(常规的钢琴伴奏除外)，也听不到任何欢呼声。你只能看到方向盘后面吉尔伯特的那张脸，在玩世不恭地笑着。但在阅兵队伍走完之前，他只好在那里等着。过了一会儿，吉尔伯特的一只脚踩出了节拍，接着就是双脚。然后，他开始显得激动、热切。当然，他下了车，报了名，参了军。虽然什么都没听到，但你还是觉得电影完全令人信服。那就是，人**是**如何被吸引，又是如何作出反应的。

我给你讲一个我自己的经历。从我刚才所言，你大概能够猜出，我不仅是个南北战争迷，而且就那场战争而论，我还是个狂热的北方拥护者。"联邦永存"，那就是我。

然而，且看：有一次，我从纽约开车前往波士顿，独自一人在车里欣赏收音机播放的一系列南北战争时期的歌曲。有一首歌我以前从未听过，此后也再未听过。那是战争最艰难时期南方联盟的一首歌，它号召南方人民联合起来，尽一切力量，把北佬侵略者赶回老家。这首歌唱完时，我苦恼之极，因为我知道，那场战争早在一个多世纪以前就结束了，不会再有南方联盟的招兵站，可以让我跑去报名参军。

蛊惑人心，就是这些东西所具有的力量。

克里米亚(Crimean)战争期间，英法对俄罗斯开战。英国指挥官拉格伦(Baron Raglan)将军发出了一道特别含糊的命令,伴随命令的手势也非常令人费解,以至于没有人知道他的真正意思。因为没人敢说“这很荒唐”,结果这道命令调动了骑兵旅的607名骠骑,乱糟糟地向俄军主力冲锋,20分钟就折损了一半人马。当然,什么目的也没有达到。

当士兵骑马向敌人炮口上闯时,法国方面军的指挥官博斯凯(Pierre Bosquet)万分惊奇地瞪大了眼睛,说:“C'est magnifique, mais ce n'est pas la guerre.”随意翻译一下,他是在说:“这一切都非常不错,但不是打仗的方法。”

然而,丁尼生勋爵用一首诗描写了这场战斗。诗的开头我们都熟悉:

> 半数盟军,半数盟军
> 半数盟军前进;
> 全在死亡之谷
> 六百骠骑向前。

他的诗共有55行,其节拍美妙地模仿了战马奔驰的声音。假如读得恰到好处,你会觉得自己仿佛就是骑兵之一,奔驰向前,在进行那个愚蠢的冲锋。

其实,丁尼生没有隐瞒事实,他说那是个错误。他写道:

> 前进,骑兵旅!
> 难道有人灰心?
> 没有,虽然战士知道
> 有人疏忽犯错:
> 他们没有回答,
> 他们不问原因,
> 只是去战去死:

进入死亡之谷

六百骠骑向前。

结果，由于这首诗的缘故，人人想到的都是这次冲锋英勇的一面，没有人把它当作犯罪性的、指挥无能的典型。

有时候，一首诗会彻头彻尾地歪曲历史，而且还将歪曲了的历史流传下去。

1775年，英国人控制着波士顿，而持不同政见的殖民地居民则集中在康科德。英国司令官盖奇(Gage)将军，派了一个分队的士兵去收缴储存在康科德的武器弹药，还要逮捕两个异议分子头目亚当斯(Samuel Adams)和汉考克(John Hancock)。

秘密没守住，走漏了风声，住在波士顿的殖民地支持者打算连夜骑马向亚当斯和汉考克报警，叫他们悄悄离开，同时还要向康科德的人们报警，叫他们藏好武器弹药。骑马报信者当中，有两个人的名字分别是瑞维尔(Paul Revere)和道斯(William Dawes)。他们俩沿着不同的路径到达了列克星敦。当时亚当斯和汉考克在此逗留，听到消息后马上就骑马出城了。

瑞维尔和道斯继续向康科德进发，但途中被英国巡逻兵截住给捉了起来。这就是他们的结局。他们俩谁也没有到达康科德，谁也没有能够向康科德人发出至关重要的警报。

不过，在列克星敦，一个叫普雷斯科特(Samuel Prescott)的年轻医生加入了瑞维尔和道斯的行列。当时他还没睡，因为他正和一个女人在一起，想来正在做那种到了深夜男女独处时自然而然会做的事。

普雷斯科特系上裤子，加入到他们两人的行列。是**他**，避开了英国巡逻兵，设法来到康科德；是**他**，唤醒了康科德人，使他们把武器分发出去，做好了抵抗的准备。

第二天,当英军经列克星敦大举扑向康科德时,"民兵"们手握武器,正埋伏在树林后等着他们呢。英军好不容易才逃回波士顿,美国独立战争就此打响。

列克星敦和康科德从此一直名声显赫,然而,有人骑马报警这件事在某种程度上却被掩盖了。没有人再知道它。

1863年,南北战争正打得不可开交,北方还在寻求一场作为战争转折点的伟大胜利(就是那年7月到来的葛底斯堡大捷)。朗费罗(Henry Wadsworth Longfellow)感到有种强烈的需要去创作一首爱国叙事诗,以鼓舞联邦军的士气。所以,他发掘出这个被人遗忘的老故事,以深夜骑马报警的传奇为素材写下一首诗。

在诗的结尾,他神秘地唤出那个骑马人的幽灵:

> 它贯穿我们的历史,直到永远,
>
> 在黑暗、危险和国家召唤的时刻,
>
> 人民将会警醒,去侧耳聆听
>
> 那策马飞骑的蹄音,
>
> 和保罗·瑞维尔的午夜送信。

这首诗备受人们的喜爱,给读者的鼓舞极为强烈,因为它在暗示,过去的幽灵在和联邦军并肩战斗。

然而,它有个重大缺陷。朗费罗只说到了瑞维尔,而他毕竟从未完成这项任务,**普雷斯科特**才是向康科德报警的人。

你听说过普雷斯科特吗?有谁曾听说过普雷斯科特吗?当然没有。但普雷斯科特的作用也不是什么秘密。关于这一点,任何正规的史书,任何像样的百科全书,都会告诉你。

但人们所知道的不是历史,不是百科全书,而是:

> 听,我的孩子们,你们将会听到

保罗·瑞维尔午夜策马飞奔……

这就是诗的力量,甚至包括《保罗·瑞维尔策马飞骑》(Paul Revere's Ride)这样一首糟糕的诗(请原谅我不高明的鉴赏力,让我做一次判断吧)!

后　记

我在担任《奇幻和科幻杂志》科学专栏作家的头30年里,总共写了360篇随笔,每月一篇。如果有人问我,在这些随笔中,我最喜欢哪一篇,那我是不会犹豫的。就是我讨论诗歌影响力的这一篇。

出现这种情况很奇怪,因为诗歌不是我的专长,而且我也欣然承认,我对诗歌一无所知。

然而,一天晚上,我躺着睡不着觉(我的睡眠不好,而且一直都是这样——我**痛恨**睡觉),就想起了《老铁甲舰》,我年轻时可以把它背出来。接着我又从《老铁甲舰》想到了我所熟悉的其他几首(差不多都是19世纪浪漫主义诗人的作品)。这些诗激发出我多种思绪,以至于到了早晨,我被这些思绪折腾得精疲力竭。

不写一篇这方面的文章,是绝对不可能的了。在我的专栏文章中,从来没有任何一篇像这篇那样,远远脱离了科学的范畴。我平生**第一次**感到,杂志方面可能会反对我将这篇文章发在这个栏目。然而,编辑弗曼却让我大吃一惊。他特意告诉我,他非常喜欢这篇随笔。

接着我又想,读者们会激烈地反对它的。但他们也没有。实际上,我因这篇随笔而收到的读者来信和赞许信,比我发表过的其他任何文章都多。理解万岁!

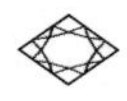

最长的河

产生创意的一种方式,就是从一个意想不到的角度看问题。

例如,过去几千年,针眼一直都被放在针尾较钝的一端。这样,针穿布而过之后,它所牵引的线就如同一根长长的尾巴。但当人们试图设计缝纫机时,却总是不成功,直至埃利亚斯·豪(Elias Howe)想出了一个极为聪明但有悖常规的主意,把针眼置于针尖的附近。

我们这些写科幻小说的人尤其需要从不同的角度看问题,因为我们必须涉及那些现实生活中不存在的社会。一个看待各种问题的方式与我们都相同的社会,不会是一个不同的社会。所以,经过近半个世纪的科幻小说写作,那种从侧面看问题的习惯已成了我的第二天性。

例如,两星期前,在我主持的一次会议上,有个会员起身介绍他的两位客人。

他说:“我先介绍一下多伊(John Doe)先生,他是一位杰出的律师,名副其实的桥梁专家。再让我介绍一下罗伊(Richard Roe)博士,他是一位伟大的精神病医生,老练的扑克牌大师。”他谦虚地笑了笑,说:“由此你会明白我的兴趣所在。”

我听了,简直是情不自禁地说道:“对喽,就是对精神病患者提出诉讼。”我的话赢得了满场喝彩。

但还是回到正题吧……

20多年前，我发表过一篇文章，写的是世界上最大的几条河流[《老人河》(Old Man River)，发表在1966年11月号的《奇幻和科幻杂志》上]*。从那时起，我就有个念头，要写一篇文章，整篇专门讨论一条河。当然，在所有的河流当中，这条河应当最大、流域面积最广、向海里排水最多、最气势磅礴，以至于与之相较，其他所有的河流只能算小溪。我所说的这条河，理所当然就是亚马孙河。

现在机会来了。然而，正当我心满意足地坐下来准备下笔时，那万花筒——我是这样称呼我的内心世界的，突然翻动，哗哗作响，改变了形态。我想，我为什么只关注河的大小，只关注庞大？为什么不写一写为人类作出贡献最大的河呢？

它非尼罗河莫属。

尼罗河在一个方面的确**可谓**庞大。尼罗河比亚马孙河小得多，是因为它向海里的排水量少得多，但它却比亚马孙河**更长**。实际上，它是世界上最长的河流，全长6736千米。比较而言，世界第二长的亚马孙河全长约6400千米。

两条河的区别在于，亚马孙河沿赤道由西向东流经世界上最大的热带雨林，流域降雨频繁；而且，它还有十几条支流，这些支流本身就已经是巨大的河流了。当亚马孙河抵达大西洋时，每秒大约倾泻20万立方米的淡水，甚至在距入海口300多千米的大洋里，还能探测到它的水流。另一方面，尼罗河从南流向北，虽然发源于热带非洲，但它北部的那一半却流经撒哈拉沙漠，没有支流，因此根本就没有水注入，只有蒸发。这就难怪，它最后向地中海所排放的水量，只不过是庞大的亚马孙

---

* 见我的书《科学、数字和我》(*Science, Numbers, and I*，道布尔戴出版公司，1968年)。

河的一个零头。

不过,撒哈拉最早并不是沙漠。两万年以前,冰川覆盖着欧洲大部分地区,冷风将水汽带到北非。现在的沙漠地带在当时是一片宜人的土地,河湖纵横,草木繁盛。未开化的人类在这一带游牧,留下了他们的石器。

然而,冰川逐渐消融。年复一年,冷空气逐渐北移,北非的气候越来越干燥,越来越炎热。旱灾出现并慢慢加剧。植物枯死了,动物转移到了能够维持其生存的潮湿地带。人类也在转移,很多都向尼罗河靠拢,因为在那个遥远的年代,尼罗河比现在宽,蜿蜒地缓缓流过宽阔的沼泽地。它向地中海排放的水量也比现在大得多。事实上,尼罗河谷在干燥到一定程度之前,根本就不适合人类居住。

当尼罗河流域还潮湿多沼、没有什么诱惑力时,在它的西边,地中海以南210千米处,曾有过一个湖。后来希腊人把这个水体称为美利斯湖(Lake Moeris)。它的存在,是离现在最近的一个证据,暗示着北非曾经比现在湿润得多。在美利斯湖里,生活着河马以及其他较小的猎物。从公元前4500年到公元前4000年,石器时代末期的繁荣村落遍及湖畔。

然而,久旱的土地使美利斯湖受到影响。随着水位的降低,它所养育的动物渐渐稀少,沿岸村落也渐渐凋零。与此同时,尼罗河沿岸的人口却在增长,因为相对而言,尼罗河更容易驾驭。

到公元前3000年,只有在设法与尼罗河沟通并从河中引水的情况下,美利斯湖才能维持一定的面积。不过,这需要投入大量的人力物力来清理水沟的淤泥,以保持两者联系的畅通无阻。

这场斗争以失败而告终,如今美利斯湖基本上已经消失了。湖区现在是一片凹地,其大部分已经干涸,只是在最凹处还有一片浅浅的水体,现称加龙湖。它东西长约50千米,南北宽约8千米。离这个老美利斯湖最后残迹的岸边不远处，坐落着埃尔费尤姆城，整个凹地也因此而得名。

为了后面的讨论，我需要说点儿题外话……

公元前8000年，世界上所有的人都是狩猎者和采集者，就像以往的祖祖辈辈一样。地球总人口可能只有800万，或者说相当于纽约市目前的总人口。

大约就在那时候，今称中东地区的人们学会了如何为将来打算，其中最受关注的就是食物。

不同于以往仅仅狩猎动物并当场杀掉，人类留下了一些活的动物进行饲养，让它们繁殖后代，间或再杀掉几个作为食物。他们还从动物身上得到奶、蛋、毛、皮，甚至还驱使动物干活。

同样，不像以往仅仅采集偶然碰到的植物，人类学会了如何种植与培育植物，最后将它们收获而作为食物。显然，人类在种植可食性植物时，其密度可以远远超出植物在野生状态下可能出现的密度。

依靠动物养殖和作物种植，人类部落极大地增加了食物供给，以至于出现了人口数量的激增。人口的增长意味着能够种更多的植物，养更多的动物。所以大体上说，食物出现了剩余，这是过去采集狩猎的日子里从未有过的（除非在大规模屠戮后的短暂时期）。

这意味着，人人都为生产食物而劳动就没有必要了。某些人可以去制造陶器，以陶器换取食物。有些人可以当工匠，有些人可以当说书人。总之，人类开始出现分工，社会开始变得多样化、复杂化。

当然，种植业也有其不利之处。假如人类只从事采集和狩猎，就可以避免冲突。因为当一伙强人闯入部落领地时，部落可以小心地退却到一个安全之所。在这个过程中，不会有多少物质损失，因为部落所拥有的一切，就是能带走的财产，他们当然会随身带走。

然而，耕者有其田，而田地是不能带走的。假如劫掠者突然袭击，要抢夺农民的食物储备，农民别无选择，只有战斗。退却与抛弃田地意味着饥荒，因为此时已经有太多的人不以耕种而以其他手段为生。

这意味着农民必须联合起来，因为团结就是力量。他们选择天然水源便利之所，把房子建在一起，用墙把房子围住以保障安全。这样，他们就有了我们今天所谓的"城市"(city,源自拉丁文的"civis")，城市的居民就是"公民"，城市化得到普及的社会体系就叫做"文明"。

在一个先由几百人再到几千人聚居的城市里，假如人人互相争斗，那么生活将是很悲惨的。于是，就需要确立生活的规则。祭司被指定来制定那些规则，然后由国王负责执行。为了与劫掠者进行战斗，士兵需要经过训练(你看，我们多么容易就了解了文明的由来)。

要确切指出农业最早究竟起源于什么地方，目前还比较困难。它很有可能起源于今伊朗和伊拉克的边境(恰恰就是在这个边境上，两国进行了8年无谓的战争)。

把那个地区定为种植业(或农业，正如我们所通称的)发源地的理由是，大麦和小麦在那里野生繁殖，而且这两种植物又恰恰特别适于耕种。

在伊拉克北部，有个1948年挖掘出来的遗址，叫亚尔莫(Jarmo)。那里发现了一个古城遗迹，其中包括房屋的地基，这些房子是用土质薄墙建成的，并被分割成多个小室。整个城市在当时可能容纳了100—300人。在最低也就是最古老的一层，发现了最早种植业的证据，可追溯到公元前8000年。

当然，农业技术一经出现，就慢慢地从发源地传播开来了。

进行耕种最首要、最重要的条件就是水。亚尔莫坐落于山脚，空气在上升过程中冷却下来，所携带的水蒸气就凝结成雨水。然而，即使在最好的情况下，降雨也有靠不住的时候。因此，干燥的年份将意味着歉收与饥饿,如果不是饥荒的话。

比降雨更可靠的水源,就是从河中取水。正因为如此,农场和城市都沿河而建,那里便渐渐成为文明的中心。

距农业社会发源地最近的河流,是位于当今伊拉克境内的底格里斯河与幼发拉底河,因此两河流域很可能是大范围文明出现最早的地方。但是,农业很快向西传到了尼罗河流域。到公元前5000年,这两个地区都达到了繁荣。(农业也传到了印度河流域。几千年后,中国北部的黄河流域独立地出现了自己的农业。*又过了几千年,农业出现在北美的玛雅和南美的印加。)

公元前3000年之前不久,文字这项最重要的发明由苏美尔人完成了,他们那时就住在两河河谷的下游。由于文字的使用是史前时代与有史时代的分界线,因此,苏美尔人就是第一个有历史的民族。然而这项技术很快就被埃及人学去了。

住在河边意味着,无论天是否下雨,农民都有可靠的水源。但水不会自动流到农田里,它需要人工运到那里。用桶取水显然效率低下,因此人们需要挖条沟,让河水沿水沟自动流过去。人们还必须对水沟进行维护保养,以免被淤泥堵塞。最后,必须建设一整套由这种沟渠构成的灌溉网,加高渠堤与河堤,以防发生洪涝灾害。

维护这样一个灌溉网,需要全社会细致协调的努力。这就把健全的管理和有力的领导置于了首要地位。它还将沿岸各城市的合作也置于特别重要的地位,因为,假如上游城市用水浪费、污染河水、造成河水泛滥,那么,下游所有城市的利益就会受到损害。所以,设置一个全流域范围的政府,即我们所谓的国家,就有了某种必要性。

国家最先在埃及形成,其原因就是尼罗河。

---

* 此说有误。在公元前7000年至前5000年的新石器时代中期,我国的长江流域就产生了较稳定的稻作农业。——译者

尼罗河风平浪静，性格中没有丝毫狂暴。就是说，即使最简陋的船只，设计上效率低下，结构上弱不禁风，也能在河上航行，不会发生任何问题，人们也不必为风暴而担惊受怕。

再者，尼罗河由南向北流，而风通常由北向南吹。就是说，要是你想顺风而上（向南），只要扬起风帆即可；要是你想顺流而下（向北），只要收起风帆即可。正是由于尼罗河这种可贵的特性，人和货物可以轻而易举地从一个城市转运到另一个城市。

便利的南北航行，确保了多城市国家共用一种语言，共享一种文化，经济上互相依存，城市间互相理解。

至于苏美尔人，他们有两条河。其中，底格里斯河（Tigris）桀骜不驯，无法用简单的船具航行（"Tiger"——老虎，便因此得名）。幼发拉底河对付起来要容易得多，所以，苏美尔的主要城市都集中在其两岸。但与尼罗河不同的是，它还远非一条平静的高速通道，因此，苏美尔的城市比埃及的城市显得孤立，城市间的合作倾向也较小。

此外，尼罗河两侧都是沙漠，能拒敌于千里之外。幼发拉底河则缺少天然屏障，容易受到外敌的侵袭，也容易让周边的民族过来定居。就是说，两河河谷还住着阿卡德人、阿拉米人和其他一些民族，他们在语言和文化上与苏美尔人是不同的。与此相反，尼罗河沿岸的居民却相当一致。

所以，埃及的统一早于两河流域，也就不足为奇了。大约公元前2850年，一个叫纳尔迈[Narmer，希腊人所熟知的名字是美尼斯（Menes）]的法老统一了尼罗河沿岸各城市，把它们划归在自己的统治之下，建立了埃及这个国家。虽然我们不清楚实现统一的详细情况，但它似乎是个相当平和的过程。

然而，苏美尔的城市间互相恶斗，以至于直到公元前2360年，也就是埃及统一5个世纪以后，这一地区才得到统一。而且，由于苏美尔自身被连年征战拖累得疲惫不堪，因此完成统一大业的，不是苏美尔人，而是阿卡德人萨尔贡(Sargon)。他以攻城略地的粗暴方式建立了自己的统治，把多种语言、多种文化网罗到自己的麾下，所以，萨尔贡所统一的王国并不是一个民族国家(nation)，而是一个帝国(empire)。

一般情况下，帝国不如民族国家稳定，因为被统治民族憎恨统治民族。所以，两河河谷出现了一连串的政权交替。一个个民族先后取得统治地位，外敌也利用内讧的有利时机，夺取政权。与此相反，埃及在建国后的头12个世纪里，是非常稳定的社会。

下面说说历法。

原始人利用月亮来实现这个目的，因为月相每隔29.5天就重复一次。这个时间跨度长短适宜：短得易于应付，长得可以利用。这就是我们的“阴历月”，每月或29天或30天，交替出现。

后来人们注意到，大约每隔12个月，季节就循环一次。换句话说，播种期再过12个阴历月，又是播种期。当然，季节到来的时间不如月相那样可靠。春天有时寒冷、来得晚，而有时温暖、来得早。久而久之，用阴历来表示季节的更替，12个月(总共354天)显然不够长。两三年后，这种阴历所指示的播种期就会比实际播种期提早很多，以至于产生灾难性的后果。

因此，为了使阴历与季节更替保持同步，第13个月就必须定期加到一年之中。最后，一个19年一循环的历法就形成了，其中的12年，按某种固定的顺序有12个阴历月或354天；其余的7年有13个阴历月或383天。就是说，平均每年365天。

这个历法非常复杂，但运行良好。它还传到了其他民族，包括希腊人和犹太人。直到如今，犹太人所使用的祈祷历还是那个两河流域人民建制的历法。

虽然早期埃及人知道并使用了阴历，但他们的知识并不限于此。每年，尼罗河水在非洲中东部山区暴涨（这一点我们知道，但埃及人并不知道）。每当雨季到达那个遥远的地区时，雨水就大量涌入湖泊河流，再灌入尼罗河，使尼罗河水位升高，没过河堤。一段时间之后，洪水退去，带有丰富养分的肥沃淤泥便沉积下来。正是尼罗河的泛滥，才带来了丰收的保障，因此埃及人热切期待它的到来。在泛滥迟到、泛滥程度不足或二者兼有的年份，等待他们的将是艰难的岁月。

对尼罗河泛滥的密切关注使埃及人认识到，泛滥平均每365天出现一次。对他们来说，恰恰就是这个时期在一年中具有绝对的重要性，所以他们采用了太阳历。他们把每个月定为30天，因此12个月就是360天。在年末，也就是下一轮十二月循环开始之前，另加5天不属于任何月份的假日。这样一来，月份就成为“历月”，它不再与月相周期同步，而是与季节同步。

实际上，它还没有完全与季节同步。一年不是365天整，而是大约 $365\frac{1}{4}$ 天。埃及人不可能不理解这一点，因为按照埃及历法，尼罗河泛滥的时刻平均每年要滞后6个小时，这意味着泛滥日遍布整个日历，只有在365×4年，也就是1460年之后，它才重新回到原来的日期。

泛滥日的不确定性原本可以消除，只要每隔4年在一年中加入第366天即可。可埃及人从不愿费心这样做。但在公元前46年，当罗马人最终采用埃及历法时，他们把额外的5天分散到一年中，使某些月份变成31天；另外，每4年另加一天。这就是现今全世界通用的历法（只做了一些非常细微的修正）——当然，它只作为世俗的用途。

尼罗河泛滥有时把家与家之间的土地界线冲掉了，这就有必要创造一种方法去重新确立这些界线。据说，这种需要渐渐地促成了一种计算方法的形成,那就是我们所谓的"几何学"(源于希腊文表示"土地丈量"的词)。

同样,河水泛滥为埃及人提供了极为丰富的食物,以至于他们可以拿出剩余的部分,同附近享受不到尼罗河好处的民族进行贸易,换回外国的工艺品。因此,尼罗河促进了国际贸易的诞生。

此外,由于食物大量过剩,就没有必要人人都去种粮食。大量的劳动力可以投入到我们今天所谓的"公共工程"当中去。当然,最为典型的例子就是从公元前2600年—前2450年间的金字塔建设工程。

或许,金字塔为西方世界的宏大建筑树立了典范。我可以从我的公寓窗口看到这种宏大建筑的最新形式——它把曼哈顿彻底变成了遮天蔽日的摩天楼群。

在我看来,尼罗河给了我们最早的两个文明之一、第一个国家、太阳历、几何学、国际贸易以及公共工程。它同时也给我们留下了一个谜,这个谜几千年来一直吸引着人类的好奇心。尼罗河究竟起源何处?它的源头是什么?

古代西亚和地中海世界所知道的长度不短于1900千米的河流共有7条。除尼罗河之外,其他6条及其长度分别为:

幼发拉底河——3600千米

印度河——2900千米

多瑙河——2850千米

乌浒河*——2540千米

药杀河**——2200千米

底格里斯河——1900千米

底格里斯河与幼发拉底河在波斯帝国境内。乌浒河与印度河在帝

* Oxus,今阿姆河。——译者

** Jaxartes,今锡尔河。——译者

国的东部边陲，而药杀河就在帝国东北部边界之外。多瑙河构成了罗马帝国大部分欧洲领土的北部边界。据一般常识，每条河的源头都是已知的，只是乌浒河与药杀河的源头是从旅行者的报告中得知的。

就只剩下了尼罗河。它起初是埃及的核心，后来被并入波斯帝国，再后来又被并入了罗马帝国。然而，因为尼罗河比其他6条河中最长的一条还要长一倍(据我们目前的知识)，而且直至现代，它还在把文明的界限向外扩展，所以，在整个那段时期，一直没有人知道它的源头在哪里。

最先感到困惑的是埃及人。大约在公元前1678年，亚细亚人入侵埃及，他们使用战马和战车打仗，这是埃及人以前从未见过的。但埃及人终于在公元前1570年左右设法把他们赶了出去。

作为回报，这次轮到埃及人入侵亚细亚了，他们建立了“埃及帝国”。在将近四个世纪的时间里，埃及一直是世界上最强盛的国家。

帝国统治时期，埃及人也向尼罗河上游扩张。尼罗河偶尔有些河段水流湍急(即“瀑布”)，这些瀑布由北向南以数字标明。第一瀑布所在的城市，古希腊人叫它西恩纳，我们今天称之为阿斯旺，位于地中海以南885千米处。由于这个航行障碍的存在，狭义上的埃及没有扩张到第一瀑布以南。即使在今天，现代埃及才仅仅向瀑布以南延伸了大约225千米。

第一瀑布的南边，是个叫努比亚的国家，今称苏丹。尚武的埃及君主偶尔也试图把他们的统治扩张到第一瀑布以南，而在帝国时期，这方面的努力达到了顶点。公元前1460年左右，埃及帝国最伟大的征服者图特摩斯三世(Thutmose Ⅲ)曾把疆域拓展到第四瀑布，即努比亚的首都所在地纳巴塔。

纳巴塔的位置，距离尼罗河入海口大约2000千米。在那里，尼罗河水势依然强劲浩大，丝毫没有到了源头的迹象。

埃及后来的征服者,包括托勒密、罗马人和穆斯林,都未作出任何努力将其政治统治扩展到第一瀑布以南。即使有人向南探险,也没留下清晰的记录,叙述他们的游历。

到了现代,第一个对阿斯旺以南地区探险的欧洲人是苏格兰探险家布鲁斯(James Bruce,1730—1794)。1770年,他来到喀土穆(今苏丹首都),即纳巴塔遗址上游约640千米处。两条河在此交汇成尼罗河,一条(青尼罗河)来自东南方向,另一条(白尼罗河)来自西南方向。

布鲁斯沿着青尼罗河向上走了大约1300千米,最后来到了埃塞俄比亚西北部的塔纳湖。他以为那就是尼罗河的源头,但他错了。青尼罗河只是一条支流,白尼罗河才是干流。

鉴于阿拉伯商人曾经带回一些不甚明晰的关于东非大湖的故事,某些欧洲探险家便认为那些大湖可能就是白尼罗河的源头。两个英国探险家,伯顿(Richard Francis Burton,1821—1890)和斯皮克(John Hanning Speke,1827—1864),1857年从非洲东岸的桑给巴尔出发,于1858年2月到达了坦噶尼喀湖(Lake Tanganyika),一个距非洲海岸1000千米的狭长水体。

这时,伯顿以为大功告成,就走了。斯皮克却独自北上,于1858年7月30日来到维多利亚湖。这个湖的面积有69 500平方千米,比西弗吉尼亚州还要大一些。维多利亚湖是非洲最大的湖,世界上比它大的淡水湖只有苏必利尔湖,其面积比维多利亚湖大$\frac{1}{5}$。

从维多利亚湖北岸流出的水就形成了白尼罗河,因此,我们可以说维多利亚湖代表了尼罗河的源头。不过,**流入**维多利亚湖最长的河流是鲁武武河*,全长1150千米,从西面注入湖中。

这样,鲁武武河源头的一滴水可以流入维多利亚湖,又从湖中流到

---

* Luvironza,下游叫卡盖拉河。——译者

白尼罗河，再从尼罗河注入地中海，完成6736千米的旅程。

所以，鲁武武河的源头就是尼罗河的源头，位于今布隆迪境内，坦噶尼喀湖以东大约55千米处。当伯顿离开时，他几乎就站在了尼罗河的源头。

但当时，他怎么能知道呢？

后　记

这篇随笔的语气相当平和，属于不会引发争论的那种，但它是以我自己有几分独到的观点去研究历史的。

和数学一样，我对历史的青睐远胜历史对我的喜爱。其实，在读大学时，我自己曾盘算过是读历史专业还是读化学专业。我最终选择了化学，因为我那时觉得，当一个历史学家，我将不得不以学院式的生活了此一生；而当一个化学家，我可以走出校园，进入工业界或研究机构。

在这个选择上，我简直是愚蠢之极，因为当我最终成为化学家时，才认识到工业界对我并不合适，因此我依然没有改变学院式的生活。

但我从未把历史丢掉，因为我出版过很多本历史著作，也出版过很多本科学著作，而且即使在讨论科学时，我也习惯于从历史的角度去研究。我非常感谢出版商，因为他们总是迁就我，不管我写什么，他们都给出版。这样一来，我就可以尽情享受我的多种爱好，包括化学**和**历史（以及其他任何能唤起我想象的东西）。

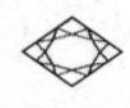

宇宙秘密

悖论,指的是自相矛盾的论点,它总是令我愤慨。我坚信,宇宙的运行不会出现自相矛盾。如果看上去有了悖论,那只能怪我们顽固地坚持我们本不该坚持的事。

下面就是一个悖论的例子。假定某城只有一个理发师,他给城里每个不自己刮胡子的人刮胡子。问题是,谁给理发师刮胡子?

理发师不能给自己刮胡子,因为他只给那些不自己刮胡子的人刮胡子。但另一方面,如果他不自己刮胡子,根据陈述中的要求,那他一定要给自己刮胡子。

然而,只有在我们顽固地坚持那些早已埋下自相矛盾种子的陈述时,悖论才会出现。对于上面的情形,要给出一个**合理的**陈述,恰当的方式应该是这样:“理发师给自己刮胡子,他还给城里其他每个不自己刮胡子的人刮胡子。”这样就不存在悖论了。

还有一个例子:某暴君颁布一项命令,每个经过某大桥的人都必须说明其目的地,并说明去那里干什么。如果说谎,他就会被处以绞刑;如果说实话,他就会平安无事。

一个过桥的人在被问到目的地时,回答说:“我要上绞架,目的是被绞死。

这样一来，如果现在绞死他，那他说的就是实话，理应平安无事。但如果他平安无事，那他就说了谎，理应被绞死。真是前后矛盾，前后矛盾。

对于这种回答，同样必须事先有所预料并排除在外，否则命令就失去了意义。（在现实生活中，我想暴君会说："绞死他！谁让他如此狡猾呢。"或者说："只有绞死他，他说的才是实话，你可以让他的尸体平安无事。"）

数学领域就**有**一种从根源上杜绝悖论出现的倾向。例如，假如允许零做除数，那我们很容易就可以证明，一切任何类型的数都是相等的。所以，为了防止这种情况的出现，数学家们人为地禁止零做除数，这就简单地解决了问题。

比较微妙的数学悖论也有积极的作用，因为它激励人们去思考，有利于增进数学的严密性。例如，早在公元前450年，希腊哲学家、埃里亚的芝诺（Zeno of Elea），就提出了四个悖论。*按我们的理解，它们都能够论证运动的不可能性。

这些悖论中最著名的一个就是人们通常所说的"阿喀琉斯与乌龟"，它是这样的：

假定阿喀琉斯（特洛伊围攻战中跑得最快的希腊英雄）的跑步速度是乌龟的10倍，并假定两者进行赛跑，比赛开始时让乌龟在前面有10米的领先优势。

可以论证，在这种条件下，阿喀琉斯赶不上乌龟。因为当阿喀琉斯跑完他与乌龟出发点之间的10米距离时，乌龟已经前进了1米。当阿喀琉斯跑完这多出来的1米时，乌龟又前进了 $\frac{1}{10}$ 米，当阿喀琉斯再跑

---

* 参见《数学大师——从芝诺到庞加莱》，E·T·贝尔著，徐源译，宋蜀碧校，上海科技教育出版社，2004年。——译者

完这段距离时,乌龟又前进了 $\frac{1}{100}$ 米,如此无穷无尽地进行下去。阿喀琉斯离乌龟越来越近,但他永远不会真正赶上乌龟。

虽然推理完美无瑕,但我们都知道,实际情况下阿喀琉斯很快就会超过乌龟。事实上,假定A和B两人赛跑,并假定A比B只快那么一点点,就算B在开始时有很大(但有限度)的领先优势,只要两人以自己最快的速度匀速跑,那么,经过很长一段时间后,A最终总会赶上并超过B。

这样一来就产生了悖论。逻辑推理证明阿喀琉斯赶不上乌龟,但直观的现象却表明,他不仅能够赶上,而且确实赶上了。

这个难题困扰了数学家2000多年。其部分原因是,人们似乎想当然地认为,如果你有一个无穷数列,比如 $10+1+\frac{1}{10}+\frac{1}{100}+\cdots$,那么,数列的和一定是无穷大,跑完该数列所代表的距离,所需的时间也一定无限长。

但是,数学家们终于认识到,这个貌似显然的假定——即一系列无穷多个数字,无论多么小,其和一定是无穷大——是完全错误的。这个问题在1670年左右得到澄清,人们通常把它归功于苏格兰数学家格雷果里(James Gregory,1638—1675)。

根据我们的后见之明,要说明这个问题,容易得出乎意料。考虑一下数列 $10+1+\frac{1}{10}+\frac{1}{100}+\cdots$ 把10与1相加得11,再加上 $\frac{1}{10}$ 得11.1,再加上 $\frac{1}{100}$ 得11.11,再加上 $\frac{1}{1000}$ 得11.111。如果把这样的无穷多项都加起来,那么,你得到的结果将是11.111 111 1…然而,这个无穷小数用分数来表示,只不过是 $11\frac{1}{9}$。

因此,表示乌龟领先于阿喀琉斯的一系列无穷递减的数字,全部加起来是 $11\frac{1}{9}$ 米,阿喀琉斯在跑完 $11\frac{1}{9}$ 米的时刻就赶上了乌龟。

一个和数是有限的无穷数列是“收敛级数”。据我的判断，最简单的例子就是$1+\frac{1}{2}+\frac{1}{4}+\frac{1}{8}+\cdots$，其中的每一项是前一项的一半。如果你把这个数列所有的项加起来，那么你会毫不费力地使自己相信，整个无穷数列的和就是2。

一个和数是无限的无穷数列是“发散级数”。例如级数列$1+2+4+8+\cdots$显然越来越大，没有极限，因此，数列的和可以说是无穷大。

判断一个级数是发散还是收敛，并非总是容易的。例如，级数列$1+\frac{1}{2}+\frac{1}{3}+\frac{1}{4}+\frac{1}{5}+\cdots$是发散的。如果把各项相加，它的和数将不断增大。诚然，和数增加的幅度越来越小。但假如你选取足够多的项，那么，你总是可以得到一个和数，使它大于2，或大于3，或大于4，或你想说出的任意一个大数字。

我相信，在所有可能存在的级数中，它的发散速度是最慢的。

要是我记得不错的话，我是在中学中等代数这门课程里学到收敛级数的，那时我14岁，它实在把我搞得昏头昏脑。

真可惜，我天生不是个数学家。有些人甚至在十几岁时，就能够掌握特别微妙的数学关系，像伽罗瓦(Galois)、克莱罗(Clairaut)、帕斯卡(Pascal)、高斯等人。与他们中的任何一位相比，我都有好几个光年的差距。

我费尽心思地去理解收敛级数，好不容易才模模糊糊、零零碎碎地弄懂了一点儿皮毛。半个多世纪后的今天，就让我以几十年的丰富经验，用浅显易懂的方式，把那些少年时代的想法呈现给大家吧。

我们以级数$1+\frac{1}{2}+\frac{1}{4}+\frac{1}{8}+\frac{1}{16}+\cdots$为例，试着找到某种方法，把这些数字用比较形象的东西来代表。例如，设想有一系列正方形，第一个正方形的边长是1厘米，第二个是$\frac{1}{2}$厘米，第三个是$\frac{1}{4}$厘米，第四个是$\frac{1}{8}$厘米，依此类推。

设想所有的正方形都紧密地排列在一起，其中最大的一个位于最左边，第二大的在右侧紧挨着它，接下来便是第三大的，第四大的，依此类推。这样，你就得到了一排正方形。这无数个正方形越来越小、一个挨一个地并排在一起。

把**全部**正方形并排在一起，总长度会达到2厘米。第一个正方形占去了总长度的一半，第二个占去了剩下长度的一半，再下一个又占去了新剩下长度的一半，就这样**无穷无尽**。

当然，正方形以非常快的速度急剧缩小。到了第27个正方形，其大小已经大体上与原子相当了，而且一旦把它排上去，整个2厘米的总长度就只剩下大约另一个原子的大小了。然而，就在这第二个原子的宽度上，还要挤入无穷多个仍然急剧缩小的正方形。

第27个正方形的边长大约是一亿分之一厘米。我们想象着把它和它后面所有的正方形都放大一亿倍。这样，第27个正方形的边长表面上看去就是1厘米，下一个正方形的边长是$\frac{1}{2}$厘米，再下一个正方形的边长是$\frac{1}{4}$厘米，依此类推。

总之，放大作用造就了一个与起始系列完全等同的系列，无论在正方形的大小上，还是在正方形的数目上。

不仅如此，第51个正方形已经小到只有质子的宽度了。然而，假如我们把**它**放大到1厘米见方的正方形，那么，它后面还会尾随着大小和数目上都与起始系列完全等同的小正方形。

我们可以这样一直进行下去，**永无尽头**。但无论我们走多远，不管有几百万个，几万亿个，还是几万亿亿亿亿个持续缩小的正方形，我们都会留下一条与起始系列完全相似的尾巴。这种情形被称为“自相似性”(self-similarity)。

而且,**所有**这些正方形——所有的正方形,都被限定在2厘米的范围之内。这不是说2厘米的宽度有什么魔力,你也可以造一个系列,把它限定在1厘米或$\frac{1}{10}$厘米,或就此而言,在质子级的线度之内。

我们理解1米等于100厘米,但试图以同样的方式去“理解”收敛数列,却是徒劳无益的。对于无穷个数,我们没有而且也不可能有直接的经验。我们只能努力去想象无穷个数的存在所导致的结果,而这种结果与我们**能够**体验的任何事物都大相径庭,以至于它们“毫无道理”。

例如,一条线段上点的数目是比无穷整数的数目更高级的无穷。你根本想象不出一种方法,可以将那些点与数字相对应。假如你试图把那些点进行排列,使之与数字相对应,那么你必然会发现,还有些点缺少相应的数字。实际上,没有相应数字的点有无穷多个。

另一方面,你还可以将一条1厘米线段上的点与另一条2厘米线段上的点相对应,因而必然得出这样的结论:短线段所包含的点与长线段一样多。事实上,一条1厘米线段所包含的点可以填满整个三维宇宙。你想听解释?我解释不了,其他任何人也解释不了。它可以得到证明,但用常规方法却不能使它“说得通”。

我们回头再谈谈自相似性。它不但存在于数列中,而且也存在于几何形状中。例如,1906年,瑞典数学家冯·科赫(Helge von Koch,1870—1924)发明了一种超级雪花。他是这样做的:

从一个三边等长的正三角形出发,将它的每一边三等分,以居中的那一段为底边向外作一个新的、较小的正三角形,便得到一个六角星。

然后再将六角星中6个正三角形的每一边三等分，以居中的那一段为底边向外作一个更新更小的正三角形，便得到一个边缘由18个正三角形围成的图形。再把这18个正三角形的每一边三等分，等等，等等，直至**无穷**。

当然，不管起始三角形有多大，也不管你的制图技术有多高超，新的三角形都会迅速缩小到不能再画的地步。你不得不在自己的想象中把它们画出来，再努力从中推出结论。

假如你不停地构筑超级雪花，那么，由各阶段雪花的周长所形成的数列，就是一个发散数列。所以，到了最后，雪花的周长是无穷大。

另一方面，各阶段雪花的面积构成了一个收敛级数，数列的和数是有限的。就是说，即使最后周长变成了无穷大，雪花的面积也不会超过起始正三角形的1.6倍。

假定现在你在研究一个相对而言比较大的、位于初始三角形其中一边上的三角形。随着越来越小、越来越小的三角形从它身上无穷无尽地萌生出来，它就变得无限复杂。然而，假如你从那些较小的三角形中拿出来一个——它小到只有在显微镜下才能看得见，而且为了便于观察，你在想象中把它放大，那么，它完全就像上面的大三角形一样复杂。即使你还要研究小一点的、甚至更小的三角形，直至无穷，其复杂性也丝毫不减。超级雪花表现出自相似性。

下面是另一个例子。设想有一棵树，其树干分出3根树枝。每根树枝分出3根小树枝，每根小树枝再分出3根更小的树枝。你轻而易举就可以想象出一棵实际存在的、有这样分枝结构的树。

然而，要得到数学超级树，你还必须想象，所有的树枝都分出3根小树枝，每根小树枝再分出3根更小的树枝，每个更小的树枝再分出3根还要更小的树枝，直至**无穷**。这样的超级树也表现出自相似性，它的每根树枝，不管多小，都如同整棵树一样复杂。

这类曲线和几何图形起初被当作“反常”现象，因为它们不遵循经典几何中那些支配多边形、圆、球体、圆柱体的简单法则。

1977年，法裔美国数学家芒德布罗开始系统地研究这类反常曲线。他证明，这些曲线甚至不符合几何图形的最基本性质。

我们刚一接触几何学就会学到，点是零维的，线是一维的，平面是二维的，立体是三维的。我们后来又会学到，如果考虑立体具有时限性，依赖于时间而存在，那它就是四维的。我们甚至还学到，几何学家理所当然也可以处理更高的维数。

然而，所有这些维数都是整数，如0，1，2，3等。它怎么可能是其他种类的数呢？

芒德布罗却向我们显示，超级雪花的边界十分模糊，它在每个点上都作出十分突然的转向，以至于按照常理把它当成一条线，是毫无意义的。它既不完全是一条线，也不完全是一个面，其维数**介于**1和2之间。事实上，芒德布罗提出，我们可以合理地认为它的维数等于4的对数除以3的对数，即大约1.261 86。因此，超级雪花边界的维数是$1\frac{1}{4}$多一点儿。

还有其他类似的图形，其维数也是分数。正因为如此，人们把它们叫做“分形”(fractals)。

事实证明，分形并不是数学家们以狂热的妄想凭空捏造出来的反常的几何形状。相反，较之理想几何学里那些光滑、简单的线面，分形更接近于真实世界的物体。前者才的确是想象的产物。

所以，芒德布罗的工作显得越来越重要。

现在，我们稍微变一下话题。几年前，我常常有机会去洛克菲勒大学闲逛，在那儿结识了海因茨·帕格尔斯(Heinz Pagels)。他高个子，白头发,脸庞圆润,没有皱纹,举止极为文雅,头脑极为聪明。

他是个物理学家,懂得的物理学可比我多得多。这没有什么奇怪的,因为在不同的事情上面,每个人所懂得的可能都比我多。另外,在我看来,他比我聪明。

如果你认同大众舆论,说我极端自负,那你也许会以为,我恨那些比我聪明的人。非也。我发现,比我聪明的人(海因茨是我所结识的这类人中的第三个)*都极为友好悦人;而且我还发现,如果我认真听取他们的讲话,那会极大地激励我形成有用的想法,而想法归根结底是我的创作资本。

记得在我们第一次谈话时,海因茨谈到了"膨胀的宇宙"。这个新思想的要旨是,宇宙在刚形成的第一瞬间,就以极快的速度膨胀。这解释了困扰天文学家的某些问题,他们原来假定宇宙在大爆炸的初始时刻是非膨胀的。

尤其令我感兴趣的是,海因茨告诉我,根据这个理论,宇宙起源于真空的量子波动,因此它创造于无物。

这使我激动不已,因为早在1966年9月号的《奇幻和科幻杂志》上,也就是宇宙膨胀理论提出来以前好几年,我就写过一篇随笔,题为《我正在打量幸运草》(见本书第8篇)。我在文章里指出,大爆炸时,宇宙创造于无物。其实这篇文章的中心思想,就是给我的所谓阿西莫夫宇宙起源原理下一个论断,即"开始的时候,什么都没有"。

这**不是**说我对膨胀的宇宙早有预见。我只不过受了直觉的驱使,然而却无能为力去实现目标。例如,对于与收敛数列相关的自相似性,我14岁时在直觉上就有了模糊的概念,但是,不仅那时候,而且在后来任何时候,我都不可能把芒德布罗的工作重复出来。虽然我掌握了

---

* 另外两个可能是本书前面提到过的天文学家卡尔·萨根和人工智能专家明斯基。——译者

"创造于无物"的概念,但是,用100万年的时间我也推演不出详细的宇宙膨胀理论。(不过,我还不是彻底的失败者,我早就知道,直觉为我写科幻小说提供了可能性。)

从此,我定期与海因茨会面。在他担任纽约科学院院长之后,见面的次数就更频繁了。

有一次,包括我和海因茨在内的好几个人坐在一起谈天说地,海因茨提出了一个有趣的问题。

他问:"你们说,将来某一天,一切科学问题全部都得到了解答,我们无事可做了,这有没有可能?还是说,全部得到解答是不可能的事?有没有什么方法,让我们现在就能断定上述两个情形哪个是正确的?"

我第一个讲了话。我说:"海因茨,我相信我们现在就能断定,而且容易得很。"

海因茨转过头来问我:"艾萨克,怎样断定?"

我说:"我的信念是,宇宙在本质上具有一种非常复杂的分形性质,科学探索也具有同样的性质。因此,宇宙中任何未知的部分,科学研究中任何悬而未决的部分,不论它们与已知的、解决了的部分相比多么小,都含有起始物的全部复杂性。所以,我们永远都不会完事。无论我们走了多远,前方的路还会远得就如同我们站在起点一样,这就是宇宙的秘密。"

我把此事一五一十地告诉了我妻子,亲爱的珍妮特。她若有所思,盯着我说:"你最好把那个想法总结成文。"

"为什么?"我说,"那不过是个想法。"

她说:"海因茨可能会用它。"

"我倒希望他能用上,"我说,"我所知道的那点儿物理学不足以成就任何事,而他却懂很多。"

"但他也许会忘记,他是从你这儿听去的。"

"那又怎样呢？想法不值钱。只有用想法做出事才有价值。"

后来，1988年7月22日，我和珍妮特前往纽约州北部的伦斯勒维尔学院（Rensselaerville Institute），主持我们的第16届年度研讨会。那次年会着重讨论生物遗传学，以及它在科学、经济、政治上可能产生的负面作用。

但会议也有些别的内容。沙特朗（Mark Chartrand，我是在多年前，当他担任纽约海顿天文台台长时认识他的）长年担任研讨会的组织者，这次他带来了一盘长达30分钟的关于分形的录像带。

你看，仅在最近几年间，计算机就已先进到足以产生分形图形，并能把它慢慢放大千百万倍。计算机能够处理十分复杂的分形，不单单局限于超级雪花和超级树那样简单（因此也很无趣）的东西。另外，由于伪彩色的使用，整个图形更加绚丽夺目。

1988年7月25日，星期一，我们在下午一点半开始看录像。

我们从一个四周围绕着附属小图形的深色心形开始，它在屏幕上一点点长大。其中的一个附属图形在屏幕上居中并慢慢长大，直至布满整个屏幕。你可以看到，它的四周也围绕着附属图形。

录像给我们的视觉效果就是慢慢地陷入复杂性，而这种复杂性永不停歇。看上去像小点一样的小物体逐渐长大，显现出复杂性，而同时新的小物体又形成了，**无穷无尽**。图形的不同部分接连被放大成新的美景，足足让我们欣赏了半小时。

它绝对具有催眠力。我看着看着，不一会儿，简直就不能自拔了。这一切近得就如同我有生以来第一次去体验或第一次能够**体验**无穷，绝非单纯地想象或谈论无穷。

当录像结束时，回到现实世界简直是一种折磨。

后来我神情恍惚地对珍妮特说："我坚信，我那次对海因茨所说的话是正确的。宇宙和科学就是那样——无穷无尽，无穷无尽，无穷无尽。科学的任务永远也不会完成了事，它只会在无穷无尽的复杂性里越陷越深。”

珍妮特皱了皱眉，说：“可你还没有把那个想法总结出来，对吧？”

我说，“还没有。”

不过，在伦斯勒维尔学院期间，我们与外部世界隔绝了。没有报纸，没有广播，没有电视，而且我们为研讨会上的琐事忙得不可开交，没工夫想到它们。

直到27日我们回到自己的公寓，我匆匆翻阅积攒起来的报纸时，才知道发生了什么事。

我们在伦斯勒维尔的那几天，海因茨·帕格尔斯正在科罗拉多参加一个扩大的物理学会议。帕格尔斯是个登山爱好者，周末休会期间，也就是7月24日星期日，他和同伴去攀登高达4267米的金字塔峰。在山上吃过午饭后，他于下午一点半开始下山（我们开始看录像前整整24小时）。

他踩到了一块松动的岩石。脚下的岩石晃动着，他就失去平衡，滑下山腰摔死了，终年49岁。

我对此毫无准备，急忙翻开报纸的讣告版，看到了这一吓人的标题。这实在是个糟糕的、意外的打击，恐怕我那时肯定失声痛哭了，因为珍妮特跑过来，在我身后读着讣告。

我仰头看着她，悲痛地说：“这回他再也没有机会用我的想法了。”

现在，我终于把它总结了出来。部分原因在于，我可以借此谈谈海因茨的事，我对他非常钦佩。另一方面的原因就是，我想把这个想法写在书面上，以便某个人——既然不是海因茨，那就是**某人**——能够用上它（只是可能），用它来做点事。

总之，我做不到。我只能搞出点想法，这就是我的全部本领。除此之外，我什么也做不了。

后　记

我把这第31篇随笔收录在本回顾集里，是根据“面包师的一打”之原理——多加一个以确保足量。此外，这篇特殊的随笔有感于一个朋友的逝世，而且还涉及我对科学哲学而不是科学自身的贡献，所以，我对它相当满意。

但还是让我利用这最后的空间，从总体上谈谈我的随笔吧。

在我所有的作品当中，这一系列随笔的稿酬也许是最低的。这可以理解，因为《奇幻和科幻杂志》不是富有的杂志，这一点我从开始就知道。

然而，在我所有的作品当中，这一系列随笔给我带来的快乐却最多，它远远补偿了我没有从它们身上得到丰厚酬劳的实情。我不止一次告诉弗曼，而且现在也毫不含糊地书面说明，假如真的到了他彻底买不起我的随笔的时候，我仍将继续愉快地写下去，不要任何酬劳。但他向我保证，事情不会糟到那种地步。

我也知道，我不会永远地活下去，不太可能再写出360篇随笔。将来有一天，某篇随笔会成为我的最后一篇，至于它是第几篇，我也不知道。*但我想，当这一天来临、我的生命行将逝去之时，几乎不会有什么事能像不再有机会继续写作这些随笔那样让我感到遗憾的了。

---

* 阿西莫夫于1992年4月6日病故。在行将告别人世之际，他为自己写就了一篇告别词，称“这一生为《奇幻和科幻杂志》写了399篇文章”。详见本书附录介绍。——译者

译后记

在本书的《前言》中，作者"为了尊重历史"，把自己为《奇幻和科幻杂志》科学专栏写的第一篇随笔作为《前言》的一个部分。现在，为了"面对现实"，我们在这篇《译后记》中把阿西莫夫为《愤怒的地球》（与弗雷德里克·科尔合著）一书所写的《序言》摘录如下，以引起读者的关注。

阿西莫夫首先提到，历史上有许多厄运预言者，他们都是基于宗教上绝望的写照。然而，很少人对此给予认真对待，简单的原因是很少人同意宗教的这些说法，而且几千年来天谴的威胁总是毫无结果。此时他笔锋一转，在《序言》的后半部分这样写道：

> ——但是，现今的情况改变了。
>
> 威胁人类的不是通奸和淫乱，而是物理性污染。威胁要毁灭一切的不是一位愤怒的神，而是被我们毒化的、受污染的地球。
>
> 人类正在受自己行为的威胁，但威胁我们毁灭的行为不包括打破（基督教的）十诫。
>
> 临近的厄运从表面上看似乎不是罪恶行为的结果。因为我们关切的是改善人类的健康与安全，我们的污染显著增加，

特别是在最近百余年里，达到了地球不能供养我们全体人类的地步。

由于我们自己实现工业化，从我们的背上解除了体力劳动的诅咒，但内燃机产生的毒物倾泻到大气中，把大气弄脏到我们难以呼吸的境地。

由于我们懂得为了人类的更大便利而制造新材料，所产生的化学毒素充满土壤和水。

由于在原子核中找到新能源，我们面临核战争的威胁，即使能够避免战争，危险的辐射和核废物却渗透到了我们的环境中。

本书不是一篇意见书，而是一篇警示我们全体的科学考察综述——讲述我们可以通过做些什么而把情况缓和下来。

这完全不是厄运的绝望预言。它描述我们面临的情况和我们能做的事情。从这个意义上说，这是一本充满希望的书，也应当这样来读。

还不太晚——

但是，如果我们等待太久，可能就会变得太晚了。

《愤怒的地球》出版于阿西莫夫逝世前一年，即1991年。此后十几年来，地球环境的恶化日益严重。单就应对全球气候变化而言，联合国政府间气候变化专门委员会在2007年2月发表的第四次全球气候评估报告梗概中说，气候变暖已经是“毫无争议”的事实，人为活动“很可能”是导致气候变暖的主要原因（“很可能”表示可能性在90%以上）。报告预测，到2100年，全球气温将升高1.8—4摄氏度（20世纪升高值为0.7摄氏度），海平面将至少上升19—37厘米（如果北极冰层继续大量融化，海平面最多将升高28—58厘米），而干旱区将扩大，非洲、澳大利亚、中国和南亚等国将受到巨大影响。到2080年,将有11亿—32亿人口遭受缺水之苦,饥饿人口将增加2亿—6亿。

联合国环境规划署的《气候变化的影响和适应评估报告》(2007年)指出:"环境损害的程度可能跨过某个现在未知的门槛,导致无法恢复。""我们共同的未来取决于我们今天的行动,不是明天,也不是将来的哪一天。"但令人感到悲哀的是,"全球明显缺少紧迫性","全球反应明显不足"。联合国发展计划署的《2007/2008人类发展报告》则指出:"气候变化是21世纪人类发展面临的最大挑战。人类如果不能回应这个挑战,世界范围内的扶贫工作就会停滞甚至倒退。""目前还有机会阻止气候变化最恶劣的影响,然而这样的机会正在减少:时间仅剩下不足10年。"

言归正传。"科学随笔"(science essay),是阿西莫夫最喜欢的写作体裁,他一生写了数千篇科学随笔,出版了40本科学随笔集,是历史上出版文集最多的一位作家。阿西莫夫喜欢写随笔,因为选题自由,写起来容易,花时间不多,同时可以着手几个题目,而且每篇都力求有所创新,自得其乐。

读者喜欢阿西莫夫的科学随笔,因为他写随笔也像讲故事,总是沿着历史的脉络,从恰到好处的环节说起,讲一讲谁做了什么样的工作,新的成就是如何建立在前人的基础之上的,从而使读者既增长科学知识,又受到科学思想、科学方法的熏陶。对于随笔集,从出版社担心销路不好到深受读者欢迎,阿西莫夫满意地看到一本随笔集的价值就在于其内容的多样性。这些随笔每篇都不长,读者不喜欢可以跳过去,细看符合自己口味的文章。

这本科学随笔集,前言和第四篇由林自新翻译,第一、二、三篇以及第五至第十二篇由苏聚汉翻译,其余十九篇都由吴虹桥翻译,大家彼此还进行了校译。译稿最后由热爱阿西莫夫作品的《科技日报》编辑尹传红做了通读、润色。由于此书所涉及的知识领域甚广,译文中的差错尚望读者指正。

译者

2008年8月

附 录

阿西莫夫是个什么"家"?

林自新 尹传红*

尹传红(以下简称尹):阿西莫夫在中国科普界和科幻界影响极大,并且拥有众多的读者和崇拜者,比如,我本人就自称是个"超级阿西莫夫迷"。这些年来,科普界人士谈起阿西莫夫作品在中国的传播历程时,常常会提到您。

林自新(以下简称林):我也算是一个老阿西莫夫迷了。阿西莫夫这位以科幻小说闻名世界的多产的"写作家",值得我们纪念。我做过粗略的统计:他的小说类书籍有207部,他在科普方面的著作有201部,其他还有历史、文学、谈《圣经》、幽默与讽刺、自传以及综合类著作62部。这470部著作的目录,见于《人生舞台——阿西莫夫自传》一书。但是,正如道布尔戴出版社在该书英文版套封中所指出的,阿西莫夫的著作不只470部,他在报刊上发表的文章和短篇故事更是数不清。

这些书有多少字、已经有多少种文字的译本、按"著作等身"的说法累起来能有多高,我很想知道,也许前后两项都可以列为吉尼斯纪录。

---

* 林自新,本书译者之一,《科技日报》首任社长兼总编辑,曾任国家科委政策研究室副主任、科技情报局局长,现为中国生态经济学会顾问、国务院发展研究中心世界发展研究所特约研究员、国际组织"怀疑的探索委员会"理事。

尹传红,本书编辑之一,《科普时报》总编辑,《科技日报》科学普及传播中心副主任,中国科普作家协会常务副秘书长。

我拥有的阿西莫夫作品不到 $\frac{1}{10}$,就占了一米多宽的书架,看来他的著作得等于身高的好几倍了。

尹:阿西莫夫对中国读者的影响并没有随着时间的推移而减弱。我想,他的生命力源于他那非凡的阐释能力,以及他所撰写的那些题材广泛、行文流畅的杰作。据卞毓麟先生考查,您和甘子玉先生译的《碳的世界》,是介绍到我国的第一本阿西莫夫的著作。能否详细谈谈当时的一些情况?

林:我只译过阿西莫夫的《碳的世界》,署名郁新,是和甘子玉(时任聂荣臻副总理秘书)合译的,离现在50多年了,只是到了1973年10月才出版,那是我1972年6月到科学出版社工作之后的事。

我接触到阿西莫夫的书,得感谢聂总(我们都这样称呼当时兼任国家科委主任的聂荣臻副总理)非常重视科普,他专门批拨外汇给中国科协的科普图书馆进口外国图书,阿西莫夫的书就是从那里借的。我还译过阿西莫夫的几十篇随笔,其中在《科技日报》工作时译的几篇在报上发表了,多数篇章都是从美国普罗米修斯出版社送的《思想漫游》、《过去、现在和将来》、《恐龙疗法和其他100篇随笔》中选择的。

尹:您怎么想起翻译阿西莫夫的著作呢?

林:主要有两个原因吧。一是我喜欢阿西莫夫的作品,是他使我有勇气开始翻译一些东西。二是在"文革"中洋奴哲学、爬行主义和资产阶级学术权威等大帽子满天飞,社会上弥漫着"读书无用论"、"知识越多越反动"的气氛。出于改变这一现状的愿望,我在上个世纪70年代初担任科学出版社负责人期间,曾努力组织翻译出版国外的科普作品,其中最有名的是阿西莫夫的科普名著《阿西莫夫科学指南》。这部书在当时的背景下改名为《自然科学基础知识》(丛书),由《宇宙地球和大气》、《从元素到基本粒子》、《生命的起源》、《人体与思维》四个分册构成。另外还有《阿西莫夫科技传记大全》(改名为《古今科技名人辞典》)和《氮的世界》等。

尹：我记得，在《自然科学基础知识》丛书一个分册的译者注释中还特别指出，不同意作者突出科学家在科学发现或发明中个人作用的观点。不同寻常的是，该书在首版后短短三年间便重印了3次。每册印数均在30万以上，可谓风行一时。

林：这在当时我国的科普界产生了不小的反响，“阿西莫夫”这个名字由此也逐渐为我国读者所熟知。

尹：1991年，科学普及出版社另起炉灶，组织翻译并出版了该书修订后的第二个中译本，名曰《最新科学指南》(上、下册)，这一版书只印了区区3400册，可很快也销售一空。江苏人民出版社1999年2月推出的《阿西莫夫最新科学指南》印了8000册，其译者系1991年版本的原班人马，但该书重新进行了“包装”，质量堪称上乘；而且，在书名上特意亮出了“阿西莫夫”这个“金字招牌”，挺有商业眼光。

林：我相信，中国的“阿迷”、“准阿迷”为数一定不少，阿西莫夫的作品应该不愁销路。

尹：《人体与思维》的译者之一阮芳赋先生曾写文章回忆说，1975年7月他曾给科学出版社写信，提出了推荐翻译出版《阿西莫夫科学指南》的建议，很快便得到了“编译室”鲍建成、吴伯泽几位先生，以及当时出版社的负责人您的同意和支持，也得到当时在国家科委担任领导职务的甘子玉先生等的支持。他还提到，出这样的书是要冒被“批判”的风险的。

林：在当时的情况下，的确是有点儿冒险。

尹：我听说，阿西莫夫的这几本书出版后，国务院当时主管科技工作的方毅副总理大为赞赏，他自己也爱读阿西莫夫的英文原著。

林：方毅副总理和我谈过，他很喜欢阿西莫夫的写作风格。

尹：您跟阿西莫夫联系过吗？

林：1987年3月，我在纽约曾经跟阿西莫夫通过一次电话，想去看望他。遗憾的是，他患了感冒，马上就要上医院就诊，提出改个时间。可是飞机不等人，我错过了这个机会。

另外，我和阿西莫夫都是CSICOP组织的理事，CSICOP是"对于声称超自然现象科学考察委员会"的英文缩写，卡尔·萨根戏称之为"科学警察"，倒是容易记了。阿西莫夫是"理性、科学和怀疑论的卫士"，也就是反对伪科学、超自然现象和宗教迷信的先锋斗士。他是国际组织CSICOP的创办者之一，还是这个组织的理事，我是在他逝世那一年（1992年）被选为理事，也算有缘。由于阿西莫夫害怕坐飞机，CSICOP曾计划在他住地纽约开一次国际会议，可是由于他的过早去世，未能实现。

尹：在CSICOP主办的《怀疑的探索者》杂志评选的20世纪10位杰出的怀疑论者中，有爱因斯坦、罗素和几位我国大众比较熟悉的卡尔·萨根、马丁·加德纳、詹姆斯·兰迪，还有大家不太熟悉的保罗·库尔茨和菲利普·克拉斯。库尔茨20多年来一直是CSICOP的主席，克拉斯则被称为"破解UFO的福尔摩斯"。

林：是的，1988年，他们两位和兰迪等6位CSICOP成员应邀来到中国，访问了北京、西安和上海。当时的影响虽然不算大，但毕竟也接触了数百人，还在《科技日报》上发表了他们的文章。我觉得请魔术师兰迪介入揭露"特异功能"，强调必须进行科学检验而不是盲目地相信"眼见为实"，对我国公众进行理性思考是有好处的。1989年，"超人"张宝胜败走麦城，如果没有表演"空中钓鱼"的著名魔术师当场识破，我们也只能再一次表示不信而已。

话说回来，阿西莫夫也是10位杰出的怀疑论者之一，《怀疑的探索者》杂志对他有这样的介绍："他是科学和理性的坚定捍卫者，是无知、迷信和伪科学所畏惧的批判家”，“他尊崇学习、理解和清醒的思考”、“猛烈抨击占星术、创世说和一切伪科学”。我记得，他曾谈到信仰，他说科学是一种信仰，宗教也是一种信仰。他不信宗教而选择信仰科学，是因为科学的发展史早已证明客观规律的存在，已经知道的规律可以用来指导行动，未知的规律可以通过科学的方法加以探索和辨伪，这样可以避免许多困惑和烦恼。

尹：《美国心灵——关于这个国家的对话》一书，登有一篇记者在1989年与阿西莫夫的对话。记者问：“您过于相信理性，这样会不会感到不适呢？”阿西莫夫是这样回答的：“我不能一下子将这个问题说清楚。……你可能会提到信仰，可信仰又是什么呢？……至少就理性而言，还存在一种可以传递的可能：我们可以根据多数人认可的逻辑规律来进行理性的传递。因此，在理性中，还有一种我们不得不同意的论点，也能找出一些证据。如果你不按理性行事，你又能按什么行事呢？”

林：有些科学家批评阿西莫夫不务正业，但他坚定地表示，不让大众受蒙骗、捍卫科学是非常重要的任务。

尹：阿西莫夫的贡献应该是多方面的，而不仅仅在科普和科幻领域。除了就着自己的兴趣创作各类科普图书外，阿西莫夫还在报刊上发表了许多题材广泛的科学随笔。这些作品大多从当代社会现象着眼，诠释与生活息息相关的各种事件，背后呈现的则是广阔的人文视野。他不只是在普及科学，而且还努力让读者去思考科学、理解科学乃至欣赏科学。

林：阿西莫夫也是控制人口增长和保护生态环境的一位先行者。在《阿西莫夫科学与发现编年史》这本从公元前400万年谈到1988年的700页巨著中，他描述了科学的各个重大事件，把这些里程碑置于世界历史的背景之中，阐明科学与文化、社会以及政治事件如何相互影响。

这本书在1962年发生的事件中选列了以下内容：第一位美国宇航

员格林进入太空，美国发射的Telstar卫星首次实现真正的卫星通信，“水手2号”火箭抵达金星表面首次实现行星探测，测得金星自转周期，合成六氟合铂酸氙使惰性气体改名稀有气体，接近绝对零度达到仅高于一百万分之一度的水平（其前的纪录为高于绝对零度五万分之一度），生产出第一个实用的发光二极管，最后在第七项“环境”的标题下，列出了我们大家熟悉的雷切尔·卡逊的《寂静的春天》于当年出版。阿西莫夫写道：一本面向大众的书能够激起全世界对一个科学问题的关注实属罕见，但是《寂静的春天》却突然提高了人们对环境的危机感。把一本环境方面的普及性读物的出版，列为科学史上的里程碑事件，足见阿西莫夫对保护环境的重视。

尹：他一直也非常关心人类的未来。在普及科学知识的同时，他还促使人们去考虑人类与科技、历史等各方面的联系，考虑人类与整个社会的协调发展，进而启迪人们扩大视野，创造性地思索未来，向未知的领域延伸、拓展。

在《变！未来七十一瞥》一书的前言里，他饱含激情地写道：“真正的未来将是环境、生态、人类意志和人类智慧所造就的未来，我们只能期望全人类协力促成一种较好的结局。我作为一个未来主义者所能起到的作用，就是踏勘前方领域，使人类在穿越时空的旅途中，对应该致力于什么和应该避免什么有个更明确的概念。”

林：在题为《美丽的地球正在死亡》的随笔中，阿西莫夫指出：人类延续了几千年的“越大越好”（bigger and better）的观念必须摒弃，我们已经达到越大不再是越好的境界。固然，直到我们这一代人之前，更多的人口，更多的收成，更多的产品，更多的机械，更多的日用小器具，仍然作为时尚的选择，但是，这种想法将不再行得通了。如果我们仍然一意孤行，它将加速人类的灭亡。

他进一步强调，在我们这个有限的世界之中，我们在历史上第一次达到或者正在达到我们的极限,我们必须接受极限的现实。我们必须限制我们的人口,限制我们施加于地球资源的压力,限制我们产生的垃圾,限制我们使用的能源。我们必须保护自然资源。我们必须保护环境,保护构成生物圈的其他形态的生物,保护地球的美丽和舒适。如果我们进行限制和保护,我们就将拥有进一步增长经济的余地,甚至在知识、智慧和彼此和睦相处方面的发展。

他在1983年出版的《思想漫游》一书的扉页上写着:"把此书献给无知的海洋中的神智清醒之岛——对于声称超自然现象的科学考察委员会的朋友。"为了纪念这位杰出的先驱,普罗米修斯出版社于1997年重版了这本书,并且加上CSICOP主席库尔茨的前言和卡尔·萨根、斯蒂芬·古尔德、阿瑟·克拉克、肯德里克·弗雷泽、哈伦·埃利森、詹姆斯·兰迪、唐纳德·戈德史密斯和E·C·克鲁普等人的纪念文章和随笔。上海科技教育出版社已将《思想漫游》列入选题计划,希望它的中译本能够尽快与读者见面。(编者注:此书中译本《不羁的思绪——阿西莫夫谈世事》已出版,江向东,廖湘彧译,尹传红校,上海科技教育出版社出版)

尹:您觉得阿西莫夫到底应该算是什么"家"?

林:阿西莫夫是当代最杰出的科学教育家,甚至是有史以来最杰出的科学教育家。这是我的朋友、前面谈到的弗雷泽先生的评论,也是他在纪念阿西莫夫的文章《一位属于宇宙的人物》中的第一句话。阿西莫夫的科学著作深入浅出、直截了当、与时俱进(跟上科学的迅速进展)、引人入胜。特别是他的著作不同于一般的教科书,他经常是通过历史,通过为科学献身的人物,通过科学观念怎样发展,如何在前人的基础上一代又一代地不断前进,使人们获得科学知识,受到科学思想、科学方法、科学家高尚品质和如何正确而不是错误地应用科学技术等等方面的熏陶。

尹:我曾看到台湾翻译出版的一部阿西莫夫随笔集的封底印有这

样几行宣传文字:从阿西莫夫身上,我们学到以乐观开放的心态来面对日新月异的社会发展。如果我们小时候读的科学课本能写得像阿西莫夫的文章一样,今天或许就不会有“科学盲”或“科技恐惧症”的问题了。

这段话让我联想到了自己的本职工作,以及我们科技记者的报道对象。我隐约感觉到了科学的两种传播方式在某个层面的相通,并延伸了更多的思考:我们写的东西,是不是都能够做到像阿西莫夫的科普作品那样简洁、晓畅、明白,而不致给读者带来什么“阅读障碍”?我们做的报道,能够架起一座在科学和公众之间起联系作用的桥梁,进而引发公众认识理性思考的真义吗?

林:我还特别欣赏阿西莫夫在《写作,写作,再写作》一文中所强调的写作信条:能用简单的句子就不用复杂的句子,能用字母少的单词就不用字母多的单词。另外,还值得指出的是,阿西莫夫的470多本著作中,有40本是科学随笔集(Science Essay Collections),可能有一两千篇文章。

他在去世前不久创作的《新疆域》两册收录有200多篇文章。这是专门为洛杉矶报系提供的解读科学最新成就的短文,每篇只有1000多字,这两本书上海科技教育出版社已推出中译本。而他的许多随笔集每本都是17篇文章。那是大约每隔18个月就出一本的文集,是阿西莫夫给一本科幻小说月刊写的文章。这个专栏一直持续了33年。

尹:在行将告别人世之际,阿西莫夫为自己写就了一篇感人至深的“告别词”,其中写道:

> 所有关爱了我30年的尊敬的记者们,我必须向你们道别了。
>
> 我这一生为《奇幻和科幻杂志》写了399篇文章。写这些文章给我带来了巨大的欢乐,因为我总是能够畅所欲言。但

我发现自己写不了第400篇了,这不禁令我毛骨悚然。

我一直梦想着自己能在工作中死去,脸埋在键盘上,鼻子夹在打字键中,但事实却不能如人所愿。

……

我这一生漫长而又愉快,因此我没有什么可抱怨的。那么,再见吧,亲爱的妻子珍妮特、可爱的女儿罗宾,以及所有善待我的编辑和出版商们,你们的厚爱我受之有愧。

同时,我还要和尊敬的读者们道别,你们始终如一地支持我。正是你们的支持,才使我活到了今天,让我目睹了诸多的科学奇迹;也正是你们,给了我巨大的动力,使我能写出那些文章。

让我们就此永别了吧——再见!

林:弗雷泽曾评论说:阿西莫夫以科幻小说而闻名世界,"但是,他对千百万大众的科学讲解,却是来自他的科学著作,特别是他的科学随笔。"

尹:谢谢您跟我谈了那么多。回头一看,我本人"结识"阿西莫夫已有近40个年头了。我一直非常感激这位在我的少年时代把我引进科学殿堂,并由此而改变了我的人生的出色"导游"。对我来说,"读"他既是一种学习和享受,同时也寄托了一份感恩和缅怀。

我常常跟人提起,我大学毕业后的"转轨"、改行,完全是冲着阿西莫夫和您去的。您在纪念阿西莫夫逝世10周年的一篇文章(发表在2002年4月5日的《科学时报》)中也曾提及:"至于我译的几十篇随笔,其中一些在《科技日报》工作时发表了,还为《科技日报》引来了一位'阿迷'尹传红同志……"

林:这真可以说是老"阿迷"和小"阿迷"之间的一段佳话了。

图书在版编目(CIP)数据

宇宙秘密:阿西莫夫谈科学 /(美)艾萨克·阿西莫夫著;吴虹桥,苏聚汉,林自新译.—上海:上海科技教育出版社,2020.6(2024.1重印)

(哲人石丛书:珍藏版)

ISBN 978-7-5428-7276-0

Ⅰ.①宇… Ⅱ.①艾… ②吴… ③苏… ④林… Ⅲ.①自然科学—普及读物 Ⅳ.①N49

中国版本图书馆CIP数据核字(2020)第055603号

责任编辑 尹传红 刘丽曼
裴 剑 王乔琦
封面设计 肖祥德
版式设计 李梦雪

宇宙秘密——阿西莫夫谈科学

[美] 艾萨克·阿西莫夫 著

吴虹桥 苏聚汉 林自新 译

出版发行 上海科技教育出版社有限公司
(201101 上海市闵行区号景路159弄A座8楼)
网 址 www.sste.com www.ewen.co
印 刷 常熟市文化印刷有限公司
开 本 720×1000 1/16
印 张 28.25
版 次 2020年6月第1版
印 次 2024年1月第4次
书 号 ISBN 978-7-5428-7276-0/N·1090
图 字 09-2008-003号
定 价 75.00元